선생님들이 직접 만든
이야기식물도감

2003년 10월 30일 1판 1쇄 발행
2016년 11월 20일 2판 1쇄 발행
2021년 7월 1일 2판 3쇄 발행

글 · 사진 | 박헌우, 박지환, 김봉길, 이성근
펴낸이 | 양진오
펴낸곳 | (주)교학사
등록 | 1962년 6월 26일 제18-7호
주소 | 서울특별시 금천구 가산디지털1로 42 (공장)
　　　서울특별시 마포구 마포대로 14길 4 (사무소)
전화 | 편집 (02)7075-328 영업 (02)7075-155
팩스 | (02)7075-330
홈페이지 | www.kyohak.co.kr

ISBN 978-89-09-19927-8　 96480

선생님들이 직접 만든
이야기식물도감

글 · 사진 | 박헌우, 박지환, 김봉길, 이성근

(주)교학사

머리말

"선생님! 이 꽃 이름이 뭐예요?"

야외로 소풍을 가거나 관찰 학습을 할 때 흔히 듣는 질문입니다.

"어디 보자. 이건 닭의장풀이구나. 진한 하늘색 꽃이 닭의 볏을 닮아서 '닭의장풀'이라 부르지. 식물의 꽃잎은 대개 빨간색, 노란색, 흰색이 많은데, 닭의장풀 꽃잎은 파랗단다. 그래서 여름날 이른 아침에 핀 닭의장풀은 이슬에 흠뻑 젖어 햇빛을 기다리는 파란 나비처럼 보이지. 하지만 아쉽게도 하루 만에 시들어 버리는 꽃이란다."

한 아이가 물어본 닭의장풀에 대해 이야기하다 보면, 어느새 많은 아이들이 둘러서서 귀를 쫑긋 세우고 이야기를 듣곤 하였습니다.

우리가 살고 있는 생태계에서 가장 많은 부분을 차지하는 것이 바로 식물입니다. 산과 들이 많은 우리나라에는 약 5000종에 이르는 식물들이 있습니다. 이렇게 많은 식물들을 보면서 '이름이 무엇일까?', '꽃잎은 몇 개일까?', '수술과 암술은 몇 개일까?', '어디에 어떻게 쓰일까?' 궁금하게 생각한 적이 많을 것입니다. 하지만 이런 궁금증을 속시원히 풀어 줄 사람은 많지 않습니다.

이 책은 이렇듯 식물에 관한 궁금증을 풀어 주기 위해, 야외 생물을 연구하는 선생님들이 10여 년간 산과 들, 수목원을 다니며 사진을 찍고 관찰한 자료를 바탕으로 교육 과정에 맞추어 만든 것입니다. 따라서 식물을 이해하고 학습하는 데 필요한 정보를 알기 쉽게 효과적으로 전달해 줄 것으로 확신합니다. 또 각 식물에 얽힌 신화나 전설, 재미있는 일화, 꽃말 등을 다룬 이야기마당은 색다른 즐거움을 줄 것입니다.

이 책이 세상에 나오게 해 주신 교학사 양철우 회장님을 비롯한 편집부 여러분께도 감사의 말씀을 전합니다.

저자 박헌우, 박지환, 김봉길, 이성근

일러두기

● 교과서에 나오는 식물뿐만 아니라 학교나 집 주변, 논과 밭, 산과 들, 물속, 바다, 온실 등에서 볼 수 있는 식물 516종과 유사종 212종을 실었습니다.

● 크게 꽃식물과 민꽃식물로 나누고, 꽃식물은 다시 풀과 나무로 나누어 관찰하기 쉽도록 '자라는 곳'에 따라 배치하였습니다. 또 같은 '과'의 식물은 함께 배치하여 이해를 도왔습니다.

● 식물의 특징과 꽃, 열매, 자라는 곳, 쓰임 등 꼭 필요한 정보를 한눈에 보기 쉽게 정리하였습니다.

● 식물에 얽힌 신화나 전설, 재미있는 일화, 꽃말 등을 담은 이야기마당을 마련하여 식물을 더 쉽게 기억할 수 있도록 꾸몄습니다.

● 책 뒷부분의 식물학습관에서는 식물의 분류 체계를 비롯해 잎, 줄기, 뿌리, 꽃의 구조, 잎차례, 꽃차례, 번식 방법, 열매와 씨 등 식물의 특성을 상세히 설명하여 학습에 도움이 되도록 하였습니다. 또 어려운 용어를 알기 쉽게 풀이한 낱말풀이와 식물 이름을 가나다순으로 정리한 찾아보기를 통해 식물에 관한 이해를 돕고 관련 정보를 쉽게 찾을 수 있도록 하였습니다.

식물을 찾기 쉽도록
자라는 곳에 따라 배치

학명과 다른 이름

대표적인 이름

분류 체계에 따른 분류

특징, 꽃, 자라는 곳, 쓰임 등 꼭 필요한
정보를 항목별로 알기 쉽게 정리

전설, 꽃말 등 식물에 얽힌
재미있는 이야기

전체 모습과 꽃, 열매 등 식물의
특징이 드러나는 생생한 컬러 사진

비슷한 식물의 사진을 함께 실어
특징을 비교할 수 있게 구성

차 례

차 례

 벌레잡이 풀

❋ 냇가나 연못에 있는 풀

차 례

꽃
식
물

잔디 *Zoysia japonica* 떼
속씨식물 〉 외떡잎식물 〉 벼과   여러해살이풀

↑잔디

←←잔디의
기는줄기와 수염뿌리
←잔디 꽃

🐾 **특징** 높이 10~20cm. 줄기가 땅 위로 길게
뻗는다. 잎은 가늘고 뾰족하며 어릴 때는 털
이 있다. 줄기 마디에서 수염뿌리가 나와 옆
으로 퍼지거나 씨로 번식한다.

✿ **꽃** 5~6월. 10~20cm의 꽃대 끝에 3~5cm
의 꽃이삭이 달린다. 꽃잎이 없다.

🫛 **열매** 7~8월. 타원형의 검은색 씨가 다닥다
닥 달린다.

🪴 **자라는 곳** 햇볕이 잘 드는 산과 들, 길가에서
자란다. 원산지는 우리나라이다.

☀ **쓰임** 조경용.

이야기마당 🌙 축구장이나 골프장에는 겨울에도 죽지 않
는 잔디를 심어요. 이런 잔디는 추위에 강한 양잔디이며 사계
절 잔디라고도 해요. 꽃말은 평온함이에요.

안수리움 *Anthurium scherzerianum var. rothschildianum*
속씨식물 〉 외떡잎식물 〉 천남성과   여러해살이풀

↑안수리움의 붉은색 불염포

←안수리움의 흰색 불염포

🐾 **특징** 높이 30~50cm. 굵은 뿌리에서 심장
모양의 잎이 모여난다. 잎자루가 길고, 잎은
짙은 녹색으로 두껍고 반질반질하며 가장자
리는 밋밋하다. 씨나 포기나누기로 번식한다.

✿ **꽃** 꽃잎처럼 보이는 것은 꽃을 둘러싸서 보
호하는 불염포이며 붉은색, 분홍색, 흰색 등
이 있다. 불염포 가운데 손가락처럼 튀어나
온 것이 꽃이삭이다.

🫛 **열매** 오렌지색에서 붉은색으로 익는다. 열
매마다 오렌지색 씨가 2개씩 들어 있다.

🪴 **자라는 곳** 반그늘에서 자라며 온실이나 화분
에 심어 기른다. 원산지는 열대 아메리카, 서
인도 제도이다.

☀ **쓰임** 관상용.

이야기마당 🌙 꽃말은 붉은색이 정열, 흰색이 열심이에요.

몬스테라 *Monstera deliciosa* 봉래초

속씨식물 〉 외떡잎식물 〉 천남성과   늘푸른 덩굴성 여러해살이풀

↑몬스테라의 어린 열매

↞몬스테라

🐾 **특징** 길이 6~7m. 줄기는 굵고 녹색이며 다른 물체에 기대어 올라가고 줄기 마디에서 굵은 뿌리가 나온다. 넓고 큰 타원형의 잎이 어긋나며 가장자리는 깃꼴로 갈라진다. 포기나누기나 꺾꽂이로 번식한다.

✿ **꽃** 노란색 꽃이 잎겨드랑이에 핀다. 길쭉한 원기둥 모양의 꽃이삭이 타원형의 흰색 불염포 속에 들어 있다. 온도와 습도가 맞으면 계절에 관계 없이 꽃이 핀다.

🥄 **열매** 긴 원기둥 모양이고 바나나 향이 난다.

🪣 **자라는 곳** 습기가 많은 온실이나 실내에 심어 기른다. 원산지는 중앙 아메리카이다.

☀ **쓰임** 관상용.

이야기마당 🌙 꽃말은 괴상하고 기이하다는 뜻의 괴기예요.

자주달개비 *Tradescantia reflexa* 양달개비, 양닭의씻개, 자로초

속씨식물 〉 외떡잎식물 〉 닭의장풀과   여러해살이풀

↑↑가까이에서 본 꽃
↑흰색 꽃

↞자주달개비

🐾 **특징** 높이 50cm 정도. 뿌리에서 줄기가 여러 개 모여나고 잎은 어긋난다. 잎의 밑부분은 줄기를 감싸고 윗부분은 홈이 패면서 뒤로 젖혀진다. 씨나 포기나누기로 번식한다.

✿ **꽃** 5~8월. 자주색 꽃이 줄기 끝에 핀다. 꽃잎은 안쪽 3갈래, 바깥쪽 3갈래이며, 안쪽 꽃잎이 넓고 크다. 수술 6개. 수술대에 털이 많다. 달개비보다 꽃 색깔이 진하여 자주달개비라고 한다. 꽃은 이른 아침 활짝 피었다가 오후에 시든다.

🥄 **열매** 9월. 달걀 모양이다.

🪣 **자라는 곳** 꽃밭에 심어 기른다. 원산지는 북아메리카이다.

☀ **쓰임** 관상용. 식물 세포 실험 재료로 쓴다.

이야기마당 🌙 자주달개비의 꽃 색깔은 방사선의 양에 따라 달라져요. 그래서 원자력 발전소 주변에 심어 두면 방사선의 누출 정도를 알 수 있대요. 꽃말은 존경, 과시예요.

백합 *Lilium longiflorum* 왕나리, 나팔백합
속씨식물 〉 외떡잎식물 〉 백합과   여러해살이풀

↑↑ 가까이에서 본 꽃
↑ 백합의 알뿌리

← 백합

🐾 **특징** 높이 1m 정도. 좁고 긴 잎이 어긋나고 때로 돌려나기도 한다. 잎자루가 없다. 씨나 둥글넓적한 비늘줄기로 번식한다.

✿ **꽃** 5~6월. 깔때기 모양의 흰색 꽃이 줄기 끝에서 2~3송이씩 옆을 향해 핀다. 꽃잎 6 갈래. 수술 6개, 암술 1개. 향기가 매우 진하다.

🫧 **열매** 7~8월. 긴 타원형이다.

🪣 **자라는 곳** 꽃밭에 심어 기른다. 원산지는 아열대 지방이다.

☀ **쓰임** 관상용.

이야기마당 🌙 이브는 뱀의 유혹에 빠져 하느님이 먹지 말라고 한 사과를 따 먹은 죄로 에덴 동산에서 쫓겨났어요. 그 뒤 세상의 모든 악과 괴로움 속에서 살아야 했던 이브가 흘린 후회의 눈물이 땅에 떨어져 백합이 되었대요. 꽃말은 순결, 결백, 위엄이에요.

히아신스 *Hyacinthus orientalis* 풍신자
속씨식물 〉 외떡잎식물 〉 백합과   여러해살이풀

↑↑ 흰색 꽃
↑ 분홍색 꽃

← 히아신스

🐾 **특징** 높이 15~30cm. 비늘줄기에서 4~5 개의 잎이 뭉쳐나며 끝이 안쪽으로 굽는다. 여름에 잎이 지고 난 뒤에도 비늘줄기는 땅 속에 묻혀 살아 있다. 비늘줄기로 번식한다.

✿ **꽃** 4~5월. 잎 중앙에서 나온 꽃대 끝에 여러 송이가 옆을 향해 핀다. 보라색, 붉은색, 흰색, 분홍색 등이 있다. 총상꽃차례. 꽃잎 6 갈래. 수술 6개, 암술 1개.

🫧 **열매** 6월. 달걀 모양이다.

🪣 **자라는 곳** 꽃밭이나 화분에 심어 기른다. 원산지는 소아시아이다.

☀ **쓰임** 관상용.

이야기마당 🌙 태양의 신 아폴론과 바람의 신 제피로스는 미소년 히아킨토스를 무척 예뻐했어요. 하지만 히아킨토스와 아폴론의 사이를 질투한 제피로스 때문에 히아킨토스는 목숨을 잃고 히아신스 꽃으로 피어났대요. 꽃말은 보라색이 나는 슬퍼요, 붉은색이 질투, 흰색이 슬픈 사랑이에요.

튤립 *Tulipa gesneriana* 양수선

속씨식물 〉 외떡잎식물 〉 백합과   여러해살이풀

↑ 튤립 꽃밭

↑ 흰색 꽃

↑ 빨간색 꽃

↑ 노란색 꽃

↑ 튤립 열매

🐾 **특징** 높이 30cm 정도. 줄기와 잎의 앞면은 흰빛이 도는 녹색이고 뒷면은 짙은 녹색이다. 2~3개의 잎이 줄기를 감싸며 밑에서부터 어긋난다. 잎은 타원형이며 안쪽으로 약간 말린다. 비늘줄기로 번식한다.

✿ **꽃** 4~5월. 넓은 종 모양의 꽃이 꽃대 끝에 1송이씩 핀다. 노란색, 붉은색, 흰색 등이 있다. 꽃잎 6갈래. 수술 6개, 암술 1개.

🍒 **열매** 7월. 길쭉한 타원형이다.

🗑 **자라는 곳** 꽃밭이나 원예 농가에서 심어 기른다. 원산지는 남부 유럽과 소아시아이다.

☀ **쓰임** 관상용.

이야기마당 🌙 한 아름다운 소녀가 왕자와 기사와 부자로부터 동시에 청혼을 받았어요. 세 사람은 저마다 왕관과 칼과 황금을 주겠다며 청혼을 했는데, 소녀는 웃기만 할 뿐 대답을 하지 않았어요. 그러자 세 사람은 화를 내며 돌아가 버렸지요. 상처받은 소녀는 시름시름 앓다가 세상을 떠났고, 소녀의 넓은 왕관 같은 꽃송이와 칼 같은 잎새, 황금빛 알뿌리를 가진 튤립으로 피어났대요. 꽃말은 사랑의 고백, 박애, 명성이에요.

옥잠화

Hosta plantaginea 옥춘봉, 옥비녀꽃

속씨식물 〉 외떡잎식물 〉 백합과　여러해살이풀

↑옥잠화

←←옥잠화 열매
←산옥잠화

- 🐾 **특징** 높이 50cm 정도. 뿌리에서 잎이 모여 난다. 잎자루가 길고 잎은 넓고 큰 심장 모양이며 반질반질하다. 잎맥이 뚜렷하고 잎 가장자리는 물결 모양이다. 뿌리가 굵다. 포기 나누기로 번식한다.
- ✿ **꽃** 8~9월. 밑부분이 붙은 통 모양이고 윗부분은 깔때기 모양이다. 흰색이며 향기가 진하다. 총상꽃차례. 꽃잎 6갈래. 수술 6개, 암술 1개.
- 🫛 **열매** 10월. 끝이 약간 뾰족한 삼각기둥 모양이다. 씨는 검은색이고 날개가 있다.
- 🪣 **자라는 곳** 꽃밭에 심어 기른다. 원산지는 중국이다.
- ☀ **쓰임** 관상용.

이야기마당 🌙 흰색 꽃봉오리가 마치 옥으로 만든 비녀 같아서 옥잠화라고 해요. 꽃말은 잊혀지기 쉬운 사랑이에요.

비비추

Hosta longipes 장병옥잠, 장병백합

속씨식물 〉 외떡잎식물 〉 백합과　여러해살이풀

←비비추

↑↑가까이에서 본 꽃
↑비비추 열매

- 🐾 **특징** 높이 40cm 정도. 뿌리에서 길고 끝이 뾰족한 타원형의 잎이 난다. 잎자루가 길고 잎 가장자리는 물결 모양이며 잎맥이 뚜렷하다. 씨나 포기나누기로 번식한다.
- ✿ **꽃** 7~8월. 보라색 꽃이 긴 꽃줄기에서 한쪽 방향으로 올라가며 차례로 핀다. 총상꽃차례. 꽃잎 6갈래. 수술 6개, 암술 1개.
- 🫛 **열매** 9월. 긴 타원형이다. 씨는 검고 납작하다.
- 🪣 **자라는 곳** 산의 습한 곳에서 자라고 꽃밭에 심어 기르기도 한다. 원산지는 우리나라이다.
- ☀ **쓰임** 관상용. 어린잎은 나물로 먹는다.

이야기마당 🌙 신라 때, 아버지 대신 국경을 지키러 간 약혼자 가실이 무사히 돌아오기를 기다리던 설씨녀는 집 마당에 그윽한 향기를 풍기며 피어난 비비추 꽃을 보며 애타는 마음을 달랬어요. 오랜 기다림 끝에 마침내 가실이 돌아와 두 사람은 결혼하여 행복하게 잘 살았대요. 꽃말은 고독이에요.

수선화 *Narcissus tazetta var. chinensis* 수선
속씨식물 〉 외떡잎식물 〉 수선화과   여러해살이풀

↑↑ 가까이에서 본 꽃
↑ 흰색 꽃

← 수선화

🐾 **특징** 높이 20~40cm. 잎은 좁고 길며 끝이 뭉툭하고 늦가을에 자라기 시작한다. 비늘줄기로 번식한다.

✿ **꽃** 12월~이듬해 3월. 흰색 또는 노란색 꽃이 옆을 향해 핀다. 꽃 중앙에 종지처럼 생긴 꽃잎이 한 겹 더 있고 향기가 진하다. 꽃잎 6갈래. 수술 6개, 암술 1개.

🌰 **열매** 맺지 않는다.

🪴 **자라는 곳** 꽃밭에 심어 기르고 제주도의 들에서 자란다. 원산지는 지중해 연안이다.

☀ **쓰임** 관상용. 비늘줄기를 가래삭임에 쓴다.

이야기마당 🌿 미소년 나르키소스는 많은 요정들의 사랑을 거부하다가 호수에 비친 자신을 사랑하게 되는 저주를 받았어요. 호수 속 자신의 모습만을 바라보다 결국 물에 빠져 죽은 나르키소스의 슬픈 넋은 흰색 수선화로 피어났대요. 꽃말은 흰색이 자만심, 자기애, 자존심, 고상함이고, 노란색이 사랑을 다시 한 번이에요.

아마릴리스 *Hippeastrum hybridum* 진주화
속씨식물 〉 외떡잎식물 〉 수선화과   여러해살이풀

↑ 아마릴리스의 비늘줄기와 뿌리

← 아마릴리스

🐾 **특징** 높이 20~30cm. 잎은 짙은 녹색으로 두껍고 길며 양쪽으로 마주난다. 꽃이 진 뒤 잎이 무더기로 나온다. 양파 모양의 비늘줄기로 번식한다.

✿ **꽃** 12월~이듬해 3월. 속이 빈 굵은 꽃줄기 끝에 3~4송이씩 핀다. 밝은 붉은색, 분홍색, 흰색, 얼룩무늬 등이 있다. 산형꽃차례. 꽃잎 6갈래. 수술 6개, 암술 1개.

🌰 **열매** 3~4월. 기둥 모양이다. 씨는 접시 모양이고 검다.

🪴 **자라는 곳** 온실이나 화분에 심어 기른다. 원산지는 멕시코이다.

☀ **쓰임** 관상용. 눈병에 약으로 쓴다.

이야기마당 🌿 꽃말은 수다스러움, 겁쟁이예요.

알로에 *Aloe vera*
속씨식물 〉 외떡잎식물 〉 백합과   늘푸른 여러해살이풀

↑알로에사포나리아

← 알로에베라

- 🐾 **특징** 높이 60cm 정도. 줄기가 짧고 잎이 매우 두껍다. 잎은 밑부분이 넓게 줄기를 감싸고 위로 갈수록 좁아지는 칼 모양이며 가장자리에 가시가 있다. 포기나누기로 번식한다. 알로에베라(대표종), 알로에사포나리아 등 여러 종이 있다.
- ✿ **꽃** 6~7월. 통 모양의 주황색 꽃이 긴 꽃대 끝에 핀다. 수술 6개, 암술 1개.
- 💊 **열매** 8월.
- 🗑 **자라는 곳** 밭이나 화분에 심어 기른다. 원산지는 아프리카이다.
- ☀ **쓰임** 잎에서 나오는 미끈미끈한 즙을 약이나 화장품 원료로 쓴다.

이야기마당 🌙 꽃말은 항상 곁에예요.

용설란 *Agave americana*
속씨식물 〉 외떡잎식물 〉 용설란과   늘푸른 여러해살이풀

↑용설란

← 노란줄무늬용설란

- 🐾 **특징** 높이 150cm 정도. 크고 두꺼운 잎이 1m 이상 자란다. 가장자리에 날카로운 가시가 있으며 흰빛을 띤다. 꽃이 피면 원줄기가 죽고 새싹이 난다. 포기나누기로 번식한다.
- ✿ **꽃** 여름. 연한 노란색 꽃이 핀다. 꽃잎 6갈래. 수술 6개, 암술 1개. 10년 이상 묵은 포기에서만 피기 때문에 꽃을 보기 어렵다.
- 💊 **열매** 10월. 긴 타원형이다.
- 🗑 **자라는 곳** 온실이나 화분에 심어 기른다. 원산지는 멕시코이다.
- ☀ **쓰임** 관상용. 섬유를 얻는다.

이야기마당 🌙 잎이 용의 혓바닥처럼 크고 두껍다고 용설란이라 부르고, 꽃이 좀처럼 피지 않아서 '세기 식물'이라고도 해요. 또 멕시코의 유명한 술 테킬라는 용설란의 뿌리 부분으로 만든대요. 꽃말은 섬세함이에요.

상사화 *Lycoris squamigera* 하수선, 개난초
속씨식물 > 외떡잎식물 > 수선화과　여러해살이풀

↑ 상사화 잎

← 상사화

- 🐾 **특징** 높이 60cm 정도. 봄에 뿌리에서 길쭉한 잎이 여러 개 모여나며 6~7월에 모두 말라 버린다. 잎은 긴 칼 모양이며 끝이 뭉툭하고 부드럽다. 비늘줄기로 번식한다.
- ✿ **꽃** 7~8월. 잎이 말라 죽은 자리에서 꽃줄기가 나와 그 끝에 연한 분홍색 꽃이 4~8송이씩 핀다. 산형꽃차례. 꽃잎 6갈래. 수술 6개, 암술 1개.
- 🫛 **열매** 맺지 않는다.
- 🪣 **자라는 곳** 꽃밭에서 기른다. 원산지는 중국이다.
- ☀ **쓰임** 관상용. 비늘줄기는 해열제로 쓰거나 가래삭임에 쓴다.

이야기마당 🌙 잎은 꽃을 볼 수 없고, 꽃은 잎을 볼 수 없는 것이 서로 그리워하면서도 만나지 못하는 슬픈 연인 같다 하여 상사화라고 불러요. 꽃말은 안타까움, 그리움이에요.

군자란 *Clivia miniata* 수소군자란
속씨식물 > 외떡잎식물 > 수선화과　늘푸른 여러해살이풀

↑ 노란색 꽃
↑ 군자란의 익은 열매

← 군자란

- 🐾 **특징** 높이 50cm 정도. 뿌리에서 넓고 두꺼운 잎이 마주나며 앞면이 반질반질하다. 씨나 포기나누기로 번식한다.
- ✿ **꽃** 1~3월. 깔때기 모양의 주황색 꽃이 납작하고 굵은 꽃줄기 끝에 12~20송이씩 핀다. 꽃잎 안쪽은 노란빛을 띤다. 산형꽃차례. 꽃잎 6갈래. 수술 6개, 암술 1개.
- 🫛 **열매** 7~8월. 초록색 구슬 모양이고 붉게 익는다. 지름 2.5cm 정도.
- 🪣 **자라는 곳** 온실이나 화분에 심어 기른다. 습하고 바람이 잘 통하는 반그늘에서 잘 자란다. 원산지는 남아프리카이다.
- ☀ **쓰임** 관상용. 비늘줄기는 해열제로 쓰거나 가래삭임에 쓴다.

이야기마당 🌙 두껍고 넓은 잎의 모습이 군자의 기상을 닮았다 하여 군자란이라고 불러요. 꽃말은 고상함이에요.

꽃무릇 *Lycoris radiata* 석산, 붉은잎상사화
속씨식물 〉 외떡잎식물 〉 수선화과　여러해살이풀

꽃무릇

🐾 **특징** 높이 60cm 정도. 꽃이 진 뒤 잎이 나와 겨울을 나고 이듬해 봄이 되면 말라 버린다. 잎은 좁고 긴 칼 모양이며 진한 녹색을 띤다. 넓은 달걀 모양의 비늘줄기로 번식한다.

✾ **꽃** 9~10월. 비늘줄기에서 나온 꽃줄기 끝에 붉은색 꽃이 핀다. 산형꽃차례. 꽃잎 6갈래. 수술 6개, 암술 1개.

🥚 **열매** 맺지 않는다.

🪣 **자라는 곳** 비교적 습기가 많은 산기슭이나 풀밭에서 자란다. 원산지는 중국과 일본이다.

☀ **쓰임** 관상용. 비늘줄기는 편도선염 등에 약으로 쓴다.

이야기마당 🌙 일본에서는 주로 묘지에서 자라기 때문에 꽃무릇을 죽음의 꽃이라고 생각했대요. 꽃말은 슬픈 기억이에요.

분꽃 *Mirabilis jalapa* 연지화
속씨식물 〉 쌍떡잎식물 〉 분꽃과　한해살이풀

⬅분꽃

⬆분꽃 열매

🐾 **특징** 높이 60~100cm. 줄기는 마디가 굵고 가지가 많이 갈라진다. 잎은 마주나고 끝이 뾰족한 타원형이며 가장자리가 밋밋하다. 뿌리는 굵고 검은색이다. 원산지에서는 여러해살이풀이다. 씨로 번식한다.

✾ **꽃** 6~10월. 깔때기 모양이며 붉은색, 노란색, 흰색 등이 있고, 한 포기에 두 가지 색 이상이 피기도 한다. 갈래꽃. 꽃처럼 보이는 꽃받침은 5갈래. 꽃잎은 없음. 수술 5개, 암술 1개. 해가 질 무렵에 피어서 아침에 시든다.

🥚 **열매** 9월. 둥글고 검다.

🪣 **자라는 곳** 꽃밭에 심어 기른다. 원산지는 남아메리카이다.

☀ **쓰임** 관상용. 뿌리는 이뇨제, 해열제로 쓴다.

이야기마당 🌙 옛날에는 까맣게 익은 분꽃 열매 속에 들어 있는 하얀 가루를 얼굴에 발라 화장을 했어요. 꽃말은 수줍음, 소심함, 겁쟁이예요.

프리지어 *Freesia refracta*
속씨식물 〉 외떡잎식물 〉 붓꽃과   여러해살이풀

↑가까이에서 본 꽃

←프리지어

- 🐾 **특징** 높이 30~45cm. 잎은 좁고 길다. 긴 타원형의 알줄기로 번식한다.
- ✿ **꽃** 3~4월. 깔때기 모양의 꽃이 긴 꽃줄기 끝에 차례로 핀다. 노란색, 붉은색, 분홍색 등이 있다. 꽃잎 6갈래. 수술 3개, 암술 1개. 수술이 한쪽으로 몰려 있다.
- 🫛 **열매** 4~5월.
- 🪣 **자라는 곳** 온실이나 화분에 심어 기른다. 원산지는 남아프리카이다.
- ☀ **쓰임** 꽃꽂이용.

이야기마당 🌙 미소년 나르키소스를 짝사랑하던 요정 프리지어는 나르키소스가 호수에 빠져 죽자 슬퍼하다 자신도 호수에 몸을 던지고 말았어요. 신은 프리지어의 순정에 감동해서 프리지어를 깨끗하고 아름다운 꽃으로 만들고 달콤한 향기까지 불어넣어 주었대요. 꽃말은 젊음, 순결, 천진함, 깨끗함, 결백이에요.

글라디올러스 *Gladiolus gandavensis* 당창포, 좀나비꽃, 층층분꽃
속씨식물 〉 외떡잎식물 〉 붓꽃과   여러해살이풀

↑분홍색 꽃

←글라디올러스

- 🐾 **특징** 높이 80~100cm. 잎은 좁고 길며 두 줄로 곧게 선다. 씨나 알줄기로 번식한다.
- ✿ **꽃** 여름. 분홍색, 붉은색, 흰색, 노란색 등의 꽃이 한쪽을 향해 핀다. 꽃잎 6갈래. 수술 3개, 암술 1개.
- 🫛 **열매** 8~9월. 타원형이고 갈색이며 날개가 있다.
- 🪣 **자라는 곳** 온실에서 기른다. 원산지는 남아프리카이다.
- ☀ **쓰임** 관상용.

이야기마당 🌙 옛날 한 공주가 자신의 무덤에 향수병 2개를 묻어 달라는 유언을 남기고 세상을 떠났어요. 임금님은 크게 슬퍼하며 시녀에게 그 일을 시켰는데, 호기심 많은 시녀가 그만 향수병을 열어 보고 말았어요. 얼마 후 공주의 무덤에서 아름다운 붉은색 꽃이 피어났지만, 꽃에서 향기가 나지 않았어요. 이를 수상히 여긴 임금님이 사실을 밝혀 내어 시녀를 벌주자, 그제야 그윽한 향기가 나기 시작했대요. 그 꽃이 바로 글라디올러스이고 꽃말은 승리, 밀회, 주의, 경고예요.

범부채 *Belamcanda chinensis* 금호접, 산포선
속씨식물 〉 외떡잎식물 〉 붓꽃과　여러해살이풀

←범부채

↑↑범부채 열매
↑범부채 씨

🐾 **특징**　높이 40~60cm. 땅속줄기가 옆으로 짧게 뻗는다. 잎은 납작하고 길며 두 줄로 늘어선다. 씨나 포기나누기로 번식한다.

✿ **꽃**　7~8월. 주황색 바탕에 붉은색 점무늬가 있는 꽃이 가지 끝에 핀다. 꽃잎 6갈래. 수술 3개, 암술 1개.

🥚 **열매**　9~10월. 달걀 모양이며 씨는 둥글고 검다.

🪴 **자라는 곳**　산과 들, 바닷가에서 자라고 꽃밭에 심어 기르기도 한다.

☀ **쓰임**　관상용. 뿌리줄기를 약으로 쓴다.

이야기마당 🌙 어느 날 호랑이가 사냥꾼을 피해 달아나다 가시덤불에 걸리고 말았어요. 호랑이는 잡히지 않으려고 심하게 몸부림을 쳤는데, 그때 호랑이에게 짓밟혀서 원래 붓꽃과 비슷한 모양이었던 범부채가 지금처럼 납작해졌어요. 꽃잎에 떨어진 피는 호랑이의 얼룩무늬와 비슷한 얼룩점이 되었고요. 꽃말은 시기, 질투예요.

크로커스 *Crocus sativus*
속씨식물 〉 외떡잎식물 〉 붓꽃과　여러해살이풀

←크로커스

↑노란색 꽃

🐾 **특징**　높이 10~20cm. 잎은 좁고 길며 뿌리에서 뭉쳐난다. 잎 중앙에는 흰색 줄이 있다. 알뿌리로 번식한다.

✿ **꽃**　2~3월. 흰색, 노란색, 자주색 등이 있다. 꽃잎 6갈래. 10~11월에 피는 종을 사프란이라고 하며 잎은 바늘 모양이다.

🪴 **자라는 곳**　햇볕이 잘 드는 모래땅에서 자란다. 원산지는 남부 유럽과 소아시아이다.

☀ **쓰임**　관상용.

이야기마당 🌙 그리스 신화에 나오는 청년 크로커스와 양치기 소녀 스밀락스는 서로 사랑했지만 신들의 반대로 결혼을 할 수가 없었어요. 실망한 크로커스는 스스로 목숨을 끊었고 스밀락스는 하루하루를 눈물로 보냈어요. 이를 가엾게 여긴 꽃의 여신 플로라는 두 사람을 꽃으로 만들어 주었대요. 꽃말은 안타까움, 너를 기다린다예요.

파초 *Musa basjoo* 파초나무

속씨식물 〉 외떡잎식물 〉 파초과　늘푸른 여러해살이풀

↑↑바나나
↑파초일엽

←파초

🐾 **특징** 높이 2~5m. 매우 큰 뿌리줄기에서 길이 2m 정도의 잎이 말려서 나와 사방으로 퍼진다. 잎은 크고 밝은 녹색이며 잎맥이 옆으로 나란하다. 바나나와 파초일엽의 잎이 파초와 비슷하다. 덩이줄기로 번식한다.

✿ **꽃** 6~9월. 노란빛이 도는 갈색 포에 싸여 있다. 포 겨드랑이에서 노란빛을 띠는 흰색 꽃이 15송이 정도씩 두 줄로 달린다. 꽃이삭 밑부분에서는 암꽃과 수꽃이 같이 피고 윗부분에서는 수꽃만 핀다. 수술 5개, 암술 1개.

🥚 **열매** 10월. 바나나 모양이지만 잘 맺지 않는다. 씨는 검은색이다.

🪣 **자라는 곳** 꽃밭에 심어 기른다. 원산지는 중국이다.

☀ **쓰임** 관상용. 뿌리는 이뇨제, 해열제, 진통제, 기침약으로 쓴다.

이야기마당 🌙 파초 잎 모양을 본떠 만든 부채를 파초선이라고 해요. 옛날에 높은 벼슬아치들은 외출할 때 파초선을 머리에 드리워 햇빛을 가렸대요. 꽃말은 신성함이에요.

칼라테아 *Calathea*

속씨식물 〉 외떡잎식물 〉 마란타과　늘푸른 여러해살이풀

칼라테아

🐾 **특징** 높이 40~60cm. 땅속줄기에서 잎이 나고 잎자루가 둥글다. 잎은 넓고 길며 중앙 잎맥 양쪽으로 짙은 녹색 무늬나 줄무늬가 있다. 포기나누기로 번식한다.

✿ **꽃** 6~8월. 진한 보라색 꽃이 핀다.

🥚 **열매** 7~9월. 보라색 솔방울 모양이다.

🪣 **자라는 곳** 온실이나 화분에 심어 기른다. 원산지는 남아메리카이다.

☀ **쓰임** 관상용.

보춘화 *Cymbidium goeringii* 춘란
속씨식물 〉 외떡잎식물 〉 난초과　늘푸른 여러해살이풀

- 🐾 **특징** 높이 20~24cm. 가늘고 긴 잎이 뿌리에서 모여난다. 잎 끝이 뾰족하고 가장자리는 잔톱니 모양이다. 뿌리는 굵고 흰색이며 사방으로 길게 뻗는다. 포기나누기로 번식한다.
- ✿ **꽃** 3~4월. 연한 황록색 꽃이 꽃대 끝에 1송이씩 핀다. 꽃잎 3장. 꽃받침 3장. 양성화. 꽃가루 덩어리(화분괴) 1~2개, 암술 1개.
- 🫙 **열매** 6월. 길이 5cm 정도의 타원형이며 곧게 선다.
- 🪣 **자라는 곳** 중부 이남의 건조한 숲 속에서 자란다. 원산지는 우리나라, 일본, 중국이다.
- ☀ **쓰임** 관상용.

풍란 *Neofinetia falcata* 조란
속씨식물 〉 외떡잎식물 〉 난초과　늘푸른 여러해살이풀

- 🐾 **특징** 높이 3~15cm. 잎은 두껍고 딱딱하며 끝이 약간 젖혀진다. 굵은 흰색 뿌리가 사방으로 길게 뻗는다. 씨나 포기나누기로 번식한다.
- ✿ **꽃** 7월. 꽃대 끝에 흰색으로 피었다가 노란색이 된다. 꽃잎 3장. 꽃받침 3장. 꽃가루 덩어리 2개, 암술 1개. 향기가 짙다.
- 🫙 **열매** 8~9월. 긴 타원형이고 익으면 벌어진다. 씨는 매우 작고 갈색이다.
- 🪣 **자라는 곳** 제주도 등 남부 지방의 바위나 나무줄기에 붙어 자란다. 원산지는 우리나라, 일본, 중국이다.
- ☀ **쓰임** 관상용.

큰방울새란 *Pogonia japonica* 방울새난초
속씨식물 〉 외떡잎식물 〉 난초과　여러해살이풀

- 🐾 **특징** 높이 15~30cm. 줄기는 곧게 서며, 잎은 황록색이고 끝이 둔한 긴 타원형으로 줄기 가운데 1개가 달린다. 뿌리는 단단하고 가늘며 길게 옆으로 뻗는다. 씨나 포기나누기로 번식한다.
- ✿ **꽃** 5~6월. 연한 분홍색 꽃이 줄기 끝에 1송이씩 반쯤 벌어져 핀다. 잎처럼 생긴 포가 있다. 꽃잎 3장. 꽃받침 3장. 꽃가루 덩어리가 많다. 암술 1개.
- 🫙 **열매** 8~9월. 긴 타원형이다.
- 🪣 **자라는 곳** 햇볕이 잘 들고 습한 산의 풀밭에서 자란다. 원산지는 우리나라, 일본, 중국이다.
- ☀ **쓰임** 관상용.

개불알꽃 *Cypripedium macranthum* 복주머니란, 요강꽃
속씨식물 〉 외떡잎식물 〉 난초과　여러해살이풀

- 🐾 **특징**　높이 25~40cm. 줄기는 곧게 서며 털이 드문 드문 나고 타원형의 잎이 3~5개 어긋난다. 포기나 누기로 번식한다.
- ✸ **꽃**　5~6월. 자주색 꽃이 줄기 끝에 1송이씩 핀다. 아래쪽 꽃잎은 복주머니 모양이며 잎처럼 생긴 포가 있다. 꽃잎 3장. 꽃받침 3장. 수술 2개, 암술 1개.
- 🥚 **열매**　8~9월. 긴 타원형이다.
- 🪣 **자라는 곳**　숲 속이나 산기슭의 풀밭에서 자란다. 원산지는 우리나라, 일본, 중국이다.
- ☀ **쓰임**　관상용.

온시듐 *Oncidium flexuosum*
속씨식물 〉 외떡잎식물 〉 난초과　늘푸른 여러해살이풀

- 🐾 **특징**　높이 8~10cm. 줄기는 가늘고 길며 끝부분이 갈라진다. 잎은 짙은 녹색 타원형이며 반질반질하다. 씨나 포기나누기로 번식한다. 품종이 많고 품종에 따라 꽃의 크기와 모양, 피는 시기가 다르다.
- ✸ **꽃**　12~3월. 노란 바탕에 갈색 점무늬가 있는 작은 꽃이 촘촘히 핀다. 꽃잎 3장. 꽃받침 3장.
- 🥚 **열매**　2~4월. 타원형이나 잘 맺지 않는다.
- 🪣 **자라는 곳**　온실이나 실내에 심어 기른다. 원산지는 브라질, 파라과이이다.
- ☀ **쓰임**　관상용.

팔레놉시스 *Dendrobium Phalaenopsis* 나비란, 호접란
속씨식물 〉 외떡잎식물 〉 난초과　늘푸른 여러해살이풀

- 🐾 **특징**　높이 30~50cm. 줄기는 굵고 마디가 있다. 잎은 긴 타원형으로 두껍고 반질반질하며 가장자리가 밋밋하다. 씨나 포기나누기, 꺾꽂이로 번식한다.
- ✸ **꽃**　8~10월. 줄기 끝에서 긴 꽃대가 나와 나비 모양의 꽃이 무리지어 핀다. 자주색, 흰색, 노란색, 분홍색 등 품종에 따라 색이 다양하다. 꽃잎 3장. 꽃받침 3장.
- 🥚 **열매**　10~11월. 타원형이나 잘 맺지 않는다.
- 🪣 **자라는 곳**　우리나라에서는 온실에 심어 기른다. 원산지는 열대 아시아와 호주 북부 등이다.
- ☀ **쓰임**　관상용.

칸나 *Canna generalis* 홍초, 미인초
속씨식물 〉 외떡잎식물 〉 홍초과　여러해살이풀

↑↑ 가까이에서 본 꽃
↑ 칸나 열매

← 칸나

🐾 **특징**　높이 60~200cm. 줄기는 원기둥 모양이며 곧게 선다. 잎은 넓은 타원형으로 길이가 40cm에 이른다. 굵은 뿌리줄기로 번식한다.

✿ **꽃**　7~10월. 붉은색, 노란색, 보라색 등의 꽃이 핀다. 꽃잎 3장. 수술 3개. 수술이 꽃잎처럼 생겼다.

🫗 **열매**　10~11월. 울퉁불퉁한 공 모양이다.

🪣 **자라는 곳**　공원이나 꽃밭에 심어 기른다. 원산지는 열대 지방이다.

☀ **쓰임**　관상용.

이야기마당 🐚 옛날 인도의 한 못된 악마가 큰 바위를 들고 언덕 위에 서 있다가 석가모니가 지나가는 것을 보고 바위를 세게 던졌어요. 바위가 땅에 떨어져 산산조각이 나면서 파편 하나가 석가모니의 발가락을 때려 붉은 피가 흘렀는데, 그 피에서 붉은색 칸나 꽃이 피어났대요. 꽃말은 정열, 쾌활, 존경이에요.

댑싸리 *Kochia scoparia* 대싸리, 비싸리
속씨식물 〉 쌍떡잎식물 〉 명아줏과　한해살이풀

↑ 댑싸리

← 가까이에서 본 잎

🐾 **특징**　높이 1~1.5m. 줄기와 가지가 곧게 자라고 윗부분에서 가지가 많이 갈라진다. 잎은 어긋나는데, 좁고 길며 3개의 맥이 뚜렷하다. 씨로 번식한다.

✿ **꽃**　7~8월. 연한 녹색 꽃이 잎겨드랑이에 몇 송이씩 모여 핀다. 꽃잎이 없다. 꽃받침 5개. 단성화. 수술 5개, 암술 1개.

🫗 **열매**　9월. 바둑알 모양이다. 처음에 녹색이었다가 연한 붉은빛이 도는 갈색으로 여문다.

🪣 **자라는 곳**　집 주변에 심어 기른다. 원산지는 유럽 및 아시아이다.

☀ **쓰임**　줄기로 빗자루를 만들고 씨는 이뇨제로 쓴다.

이야기마당 🐚 꽃말은 청초함이에요.

천일홍 *Gomphrena globosa* 천년홍, 천일초
속씨식물 〉 쌍떡잎식물 〉 비름과　한해살이풀

↑천일홍

← 가까이에서 본 꽃

🐾 **특징** 높이 40~50cm. 전체에 거친 털이 있으며 줄기는 단단하고 마디 부분이 굵다. 가장자리가 밋밋한 타원형의 잎이 마주난다. 씨로 번식한다.

✿ **꽃** 6~10월. 붉은색 또는 흰색 꽃이 핀다. 두상꽃차례. 통꽃. 수술 5개, 암술 1개. 수술이 모여 통 모양을 이룬다.

🥚 **열매** 10월. 씨는 바둑알 모양이다.

🪣 **자라는 곳** 꽃밭에 심어 기른다. 원산지는 중남미 열대 지방이다.

☀ **쓰임** 관상용.

이야기마당 🌙 옛날에 다정한 부부가 있었는데, 어느 날 남편이 장사를 하러 집을 떠나 오래도록 돌아오지 않았어요. 사람들은 아내에게 남편을 잊으라고 말했지만, 아내는 언덕 위의 꽃이 질 때까지만이라도 기다리겠다고 했지요. 아내의 애틋한 마음을 알았는지, 꽃은 계속 피어 천일홍이라는 이름을 얻었대요. 꽃말은 영원한 사랑, 변치 않는 애정이에요.

맨드라미 *Celosia cristata* 계관화, 닭벼슬꽃
속씨식물 〉 쌍떡잎식물 〉 비름과　한해살이풀

← 맨드라미

↑↑ 노란색 꽃
↑ 줄맨드라미

🐾 **특징** 높이 90cm 정도. 줄기는 곧게 자라며 붉은색을 띤다. 잎자루가 길고 긴 타원형의 잎이 어긋난다. 씨로 번식한다.

✿ **꽃** 7~8월. 넓적한 꽃대 끝에 작은 꽃이 빽빽이 모여 피며 붉은색, 노란색, 흰색 등이 있다. 꽃잎처럼 보이는 것은 꽃받침이며 꽃잎은 없다. 이삭꽃차례. 수술 5개, 암술 1개.

🥚 **열매** 9월. 달걀 모양이다. 익으면 옆으로 벌어지면서 바둑알 모양의 검은 씨가 나온다.

🪣 **자라는 곳** 꽃밭에 심어 기른다. 원산지는 열대 아시아이다.

☀ **쓰임** 관상용. 염색용. 꽃은 설사약으로 쓴다.

이야기마당 🌙 옛날에 산신령이 짐승들에게 원하는 물건을 하나씩 주겠다고 했어요. 그런데 뽐내기 좋아하는 수탉이 산신령의 왕관을 골라 쓰고 으스대다 떨어뜨려 동강내고 말았어요. 수탉 머리에는 왕관의 반쪽만 남게 되었고, 나머지 반쪽은 땅에서 맨드라미가 되었대요. 꽃말은 잘난 체하다예요.

채송화 *Portulaca grandiflora* 따꽃
속씨식물 〉 쌍떡잎식물 〉 쇠비름과   한해살이풀

↑채송화

←←채송화의
열매와 씨
←쇠비름채송화

🐾 **특징** 높이 10cm 정도. 줄기는 붉은빛을 띠고 가지가 많이 갈라진다. 잎은 어긋나고 끝이 뭉툭한 굵은 바늘 모양이다. 잎겨드랑이에서 흰색 털이 뭉쳐난다. 씨로 번식한다.

✿ **꽃** 7~10월. 가지 끝에 1~2송이씩 피며 분홍색, 노란색, 흰색, 자주색 등이 있다. 갈래꽃. 꽃잎 5장. 수술이 많다. 암술대 1개.

💊 **열매** 8~10월. 둥글고 익으면 뚜껑이 열려 씨를 흩뿌린다. 씨는 둥글고 검다.

🪣 **자라는 곳** 뜰이나 꽃밭에 심어 기른다. 원산지는 남아메리카이다.

☀ **쓰임** 관상용.

이야기마당 🌙 보석을 무척 좋아하는 여왕이 어떤 노인이 가진 보석과 자신의 백성들을 맞바꾸기로 했어요. 그런데 백성을 모두 넘기고 마지막 보석을 받아든 순간 보석이 폭발하여 여왕이 죽었는데, 그때 부서진 보석 조각들이 땅에 떨어져 채송화가 되었어요. 꽃말은 순진함, 가련함이에요.

안개꽃 *Gypsophila paniculata*
속씨식물 〉 쌍떡잎식물 〉 석죽과   여러해살이풀

↑안개꽃의 잎과 줄기

←안개꽃

🐾 **특징** 높이 50~90cm. 가느다란 줄기에서 가지가 많이 갈라진다. 잎은 마주나는데 좁고 길며 끝이 뾰족하다. 겹꽃은 꺾꽂이로 번식하고 홑꽃은 씨나 꺾꽂이로 번식한다.

✿ **꽃** 5~8월. 흰색 꽃이 가지 끝에 1송이씩 핀다. 갈래꽃. 암술 1개.

💊 **열매** 7~8월. 겹꽃은 열매를 맺지 않는다. 홑꽃은 갈색의 콩팥 모양 열매가 달린다.

🪣 **자라는 곳** 온실이나 비닐하우스에 심어 기른다. 원산지는 유럽 및 중앙아시아이다.

☀ **쓰임** 관상용. 꽃꽂이용.

이야기마당 🌙 수많은 작은 꽃이 피어 있는 모습이 마치 안개가 낀 것처럼 희뿌옇게 보여서 안개꽃이라 불러요. 꽃말은 맑은 마음, 간절한 소원, 감격이에요.

카네이션 *Dianthus caryophyllus* 화란석죽

속씨식물 〉 쌍떡잎식물 〉 석죽과   여러해살이풀

⬆ 카네이션 꽃밭

⬆ 빨간색 꽃

⬆ 노란색 꽃

⬆ 분홍색 꽃

🐾 **특징** 높이 40~50cm. 줄기는 곧게 서며 마디가 약간 굵고 흰 가루를 칠한 듯 희뿌옇다. 끝이 뾰족한 줄 모양의 잎이 줄기를 감싸며 마주난다. 씨나 포기나누기로 번식한다.

✿ **꽃** 7~8월. 줄기 윗부분의 잎겨드랑이나 줄기 끝에 1~3송이씩 핀다. 붉은색, 노란색, 분홍색 등이 있다. 겹꽃. 꽃잎 끝이 얕게 갈라진다. 수술 10개, 암술대 2개.

🥚 **열매** 9~10월. 달걀 모양이며 꽃받침에 싸여 있다.

🪣 **자라는 곳** 비닐하우스에 심어 기른다. 원산지는 남부 유럽과 서아시아이다.

☀ **쓰임** 꽃꽂이용.

이야기마당 🐾 어버이날은 1910년경 미국의 한 여성이 어머니를 추모하기 위해 모인 사람들에게 흰색 카네이션을 나누어 준 데서 비롯되었어요. 우리나라에서는 1956년부터 5월 8일을 어머니날로 정해 기념해 오다가, 1973년에 어버이날로 바꾸었어요. 어버이날에는 부모님께 붉은색 카네이션을 달아 드리는데, 만약 부모님이 돌아가셨으면 자기 가슴에 흰색 카네이션을 단답니다. 꽃말은 붉은색이 어머니의 애정, 당신의 사랑을 믿는다, 흰색이 살아 있는 나의 애정, 돌아가신 어버이를 기린다, 분홍색이 당신을 열렬히 사랑한다, 노란색이 당신을 경멸한다예요.

아네모네 *Anemone coronaria* 바람꽃
속씨식물 〉 쌍떡잎식물 〉 미나리아재빗과　여러해살이풀

↑↑흰색 꽃
↑자주색 꽃

←아네모네

- 🐾 **특징** 높이 20~40cm. 줄기가 곧게 자란다. 잎은 어긋나고 잘게 갈라진다. 깃꼴겹잎. 갈색의 덩이줄기로 번식한다.
- ✿ **꽃** 4~5월. 빨간색, 흰색, 분홍색, 보라색 등이 있다. 꽃잎처럼 보이는 꽃받침이 5장 이상 달린다. 갈래꽃. 수술이 많다. 암술 1개.
- 🥚 **열매** 6~7월. 긴 타원형의 연한 갈색이다.
- 🪣 **자라는 곳** 화분이나 꽃밭에 심어 기른다. 원산지는 지중해 연안이다. 우리나라에서는 '바람꽃'이라는 이름으로 높은 산에서 자란다.
- ☀ **쓰임** 관상용.

이야기마당 🌙 아네모네는 꽃의 여신 플로라의 시녀였는데, 플로라의 남편인 바람의 신 제피로스와 그만 사랑에 빠지고 말았어요. 화가 난 플로라가 아네모네를 멀리 내쫓자, 제피로스는 아네모네를 꽃으로 만들어 계속 사랑했대요. 꽃말은 고독, 덧없는 사랑, 사랑의 괴로움이에요.

작약 *Paeonia lactiflora* var. *hortensis* 집함박꽃, 함박꽃
속씨식물 〉 쌍떡잎식물 〉 미나리아재빗과　여러해살이풀

↑작약

←←흰색 꽃
←작약 열매

- 🐾 **특징** 높이 50~80cm. 잎은 어긋나고 깊게 갈라진다. 뿌리는 굵고 사방으로 퍼지며 자른 면이 붉다. 씨나 포기나누기로 번식한다.
- ✿ **꽃** 5~6월. 크고 탐스러운 꽃이 원줄기 끝에 1송이씩 핀다. 흰색, 분홍색, 붉은색 등이 있다. 갈래꽃. 꽃잎 8~13장. 노란색 수술이 매우 많다. 암술 3~5개.
- 🥚 **열매** 8월. 긴 달걀 모양이고 익으면 안쪽이 갈라진다. 씨는 둥글다.
- 🪣 **자라는 곳** 밭이나 꽃밭에 심어 기른다. 원산지는 우리나라이다.
- ☀ **쓰임** 관상용. 뿌리는 진통제, 해열제 등 약으로 쓴다.

이야기마당 🌙 꽃말은 고향 생각, 수줍음이에요.

금낭화 *Dicentra spectabilis* 며느리주머니
속씨식물 〉 쌍떡잎식물 〉 현호색과 　여러해살이풀

금낭화

- 🐾 **특징** 높이 50~60cm. 전체적으로 흰빛이 도는 녹색이다. 연한 줄기가 옆으로 휘며 가지가 갈라진다. 잎은 어긋나며 잎자루가 길고 깃꼴로 갈라진다. 뿌리는 매우 굵다. 씨나 포기나누기로 번식한다.
- ✿ **꽃** 5~6월. 볼록한 주머니 모양의 분홍색 꽃이 줄기 끝에 주렁주렁 달린다. 총상꽃차례. 갈래꽃. 꽃잎 4장. 수술 6개, 암술 1개.
- 🥚 **열매** 9~10월. 긴 타원형이다.
- 🪣 **자라는 곳** 깊은 산 계곡 근처에서 자라고 꽃밭에 심어 기르기도 한다. 원산지는 우리나라와 중국이다.
- ☀ **쓰임** 관상용.

이야기마당 🌙 옛날에 여자들이 차고 다니던 주머니를 닮았다고 하여 '며느리주머니'라고도 해요. 꽃말은 당신을 따르겠다, 행운이에요.

풍접초 *Cleome spinosa* 족두리꽃
속씨식물 〉 쌍떡잎식물 〉 풍접초과 　한해살이풀

⬆풍접초

◀◀가까이에서 본 꽃
◀흰색 꽃

- 🐾 **특징** 높이 1m 정도. 전체에 끈끈한 짧은 털과 잔가시가 퍼져 있다. 잎은 어긋나며 5~7개의 작은잎이 손바닥 모양으로 달리고 잎 가장자리는 밋밋하다. 씨로 번식한다.
- ✿ **꽃** 8~9월. 분홍색 또는 흰색 꽃이 줄기 끝에 모여 피어 족두리와 비슷한 모양을 이룬다. 총상꽃차례. 갈래꽃. 꽃잎 4장. 꽃받침 4장. 수술 6개, 암술 1개. 수술이 수염처럼 길게 꽃잎 밖으로 나온다.
- 🥚 **열매** 9~10월. 긴 바늘 모양의 꼬투리가 달린다. 씨는 검은갈색이다.
- 🪣 **자라는 곳** 꽃밭에 심어 기른다. 원산지는 열대 아메리카이다.
- ☀ **쓰임** 관상용.

이야기마당 🌙 꽃들이 바람에 흔들리는 모습이 마치 나비와 같아서 풍접초라고 해요. 꽃말은 풍요예요.

미모사 *Mimosa pudica* 신경초, 함수초, 잠풀
속씨식물 〉 쌍떡잎식물 〉 콩과   한해살이풀

↑미모사

←←미모사 열매
←오므라든
미모사 잎

🐾 **특징** 높이 30~40cm. 줄기는 가늘고 전체에 잔털과 가시가 있다. 잎은 어긋나고 타원형의 작은잎이 여러 개 달린다. 깃꼴겹잎. 잎을 건드리거나 밤이 되면 순식간에 아래로 늘어지며 오므라든다. 원산지에서는 여러해살이풀이다. 씨로 번식한다.

✿ **꽃** 7~8월. 분홍색 꽃이 꽃줄기 끝에 둥글게 모여 핀다. 두상꽃차례. 갈래꽃. 꽃잎 4갈래. 수술 4개, 암술 1개.

💊 **열매** 8~10월. 마디가 있는 원기둥 모양의 꼬투리가 달리며 겉에 털이 있다. 씨 3개.

🪣 **자라는 곳** 화분에 심어 기른다. 원산지는 브라질이다.

☀ **쓰임** 관상용. 약으로도 쓴다.

이야기마당 🌙 바람만 살짝 불어도 잎을 오므리는 미모사의 꽃말은 섬세함, 예민함이에요.

제라늄 *Pelargonium inquinans*
속씨식물 〉 쌍떡잎식물 〉 쥐손이풀과   여러해살이풀

↑제라늄

←←제라늄의 겹꽃
←로즈제라늄

🐾 **특징** 높이 30~50cm. 줄기 밑부분에서 심장 모양의 둥근 잎이 모여난다. 잎에 무늬가 있으며 가장자리는 둔한 톱니 모양이다. 잎자루가 길고 독특한 향기가 난다. 주로 꺾꽂이로 번식한다.

✿ **꽃** 6~8월. 붉은색, 분홍색, 흰색 등의 꽃이 긴 꽃대 끝에 핀다. 산형꽃차례. 갈래꽃. 꽃잎 5장. 수술 10개, 암술 1개.

💊 **열매** 꽃이 진 뒤 기둥 모양으로 달리지만 여물지 못하고 시들어 버린다.

🪣 **자라는 곳** 꽃밭이나 화분에 심어 기른다. 원산지는 남아프리카이다.

☀ **쓰임** 관상용. 향을 내는 원료로 쓴다.

이야기마당 🌙 제라늄은 마호메트의 옷을 널어 말린 자리에서 갑자기 피어났대요. 그래서 사람들은 이 꽃을 알라신이 보냈다고 믿었지요. 꽃말은 애정, 추억, 우정, 결실이에요.

한련화 *Tropaeolum majus* 한련, 승전화, 금련화

속씨식물 〉 쌍떡잎식물 〉 한련과 덩굴성 한해살이풀

↑한련화

←노란색 꽃

특징 길이 1~1.5m. 둥근 방패 모양의 잎이 어긋난다. 잎 중앙에 긴 잎자루가 있고 9개의 잎맥이 사방으로 퍼진다. 추위에 약하며 원산지에서는 여러해살이풀이다. 씨로 번식한다.

꽃 6월. 잎겨드랑이에서 나온 긴 꽃대 끝에 1송이씩 피며 붉은색, 노란색, 주황색 등이 있다. 갈래꽃. 꽃잎 5장. 수술 8개, 암술머리 3갈래.

열매 7월. 공 모양이며 3개의 씨가 들어 있다.

자라는 곳 꽃밭이나 화분에 심어 기른다. 원산지는 멕시코와 남아메리카이다.

쓰임 관상용.

이야기마당 원래 이름은 나스타티움인데 연꽃과 잎 모양이 비슷해서 한련이라고 해요. 꽃말은 애국심, 승리예요.

접시꽃 *Althaea rosea* 촉규화

속씨식물 〉 쌍떡잎식물 〉 아욱과 두해살이풀

←접시꽃

↑가까이에서 본 겹꽃

특징 높이 2~2.5m. 줄기는 원기둥 모양으로 곧게 자라고 털이 있다. 잎은 어긋나고 가장자리가 톱니처럼 5~7갈래로 갈라진 손바닥 모양이며 잎자루가 길다. 씨로 번식한다.

꽃 6~8월. 둥글고 큰 꽃이 잎겨드랑이에서 위로 올라가며 핀다. 붉은색, 노란색, 흰색, 분홍색 등이 있고 끈적끈적하다. 갈래꽃. 꽃잎 5장. 꽃받침 5갈래. 수술이 많다. 암술대 1개. 수술은 암술대에 뭉쳐 있고 암술 끝이 여러 갈래로 갈라진다.

열매 9월. 접시처럼 동글납작하다.

자라는 곳 꽃밭에 심어 기른다. 원산지는 중국이다.

쓰임 관상용. 잎으로 차를 만들어 마시고 꽃과 뿌리는 약으로 쓴다.

이야기마당 꽃말은 풍요, 다산, 애절한 사랑이에요.

봉숭아 *Impatiens balsamina* 봉선화
속씨식물 〉 쌍떡잎식물 〉 봉선화과   한해살이풀

↖ 봉숭아

↑↑ 터지기 전의 봉숭아 열매
↑ 터진 봉숭아의 열매와 씨

🐾 **특징** 높이 40~60cm. 줄기는 굵고 물기가 많으며 자랄수록 밑부분의 마디가 굵어진다. 타원형의 잎이 어긋나며 가장자리는 톱니 모양이다. 씨로 번식한다.

✿ **꽃** 7~8월. 고깔 모양의 꽃이 잎겨드랑이에 2~3송이씩 핀다. 붉은색, 분홍색, 흰색 등이 있다. 갈래꽃. 꽃잎 3장. 수술 5개, 암술 1개.

🫛 **열매** 8~9월. 주머니 모양이며 연한 녹색을 띤다. 익으면 터지면서 타원형의 갈색 씨를 멀리 튕겨 퍼뜨린다.

🗑 **자라는 곳** 햇볕이 잘 드는 꽃밭에 심어 기른다. 원산지는 동남아시아이다.

☀ **쓰임** 관상용. 꽃과 잎을 손톱에 물을 들일 때 쓴다.

이야기마당 🌙 옛날에 큰 병을 앓고 있던 봉선이라는 소녀가 임금님의 행차 소식을 듣고 아픔을 참으며 거문고를 탔어요. 아름다운 거문고 소리에 이끌려 봉선이의 집을 찾은 임금님은 피맺힌 봉선이의 손을 보고 하얀 천으로 백반을 싸매 주었어요. 봉선이는 얼마 후 세상을 떠났는데, 무덤에서 붉은색 꽃이 피어나 사람들이 그 꽃을 봉선화라 불렀대요. 꽃말은 소녀의 순정, 날 건드리지 마세요예요.

컴프리 *Symphytum officinale*
속씨식물 〉 쌍떡잎식물 〉 지칫과   여러해살이풀

↖ 컴프리

↑ 컴프리 잎

🐾 **특징** 높이 60~90cm. 줄기 전체가 뻣뻣한 흰 털로 덮여 있다. 타원형의 잎이 어긋나며 잎맥이 뚜렷하다. 씨나 뿌리나누기로 번식한다.

✿ **꽃** 6~7월. 종 모양의 자주색 또는 흰색 꽃이 핀다. 통꽃. 수술 5개, 암술 1개.

🫛 **열매** 8월. 달걀 모양이다.

🗑 **자라는 곳** 꽃밭이나 밭에 심어 기른다. 원산지는 유럽이다.

☀ **쓰임** 관상용. 잎은 차를 만들어 마시거나 뿌리와 함께 약으로 쓴다.

이야기마당 🌙 컴프리는 프랑스 말로 '병을 다스린다'는 뜻인데 단백질, 비타민, 미네랄이 매우 많아 건강에 좋지요. 밭의 우유, 기적의 풀이라고도 해요. 꽃말은 낯설음이에요.

팬지 *Viola tricolor* var. *hortensis* 삼색제비꽃

속씨식물 〉 쌍떡잎식물 〉 제비꽃과 　한두해살이풀

↑↑흰색 꽃
↑보라색 꽃

←팬지

🐾 **특징** 높이 10~25cm. 줄기는 곧게 자라고 가지가 많이 갈라진다. 잎은 어긋나고 잎자루가 길다. 씨로 번식한다.

✿ **꽃** 4~5월. 잎겨드랑이에서 나온 긴 꽃대 끝에 1송이씩 핀다. 흰색, 보라색, 노란색 등이 있다. 갈래꽃. 꽃잎 5장. 수술 5개, 암술 1개.

🥚 **열매** 6월. 달걀 모양이다.

🪣 **자라는 곳** 꽃밭에 심어 기른다. 원산지는 유럽이다.

☀ **쓰임** 관상용.

이야기마당 🌙 사랑의 신 큐피드가 어느 날 좋아하는 요정의 가슴을 향해 사랑의 화살을 쏘았어요. 그런데 화살이 빗나가 흰색 제비꽃 꽃봉오리에 맞고 말았어요. 그때부터 제비꽃은 세 가지 색의 팬지가 되었대요. 꽃말은 나를 기억해 주세요예요.

사철베고니아 *Begonia semperflorens*

속씨식물 〉 쌍떡잎식물 〉 베고니아과 　늘푸른 여러해살이풀

↑사철베고니아

←←흰색 꽃
←분홍색
구근베고니아

🐾 **특징** 높이 15~30cm. 밑에서 가지가 많이 갈라진다. 달걀 모양의 잎이 어긋나며 반질반질하고 가장자리는 톱니 모양이다. 강한 햇볕을 받으면 전체가 붉은색이 된다. 씨나 꺾꽂이로 번식한다.

✿ **꽃** 7~8월. 흰색 또는 연한 붉은색 꽃이 잎겨드랑이에 핀다. 갈래꽃. 단성화. 수꽃의 꽃잎은 4장인데 2장은 크기가 작다. 수술이 많다. 암꽃의 꽃잎은 5장이다. 암술 1개.

🥚 **열매** 10월. 3개의 날개가 있으며 씨가 매우 작다.

🪣 **자라는 곳** 꽃밭이나 화분에 심어 기른다. 원산지는 브라질이다.

☀ **쓰임** 관상용.

이야기마당 🌙 베고니아라는 이름은 프랑스의 식물학자 베공의 이름에서 비롯되었어요. 좌우의 잎 크기와 모양이 서로 달라서 꽃말이 짝사랑이에요.

선인장 *Opuntia ficus-indica var. saboten*

속씨식물 〉 쌍떡잎식물 〉 선인장과   여러해살이풀

↑선인장

←←선인장 열매
←여러 가지
선인장

🐾 **특징** 줄기는 편평한 타원형이고 가지가 많이 갈라진다. 표면에는 잎이 변해서 된 가시가 있다. 가지를 떼어 심어 번식한다. 선인장은 종류와 모양이 다양하며 열대 지방에서는 2m 넘게 자라는 것도 있다.

✽ **꽃** 7~8월. 노란색, 붉은색 등의 꽃이 가지 위 가장자리에 핀다. 갈래꽃. 꽃잎은 여러 장이고 수술이 많다. 암술 1개.

🫛 **열매** 10~11월. 자주색 달걀 모양이다. 씨가 많다.

🪣 **자라는 곳** 제주도나 남쪽 해안 지역에서 자라고 온실에 심어 기르기도 한다. 원산지는 아메리카 대륙 사막 지대이다.

☀ **쓰임** 관상용. 열매와 줄기는 먹기도 한다.

이야기마당 🌙 사막처럼 메마른 곳에서 사는 선인장은 물을 오래도록 저장하기 위해 줄기가 굵어지고 잎은 가시로 변했어요. 꽃말은 위대함, 정열이에요.

시클라멘 *Cyclamen persicum* 다복해당

속씨식물 〉 쌍떡잎식물 〉 앵초과   여러해살이풀

←시클라멘

↑분홍색 꽃

🐾 **특징** 높이 15~20cm. 둥근 덩이뿌리에서 심장 모양의 잎이 모여난다. 잎자루가 길고 앞면에 은백색 무늬가 있으며 뒷면은 붉다. 씨나 포기나누기로 번식한다.

✽ **꽃** 10월~이듬해 4, 5월. 붉은색, 흰색, 분홍색 등의 꽃이 아래를 향해 피었다가 위로 젖혀진다. 통꽃. 꽃잎 5갈래.

🫛 **열매** 6월. 꽃받침에 싸여 있으며 공처럼 둥글고 갈색이다. 씨는 갈색을 띠며 크기가 다양하다.

🪣 **자라는 곳** 온실이나 화분 등에 심어 기른다. 원산지는 그리스, 지중해 연안이다.

☀ **쓰임** 관상용.

이야기마당 🌙 지중해 시칠리아 섬에서는 돼지가 시클라멘의 뿌리를 파먹는다고 하여 '돼지빵'이라 불렀대요. 꽃말은 수줍음, 질투예요.

유홍초 *Quamoclit pennata*

속씨식물 〉 쌍떡잎식물 〉 메꽃과   덩굴성 한해살이풀

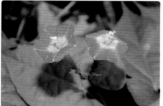

← 유홍초

←← 흰색 꽃
← 둥근잎유홍초

- 🐾 **특징** 길이 1~3m. 덩굴이 다른 물체를 왼쪽으로 감아 올라간다. 잎은 어긋나고 빗살 모양으로 완전히 갈라지며 잎자루가 길다. 둥근잎유홍초는 잎이 둥근 심장 모양이다. 씨로 번식한다.
- ✿ **꽃** 7~8월. 깔때기 모양의 꽃이 잎겨드랑이에서 나온 긴 꽃대 끝에 1송이씩 핀다. 붉은색, 흰색 등이 있다. 나팔꽃이나 메꽃과 비슷하지만 크기가 작다. 통꽃. 수술 5개, 암술 1개.
- ⬭ **열매** 9~10월. 꽃받침 안에 들어 있으며 달걀 모양이다.
- 🪣 **자라는 곳** 빈터나 길가에서 저절로 자라고 꽃밭에 심어 기르기도 한다. 원산지는 남아메리카이다.
- ☀ **쓰임** 관상용.

나팔꽃 *Pharbitis nil*

속씨식물 〉 쌍떡잎식물 〉 메꽃과   덩굴성 한해살이풀

← 나팔꽃

←← 보라색 꽃
← 나팔꽃 열매

- 🐾 **특징** 길이 2~3m. 줄기는 왼쪽으로 감아 올라가고 털이 빽빽이 나 있다. 잎자루가 길고 심장 모양의 잎이 어긋난다. 잎 표면에 털이 있고 가장자리는 밋밋하다. 씨로 번식한다.
- ✿ **꽃** 7~9월. 잎겨드랑이에서 나온 꽃대 끝에 1~3송이씩 핀다. 꽃봉오리가 붓끝처럼 말려 있다가 풀리면서 깔때기 모양이 된다. 붉은색, 흰색, 보라색 등이 있다. 통꽃. 수술 5개, 암술 1개. 이른 아침에 피어서 오후에 시든다.
- ⬭ **열매** 9~10월. 둥글고 속이 3칸으로 나뉜다. 칸마다 검은 씨가 2개씩 들어 있다.
- 🪣 **자라는 곳** 꽃밭이나 울타리 밑, 길가에서 자란다. 원산지는 인도 및 아열대 지방이다.
- ☀ **쓰임** 관상용. 씨를 견우자라고 하며 생약 원료로 쓴다.

이야기마당 🐚 꽃말은 기쁜 소식이에요.

풀협죽도 *Phlox paniculata* 협죽초
속씨식물 〉 쌍떡잎식물 〉 꽃고빗과   여러해살이풀

↑ 흰색 꽃

← 풀협죽도

🐾 **특징** 높이 1m 정도. 줄기가 곧으며 좁고 긴 잎이 마주나거나 3개씩 돌려난다. 잎 가장자리는 밋밋하고 잔털이 있다. 포기나누기로 번식한다.

✿ **꽃** 6~9월. 줄기 끝에 여러 송이가 뭉쳐서 핀다. 붉은색, 분홍색, 흰색 등이 있다. 원추꽃차례. 통꽃. 꽃잎 5갈래. 수술 5개, 암술 1개.

🫐 **열매** 9월. 꽃받침에 싸여 있고 타원형이다.

🪣 **자라는 곳** 공원이나 꽃밭에 심어 기른다. 원산지는 북아메리카이다.

☀ **쓰임** 관상용.

이야기마당 🌙 늘푸른나무인 협죽도와 꽃 모양이 비슷해서 풀협죽도 또는 협죽초라고 해요. 꽃말은 합의, 만장일치, 온화함이에요.

샐비어 *Salvia splendens* 깨꽃
속씨식물 〉 쌍떡잎식물 〉 꿀풀과   한해살이풀

↑ 가까이에서 본 꽃

← 샐비어

🐾 **특징** 높이 30~50cm. 줄기는 네모꼴로 곧게 자란다. 잎자루가 길고 달걀 모양의 잎이 마주난다. 잎과 줄기에 흰색 털이 있고 향기가 난다. 씨로 번식한다. 원산지에서는 여러해살이풀이다.

✿ **꽃** 5~10월. 입술 모양의 붉은색 꽃이 핀다. 총상꽃차례. 꽃받침은 종 모양이다. 통꽃. 수술 2개, 암술 1개.

🫐 **열매** 7월. 꽃받침 속에 들어 있고 검은 타원형이다.

🪣 **자라는 곳** 화분이나 꽃밭에 심어 기른다. 원산지는 브라질이다.

☀ **쓰임** 관상용. 잎을 요리의 향료나 약으로 쓴다.

이야기마당 🌙 활짝 핀 꽃을 뽑아서 뒤쪽을 빨아 보면 꿀처럼 단맛이 나요. 꽃말은 정열, 지혜, 가족애예요.

피튜니아 *Petunia hybrida*

속씨식물 〉 쌍떡잎식물 〉 가짓과   한해살이풀

← 피튜니아

↑ 분홍색 꽃

- 🐾 **특징** 높이 15~20cm. 60cm 이상 자라기도 한다. 잎과 줄기에 끈끈한 털이 많다. 위로 올라갈수록 잎자루가 짧아지며 아래쪽 잎은 어긋나고 위쪽 잎은 마주난다. 원산지에서는 여러해살이풀이다. 씨나 꺾꽂이로 번식한다.
- ✽ **꽃** 4~10월. 깔때기 모양의 꽃이 잎겨드랑이에 핀다. 붉은색, 흰색, 분홍색 등이 있다. 통꽃. 수술 5개, 암술 1개.
- 💊 **열매** 긴 달걀 모양이며 꽃받침에 싸여 있다.
- 🪣 **자라는 곳** 온실이나 꽃밭에 심어 기른다. 원산지는 남아메리카이다.
- ☀ **쓰임** 관상용.

이야기마당 🌙 담배꽃과 닮아 원산지에서 피튠(담배)이라 부르기 시작했는데, 결국 이름이 피튜니아가 되었대요. 꽃말은 당신과 함께라면 마음이 편해요예요.

꽈리 *Physalis alkekengi var. franchetii* 때깔, 홍고랑, 등룡초

속씨식물 〉 쌍떡잎식물 〉 가짓과   여러해살이풀

← 꽈리

↑↑ 꽈리 꽃
↑ 꽈리 열매

- 🐾 **특징** 높이 40~90cm. 원줄기는 곧고 가지가 갈라진다. 잎은 끝이 뾰족한 달걀 모양으로 한 마디에서 2개씩 어긋난다. 길게 뻗은 땅속줄기나 씨로 번식한다.
- ✽ **꽃** 6~7월. 잎겨드랑이에서 꽃자루가 나와 연한 노란색 꽃이 핀다. 통꽃. 가장자리는 5갈래로 얕게 갈라진다. 수술 5개, 암술 1개. 통 모양의 꽃받침은 꽃이 지고 나면 열매 주머니가 된다.
- 💊 **열매** 9~10월. 각진 열매 주머니에 싸여 있다. 둥근 공 모양이고 주황색으로 익는다.
- 🪣 **자라는 곳** 산이나 들, 집 근처에서 자란다. 원산지는 우리나라, 일본, 중국이다.
- ☀ **쓰임** 관상용. 열매를 해열제로 쓴다.

이야기마당 🌙 불룩한 열매 주머니에 비해 열매가 작아서 꽃말이 거짓, 속임수예요.

박 *Lagenaria leucantha var. depressa* 박덩굴

속씨식물 〉 쌍떡잎식물 〉 박과　덩굴성 한해살이풀

↑↑박의 수꽃
↑박의 암꽃 봉오리

↑박
←표주박

🐾 **특징** 길이 5~10m. 전체에 짧은 흰색 털이 있고 줄기가 변한 덩굴손으로 물체를 감고 올라간다. 잎은 어긋나지만 덩굴손과 마주나며 심장 모양으로 넓고 부드럽다. 씨로 번식한다.

✿ **꽃** 7~9월. 흰색 꽃이 잎겨드랑이에 1송이씩 핀다. 통꽃. 꽃잎 5갈래. 단성화. 암수한그루. 수술 3개, 암술 1개. 오후에 피어서 다음 날 아침에 시든다.

🥔 **열매** 9월. 커다란 공 모양이며 껍질은 딱딱하다.

🪣 **자라는 곳** 울타리 주변에 심어 기른다. 원산지는 인도, 아프리카이다.

☀ **쓰임** 어린 박은 박고지를 만들어 먹고, 영근 박으로는 바가지나 공예품을 만든다.

이야기마당 🌙 바가지는 우리 조상들이 많이 사용했던 소중한 물건이에요. 민속 신앙과도 관계가 깊은데, 새 집으로 이사를 할 때 문 입구에 바가지를 엎어 놓고 그 바가지를 밟아 깨뜨리고 들어가면 액땜을 한다고 믿었어요. 또 전염병이 돌 때 장대 끝에 바가지를 매달아 세워 두면 전염병이 들어오지 못한다고 믿었지요. 꽃말은 용서, 아량이에요.

여주 *Momordica charantia* 유자, 여지

속씨식물 〉 쌍떡잎식물 〉 박과　덩굴성 한해살이풀

←여주

↑여주 열매

🐾 **특징** 길이 1~3m. 덩굴손으로 물체를 감고 올라간다. 잎은 어긋나고 끝이 5~7갈래로 갈라진 손바닥 모양이다. 씨로 번식한다.

✿ **꽃** 6~9월. 노란색 꽃이 잎겨드랑이에 1송이씩 핀다. 통꽃. 꽃받침 5갈래. 암수한그루. 단성화. 수술 3개, 암술대 3개.

🥔 **열매** 9~10월. 껍질이 울퉁불퉁한 타원형이고 껍질은 쓰지만 속살은 달다. 익으면 세로로 갈라지며 붉은 속살에 싸인 씨가 나온다.

🪣 **자라는 곳** 꽃밭에 심어 기른다. 원산지는 열대 아시아이다.

☀ **쓰임** 관상용. 열매의 속살을 먹는다.

이야기마당 🌙 꽃말은 열린 마음, 허용이에요.

수세미 *Luffa cylindrica* 수세미외, 수세미오이

속씨식물 〉 쌍떡잎식물 〉 박과   덩굴성 한해살이풀

↑↑ 수세미의 암꽃(오른쪽)과 수꽃(왼쪽)
↑ 수세미의 섬유질

← 수세미 열매

- 🐾 **특징** 길이 12m 정도. 줄기는 덩굴손으로 다른 물체를 감아 올라가고 자른 면은 오각형이다. 잎은 어긋나지만 덩굴손과는 마주나고 손바닥 모양이며 5~7갈래로 갈라진다. 씨로 번식한다.
- ✺ **꽃** 7~9월. 노란색이다. 통꽃. 꽃잎 5갈래. 암수한그루. 단성화. 수꽃은 잎겨드랑이에 여러 송이 모여 피고 암꽃은 1송이씩 핀다. 수술 5개, 암술 1개.
- 🥚 **열매** 9~10월. 50cm 정도의 긴 자루 모양이다. 씨는 검고 납작하다.
- 🪣 **자라는 곳** 집 울타리 주변에 심어 기른다. 원산지는 열대 아시아이다.
- ☀ **쓰임** 열매 속에 있는 그물 모양의 질긴 섬유로 수세미를 만들고 해열제로도 쓴다.

이야기마당 🌙 꽃말은 풍요로움, 여유예요.

만수국 *Tagetes patula* 홍황초, 프랑스금잔화, 메리골드

속씨식물 〉 쌍떡잎식물 〉 국화과   한해살이풀

↑ 만수국

← 아프리칸 만수국
← 세엽공작초

- 🐾 **특징** 높이 30~60cm. 가지가 많이 갈라진다. 잎은 어긋나거나 마주나고 가장자리는 뾰족한 톱니 모양이며 점이 있다. 깃꼴겹잎. 독특한 냄새가 나며 씨로 번식한다. 품종을 개량하여 종류가 많다.
- ✺ **꽃** 6~8월. 노란색 또는 주황색 꽃이 가지 끝에 핀다. 초여름부터 피지만 온실에서 기르면 5월에도 핀다. 통꽃. 암술 1개. 수술은 암술대 둘레에 뭉쳐 있다.
- 🥚 **열매** 9~10월. 가늘고 길며 끝에 가시 같은 털이 있다.
- 🪣 **자라는 곳** 꽃밭에 심어 기른다. 원산지는 멕시코이다.
- ☀ **쓰임** 관상용.

이야기마당 🌙 활짝 핀 꽃잎이 마치 흥겹게 춤을 추는 무희의 치맛자락같이 보여 꽃말이 환희, 즐거움, 기쁨이에요.

국화 *Chrysanthemum morifolium* 중양화, 절화
속씨식물 〉 쌍떡잎식물 〉 국화과   여러해살이풀

↑국화

🐾 **특징** 높이 1m 정도. 줄기 밑부분이 나무 줄기처럼 단단하다. 잎은 어긋나고 깊게 갈라진다. 포기나누기나 꺾꽂이로 번식한다.

✿ **꽃** 10~11월. 품종에 따라 노란색, 흰색, 붉은색 등 꽃의 색과 모양이 다양하다. 통꽃. 꽃의 크기에 따라 지름이 18cm 이상인 대륜국, 9cm 이상인 중륜국, 9cm 미만인 소륜국으로 나뉘고, 꽃이 피는 시기에 따라 여름에 피는 하국, 가을에 피는 추국, 겨울에 피는 동국으로 나뉜다.

💧 **열매** 맺지 않는다.

🪣 **자라는 곳** 꽃밭이나 화분에 심어 기른다. 원산지는 중국이다.

☀ **쓰임** 관상용. 국화의 어린잎은 나물로 먹고, 꽃은 말려서 차를 만들어 마신다.

이야기마당 🍃 옛날 중국 남양의 감곡이라는 강 상류에는 국화가 많았는데, 국화 꽃잎에서 떨어진 이슬이 흘러 들어간 강물을 마신 사람들이 모두 오래 살았대요. 그 뒤부터 중국에서는 국화를 늙지 않고 오래 살게 하는 약으로 여겼어요. 우리나라에서는 고상하고 품위 있는 식물이라 여겨 매화, 난초, 대나무와 함께 사군자라 불러요. 꽃말은 흰색이 고결, 정조, 진실, 붉은색이 애교, 고상, 노란색이 실연이에요.

여러 가지 국화

↑ 국화 꽃밭

과꽃 *Callistephus chinensis* 칠월국, 취국, 당국화, 추금화
속씨식물 〉 쌍떡잎식물 〉 국화과　한해살이풀

↑ 과꽃

↑ 붉은색 꽃

↑ 자주색 꽃

🐾 **특징** 높이 30~100cm. 줄기는 자줏빛을 띠고 가지가 많이 갈라지며 전체에 흰색 털이 있다. 긴 달걀 모양의 잎이 어긋나며 가장자리는 톱니 모양이다. 씨로 번식한다.

✿ **꽃** 7~9월. 긴 꽃자루 끝에 국화와 비슷하게 생긴 꽃이 한 송이씩 핀다. 원래 꽃 색깔은 보라색이지만 붉은색, 흰색, 분홍색 등의 개량종이 있다. 통꽃.

🌰 **열매** 10월. 길고 납작하며 윗부분에 털이 있다.

👕 **자라는 곳** 꽃밭에 심어 기른다. 원산지는 우리나라 북부 지방과 중국 북부 지방이다.

☀ **쓰임** 관상용.

이야기마당 🌙 당나라 어느 마을에 추금이라는 아름다운 여인이 남편을 여의고 혼자 살았어요. 그런데 마을 원님이 추금에게 반해 청혼을 했다가 거절당하자 화가 나서 추금을 방에 가두어 버렸어요. 원님은 마음이 바뀌거든 나오라며 열쇠를 주었지만 추금은 열쇠를 던져 버리고 방 안에 갇혀 있다가 죽었어요. 이듬해 열쇠가 떨어졌던 자리에서 보라색 꽃이 피자 사람들이 '추금화'라 불렀어요. 추금화는 과꽃의 다른 이름이지요. 꽃말은 변하지 않는 사랑, 추억이에요.

금잔화　*Calendula arvensis*　금송화
속씨식물 〉쌍떡잎식물 〉국화과　한두해살이풀

금잔화

- 🐾 **특징** 높이 10~30cm. 잎은 어긋나고 긴 타원형이며 밑부분은 원줄기를 감싼다. 씨로 번식한다.
- ✿ **꽃** 3~5월. 붉은빛이 도는 노란색 꽃이 줄기나 가지 끝에 핀다. 독특한 향기가 있다. 통꽃. 수술이 많다. 암술 1개. 수술이 암술대 둘레에 뭉쳐 있다.
- 🥚 **열매** 9~11월. 검은색이다.
- 🪣 **자라는 곳** 꽃밭에 심어 기른다. 원산지는 남부 유럽이다.
- ☀ **쓰임** 관상용.

이야기마당 🌙 한 소년이 태양을 너무 좋아하자, 이를 질투한 구름의 신이 8일 동안 태양을 가려 버렸어요. 소년은 태양을 그리워하다 연못에 빠져 죽고 말았는데, 태양의 신 아폴론이 이를 안타깝게 여겨 소년을 황금빛의 금잔화로 다시 태어나게 했어요. 그래서 금잔화는 날이 조금만 어두워도 꽃잎을 닫아 버린답니다. 꽃말은 이별의 슬픔, 첫사랑이에요.

달리아　*Dahlia pinnata*　양국
속씨식물 〉쌍떡잎식물 〉국화과　여러해살이풀

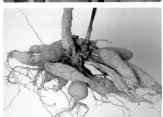

⬆➡ 분홍색 꽃
⬆ 달리아 뿌리

⬅ 달리아

- 🐾 **특징** 높이 1.5~2m. 잎은 마주나고 1~2회 깃꼴로 갈라진다. 잎 앞면은 진한 녹색이고 뒷면은 흰빛이 돈다. 덩이뿌리로 번식한다.
- ✿ **꽃** 7~10월. 크고 탐스러운 꽃이 가지 끝에 1송이씩 옆을 향해 핀다. 붉은색, 흰색, 노란색, 분홍색 등이 있다. 통꽃.
- 🥚 **열매** 9~11월. 개량종은 열매를 맺지 못한다.
- 🪣 **자라는 곳** 꽃밭에 심어 기른다. 원산지는 멕시코이다.
- ☀ **쓰임** 관상용.

이야기마당 🌙 나폴레옹의 왕비 조세핀은 정원에 여러 가지 달리아를 심어 놓고 늘 자랑하면서 남에게는 한 뿌리도 나눠 주지 않았어요. 그런데 달리아를 너무 갖고 싶어한 한 귀부인이 정원사를 꾀어 달리아를 몰래 캐어다가 자기 정원에 심었어요. 이 사실을 안 조세핀은 불같이 화를 내며 그 부인과 정원사를 멀리 내쫓고, 달리아는 모두 뽑아 버렸대요. 꽃말은 화려함, 불안정함, 변덕이에요.

코스모스 *Cosmos bipinnatus* 우주화
속씨식물 〉 쌍떡잎식물 〉 국화과　한해살이풀

↑↑ 가까이에서 본 꽃
↑ 황금코스모스 꽃

↑ 코스모스
← 코스모스 열매

🐾 **특징** 높이 1~2m. 줄기가 가늘고 많이 갈라진다. 잎은 가늘게 갈라지며 마주난다. 씨로 번식한다.

✿ **꽃** 6~10월. 가장자리에 끝이 톱니처럼 갈라진 혀 모양의 꽃잎이 6~8장 달리며 색깔은 붉은색, 분홍색, 흰색 등 여러 가지이다. 가운데는 대롱 모양의 통꽃이 달리고 노란색 꽃밥과 씨가 맺힌다. 수술 5개, 암술 1개. 요즘에는 품종 개량으로 늦봄부터 가을까지 꽃을 볼 수 있다.

🥚 **열매** 10~11월. 약간 휘어진 바늘 모양이며 검은갈색이다.

🪣 **자라는 곳** 높은 지대에서 잘 자라고 길가나 공원 등에 심어 기른다. 원산지는 멕시코이다.

☀ **쓰임** 관상용.

이야기마당 🦋 콜럼버스가 아메리카 대륙을 발견한 후 유럽에 전파한 꽃이래요. 꽃 이름은 그리스 어의 '코스모스(kosmos)'에서 유래했는데, '이 식물로 장식한다'는 뜻이에요. 꽃말은 조화, 소녀의 순정, 진심이에요.

금계국 *Coreopsis drummondii*
속씨식물 〉 쌍떡잎식물 〉 국화과　한두해살이풀

↑ 가까이에서 본 꽃

← 금계국

🐾 **특징** 높이 60cm 정도. 잎은 마주나고 가장자리는 밋밋하다. 깃꼴겹잎. 씨로 번식한다.

✿ **꽃** 6~8월. 코스모스와 비슷하게 생긴 황금색 꽃이 핀다. 통꽃. 수술 5개, 암술 1개.

🥚 **열매** 9월. 약간 납작하고 긴 곤봉 모양이다.

🪣 **자라는 곳** 길가나 빈터에서 자라고 화분에 심어 기르기도 한다. 원산지는 열대 아프리카와 미국이다.

☀ **쓰임** 관상용.

이야기마당 🦋 금계국은 원래 이름이 계국이었는데, 홍수로 무너진 꽃동산을 푸르게 만든 공을 인정받아, 꽃나라 왕으로부터 왕관 같은 황금빛 꽃송이와 금계국이라는 이름을 상으로 받았대요. 꽃말은 상쾌한 기분이에요.

해바라기 *Helianthus annuus* 향일화, 조일화, 일륜초
속씨식물 〉 쌍떡잎식물 〉 국화과 　한해살이풀

↑↑ 해바라기 꽃봉오리
↑ 해바라기 열매

← 해바라기

🐾 **특징** 높이 2m 정도. 거친 털이 있고 씨가 익으면 무거워져 고개를 숙인다. 넓은 심장 모양의 잎이 어긋난다. 씨로 번식한다.

✿ **꽃** 8~9월. 가장자리에는 혀 모양의 노란색 꽃이 피고, 안쪽에는 대롱 모양의 갈색 꽃이 빽빽하게 들어찬다. 두상꽃차례. 통꽃. 암술과 수술이 있는 안쪽 꽃만 씨를 맺는다.

💊 **열매** 10월. 씨는 흰색 또는 회색 바탕에 검은 줄이 2개 있는 긴 타원형이다.

🪣 **자라는 곳** 햇볕이 잘 드는 꽃밭이나 밭에 심어 기른다. 원산지는 북아메리카이다.

☀ **쓰임** 관상용. 씨를 먹거나 기름을 짜서 쓴다. 비누나 페인트의 원료로도 쓴다.

이야기마당 🌙 물의 요정 크리티는 태양의 신 아폴론을 짝사랑하다가 그만 해바라기 꽃이 되고 말았대요. 그래서 해바라기는 지금도 태양을 따라 움직이듯 핀답니다. 꽃말은 그리움, 숭배, 기다림이에요.

원추천인국 *Rudbeckia bicolor* 루드베키아
속씨식물 〉 쌍떡잎식물 〉 국화과 　한해살이풀

원추천인국

🐾 **특징** 높이 30~50cm. 전체에 털이 빽빽이 나 있다. 긴 타원형의 잎이 어긋나며 가장자리는 톱니 모양이다. 씨가 바람에 날려 퍼져서 번식한다.

✿ **꽃** 6~8월. 8~10갈래의 노란색 꽃잎 가운데 수백 개의 작은 검은갈색 꽃이 모여 피어 하나의 꽃송이를 이룬다. 가장자리 꽃잎은 안쪽이 붉은빛을 띤다. 두상꽃차례. 통꽃.

💊 **열매** 10월. 검은색이다.

🪣 **자라는 곳** 철길 주변이나 길가에서 자라고 공원 등에 심어 기르기도 한다. 원산지는 북아메리카이다.

☀ **쓰임** 관상용.

이야기마당 🌙 꽃말은 영원한 행복이에요.

데이지 *Bellis perennis* 애기국화

속씨식물 〉 쌍떡잎식물 〉 국화과 여러해살이풀

↑데이지 꽃밭

↙가까이에서 본 꽃

🐾 **특징** 높이 15cm 정도. 주걱 모양의 잎이 수염뿌리에서 뭉쳐난다. 잎 가장자리는 밋밋하거나 둔한 톱니 모양이고 부드러운 털이 있다. 씨로 번식한다.

✿ **꽃** 봄부터 가을까지 뿌리에서 나온 꽃대 끝에 1송이씩 핀다. 흰색, 분홍색, 붉은색 등이 있다. 통꽃. 밤에 꽃잎이 오므라든다.

🫛 **열매** 7~11월. 타원형이다.

🪣 **자라는 곳** 화분이나 꽃밭에 심어 기른다. 원산지는 유럽이다.

☀️ **쓰임** 관상용. 유럽에서는 잎을 먹는다.

이야기마당 🌙 과일나무의 신 베르타무스는 아름다운 요정 베르테스에게 첫눈에 반해 끈질기게 따라다녔어요. 지친 베르테스는 신에게 부탁하여 꽃이 되었는데, 그 꽃이 데이지예요. 꽃말은 순수한 마음, 평화, 희망이에요.

백일홍 *Zinnia elegans* 백일국, 백일화, 백일초

속씨식물 〉 쌍떡잎식물 〉 국화과 한해살이풀

←백일홍

↑↑흰색 꽃
↑주황색 꽃

🐾 **특징** 높이 60~90cm. 잎자루가 없고 끝이 뾰족한 달걀 모양의 잎이 마주난다. 잎 가장자리는 밋밋하고 전체에 털이 있어 거칠게 보인다. 씨로 번식한다.

✿ **꽃** 6~10월. 붉은색, 노란색 등이 있다. 꽃대 끝에 1송이씩 핀다. 통꽃. 향기가 없다.

🫛 **열매** 9~10월. 달걀 모양이다.

🪣 **자라는 곳** 꽃밭에 심어 기른다. 원산지는 멕시코이다.

☀️ **쓰임** 관상용.

이야기마당 🌙 옛날, 어느 마을에 해마다 이무기가 나타나 처녀를 제물로 받아 갔어요. 그러던 어느 해 용감한 한 청년이 나타나 제물이 될 처녀 대신 이무기를 처치하러 갔어요. 처녀는 이무기를 처치한 뒤 배에 흰 돛을 달고 오겠다던 청년을 기다렸지만 100일 뒤 돌아오는 배에는 붉은 돛이 달려 있었어요. 그것이 이무기의 피라는 사실을 모르고 처녀는 스스로 목숨을 끊었는데 그 넋이 백일홍이 되었대요. 꽃말은 헤어진 벗을 생각하다, 순결이에요.

벼 *Oryza sativa*

속씨식물 〉 외떡잎식물 〉 벼과   한해살이풀

↑↑벼 꽃
↑벼의 수염뿌리

←익은 벼 이삭

🐾 **특징** 높이 50~100cm. 수염뿌리에서 줄기가 모여나와 포기를 이루며 곧게 자란다. 잎은 30cm 정도로 가늘고 길며 표면과 가장자리가 거칠다. 이삭은 꽃이 필 때는 곧지만 열매가 익으면 고개를 숙인다. 현재 벼 품종은 약 6만 종에 이른다. 씨로 번식한다.

✿ **꽃** 7~8월. 줄기에서 이삭이 나와 꽃이 핀다. 이삭꽃차례. 꽃잎이 없다. 수술 6개, 암술 1개.

🥚 **열매** 9~10월. 타원형이며 누렇게 익는다. 열매의 껍질을 벗겨 낸 것이 쌀이다.

🏺 **자라는 곳** 주로 논에 심어 기른다. 원산지는 인도이다.

☀ **쓰임** 쌀로 밥을 지어 먹는다. 볏짚은 짚신, 멍석, 이엉 등을 만들거나 땔감, 가축 사료, 거름으로 쓴다.

이야기마당 🌙 벼는 밀, 옥수수와 함께 세계 3대 곡식으로 꼽히지요. 약 5000년 전 동남아시아에서 심어 기르기 시작한 것으로 추측되며, 우리나라에서는 약 3000년 전에 심어 기른 흔적이 있어요. 꽃말은 풍요, 기원이에요.

벼의 성장 과정

↑모판 준비

↑못자리 만들기

↑잘 자란 모

↑뿌리내린 모

↑이삭이 패기 시작한 벼

↑누렇게 익은 벼

↑벼베기

↑↑찹쌀   ↑↑흑미
↑백미   ↑현미

피   *Echinochloa crusgalli var. frumentacea* 패
속씨식물 》 외떡잎식물 》 볏과   한해살이풀

↑개피

↑ 피
← 털돌피

- 🐾 **특징** 높이 80~150cm. 줄기는 수염뿌리에서 모여나와 곧게 자란다. 벼와 비슷하나 키가 더 크다. 좁고 긴 잎이 어긋나며 잎 가장자리는 잔톱니 모양이다. 씨로 번식한다.
- ✿ **꽃** 8~9월. 연한 갈색 또는 연한 녹색 꽃이 줄기 끝에 빽빽이 핀다. 원추꽃차례. 꽃잎이 없다. 수술 3개, 암술 1개.
- 🥚 **열매** 8~10월. 이삭의 한쪽에 불규칙하게 달린다. 둥근 공을 반으로 자른 모양이고 반질반질하다. 노란색 또는 진한 갈색으로 익는다.
- 🗑 **자라는 곳** 논이나 습기가 많은 빈터에서 자란다. 원산지는 아시아이다.
- ☀ **쓰임** 사료로 쓴다.

이야기마당 🌙 옛날에는 피를 중요한 농작물로 많이 심어 길렀지만, 벼농사를 본격적으로 시작하면서부터 차츰 기르지 않게 되었어요. 특히 벼에 섞여 자란 피는 벼농사에 방해가 되기 때문에 뽑아 버리는데, 이 일을 '피사리' 라고 해요.

수수 *Sorghum bicolor* 고량, 고량
속씨식물 〉 외떡잎식물 〉 벼과   한해살이풀

↑↑ 꽃이 핀 수수 이삭
↑ 수수 낟알

◀ 수수밭

- 🐾 **특징** 높이 2~3m. 줄기는 둥근 기둥 모양이고 마디가 있으며 무른 속살이 차 있다. 잎과 줄기는 녹색에서 차츰 붉은갈색이 된다. 씨로 번식한다.
- ✿ **꽃** 7월. 줄기 끝에 이삭이 나와 꽃이 빽빽이 핀다. 큰 원추꽃차례. 수술 3개, 암술 1개.
- 🌱 **열매** 9~10월. 이삭 줄기에 달리며, 붉은갈색으로 익는다.
- 🗑 **자라는 곳** 밭에 심어 기른다. 원산지는 동아시아에서 중앙아시아까지이다.
- ☀ **쓰임** 수수떡을 만들어 먹는다. 이삭 줄기로는 빗자루를 만들고 원줄기를 말린 것은 수수깡이라고 하여 공작 재료로 쓴다.

이야기마당 🌙 수수는 색이 붉어 나쁜 기운을 물리친다고 하여 예로부터 아이의 돌 때 수수팥떡을 만들어 먹으며 건강하게 자라기를 빌었어요.

보리 *Hordeum vulgare var. hexastichon* 대맥
속씨식물 〉 외떡잎식물 〉 벼과   두해살이풀

↑↑ 익은 보리 이삭
↑ 보리쌀

◀ 보리밭

- 🐾 **특징** 높이 1m 정도. 줄기는 둥글고 속이 비어 있다. 잎은 긴 칼 모양으로 흰빛이 약간 돌며 어긋난다. 씨로 번식한다.
- ✿ **꽃** 4~5월. 거친 까끄라기가 있는 이삭이 나와 누런빛이 도는 녹색 꽃이 핀다. 이삭꽃차례. 꽃잎이 없다. 수술 3개, 암술 1개.
- 🌱 **열매** 5~6월. 겉보리는 누르스름하고 쌀보리는 불그스름한 갈색으로 익는다.
- 🗑 **자라는 곳** 밭에 심어 기른다. 원산지는 양쯔강 상류의 티베트 지방이다.
- ☀ **쓰임** 보리밥, 맥주, 보리차 등을 만들어 먹고 보릿짚은 땔감이나 거름 등으로 쓴다.

이야기마당 🌙 가을에 뿌리는 가을보리와 봄에 뿌리는 봄보리가 있으며, 낟알 겉껍질이 벗겨진 것은 쌀보리, 벗겨지지 않은 것은 겉보리라고 해요. 우리나라에서는 주로 가을보리를 심어 기르는데 7000~1만 년 전부터 기른 것으로 추측하고 있어요. 꽃말은 번영이에요.

밀 *Triticum aestivum* 소맥
속씨식물 〉 외떡잎식물 〉 벼과　한두해살이풀

← 밀밭

↑↑ 밀 이삭
↑ 호밀 이삭

🐾 **특징** 높이 1m 정도. 줄기는 곧고 속이 비어 있으며 마디 사이가 길다. 잎은 긴 칼 모양이고 뒤로 휘어진다. 뿌리가 땅속 깊이 뻗기 때문에 메마른 땅에서도 잘 견딘다. 씨로 번식한다.

✿ **꽃** 5월. 줄기 끝에 긴 까끄라기가 있는 이삭이 나와 녹황색 꽃이 핀다. 이삭꽃차례. 수술 3개, 암술 1개.

💊 **열매** 6월. 이삭 줄기에 달린다. 밀알은 누르스름한 갈색 타원형이고 얇은 속껍질이 있다.

🪣 **자라는 곳** 늦가을에 밭에 심어 기른다. 원산지는 아프가니스탄, 카프카스이다.

☀ **쓰임** 밀가루로 빵, 과자 등을 만들고 밀짚으로는 모자나 방석 등을 만든다.

이야기마당 🌙 석기 시대에 이미 유럽과 중국에서 널리 심어 길렀고, 우리나라에서도 기원전 200~100년경부터 심어 길렀대요.

조 *Setaria italica* 서숙
속씨식물 〉 외떡잎식물 〉 벼과　한해살이풀

← 조밭

↑↑ 익어 가는 조 이삭
↑ 좁쌀

🐾 **특징** 높이 1~1.5m. 줄기는 곧고 가지가 없다. 좁고 긴 잎이 어긋나며 잎 가장자리는 잔톱니 모양이다. 씨로 번식한다.

✿ **꽃** 9월. 줄기 끝에서 긴 이삭이 나와 알갱이 모양의 작은 꽃이 빽빽이 핀다. 이삭에 털이 많다. 원추꽃차례. 수술 3개, 암술 1개.

💊 **열매** 9~10월. 이삭 줄기에 둥글고 노란 열매가 빽빽이 달리고 익으면 아래로 휘어진다.

🪣 **자라는 곳** 밭에 심어 기른다. 원산지는 동부 아시아이다.

☀ **쓰임** 쌀이나 보리와 섞어 밥을 지어 먹고, 엿과 술을 만드는 데 쓴다.

이야기마당 🌙 쌀, 보리, 콩, 기장과 함께 우리나라의 주식인 오곡의 하나예요.

기장 *Panicum miliaceum*
속씨식물 〉 외떡잎식물 〉 벼과　한해살이풀

↑익은 기장 이삭

←←미국개기장
←기장 낟알

- 🐾 **특징** 높이 50~120cm. 줄기가 곧게 자란다. 잎은 길이 30~50cm로 털이 있고 어긋난다. 씨로 번식한다.
- ✿ **꽃** 8~9월. 줄기 끝이나 윗부분의 잎겨드랑이에서 꽃이삭이 나와 녹황색 꽃이 핀다. 원추꽃차례. 수술 3개, 암술 1개.
- 🫘 **열매** 9~10월. 긴 이삭 줄기에 열매가 빽빽이 달려 밑으로 휜다. 낟알은 반질반질한 노란색이며 둥글고 굵다. 낟알 끝이 뾰족하고 익으면 잘 떨어진다.
- 🪣 **자라는 곳** 밭에 심어 기른다. 원산지는 인도이다.
- ☀ **쓰임** 쌀과 섞어 밥을 지어 먹거나 떡을 만들고 가축 사료로도 쓴다.

이야기마당 🌙 쌀, 보리, 조, 콩과 함께 오곡의 하나이지만 수확량이 적어서 많이 심지 않아요.

귀리 *Avena sativa*　연맥, 작맥
속씨식물 〉 외떡잎식물 〉 벼과　두해살이풀

↑귀리 이삭

←귀리

- 🐾 **특징** 높이 30~100cm. 줄기는 수염뿌리에서 모여나고 마디에서 아래를 향해 털이 난다. 잎 길이 15~30cm. 씨로 번식한다.
- ✿ **꽃** 5~6월. 긴 이삭 줄기에 잔이삭이 층층이 달린다. 잔이삭에는 2개의 녹색 꽃이 밑을 향해 달린다. 원추꽃차례. 수술 3개, 암술 1개.
- 🫘 **열매** 6월. 씨는 밀과 비슷하나 밀보다 길쭉하다.
- 🪣 **자라는 곳** 북쪽 지방에서 심어 기른다. 원산지는 중앙아시아 아르메니아 지방이다.
- ☀ **쓰임** 귀리를 빻은 가루로 오트밀이라는 수프를 만들어 먹는다. 가축 사료로도 쓴다.

이야기마당 🌙 우리나라에서는 고려 말에 몽골 군대가 귀리를 말먹이로 가져와서 처음 심어 기르기 시작했어요.

옥수수 *Zea mays* 강냉이, 갱내, 옥식이
속씨식물 〉 외떡잎식물 〉 볏과   한해살이풀

↑ 옥수수 밭

↑ 옥수수의 암꽃

↑ 옥수수의 수꽃

↑ 버팀뿌리

↑ 어린 옥수수

🐾 **특징** 높이 2~3m. 줄기에 마디가 있고 곧게 서며 가지가 갈라지지 않는다. 넓고 긴 잎이 마디마다 어긋난다. 잎 표면에 털이 있고 가장자리는 물결 모양이며 밑부분은 줄기를 감싼다. 수염뿌리와 버팀뿌리가 있는데, 버팀뿌리는 줄기 아래쪽에서 돌려나 땅으로 뻗어 줄기를 지탱해 준다. 씨로 번식한다.

🌼 **꽃** 7~8월. 이삭꽃차례. 암수한그루. 수꽃 이삭은 줄기 끝에 달리며 수백만 개의 꽃가루를 만든다. 수술 3개. 암꽃 이삭은 줄기 가운데의 잎겨드랑이에 달리고 수염 같은 긴 암술대가 다발 모양으로 나온다. 암술대는 처음에는 희고 촉촉하지만 가루받이가 끝나면 붉어지고 열매가 다 익으면 말라 버린다.

🥚 **열매** 8~9월. 길쭉한 자루 모양이며 익는 데 45~60일이 걸린다. 옥수수 낟알은 흰색, 노란색, 보라색, 붉은색, 검은색 등이 있다.

🪣 **자라는 곳** 밭에 심어 기른다. 원산지는 남아메리카 북부이다.

☀ **쓰임** 쪄서 먹고, 가루를 내어 빵이나 과자를 만들기도 한다. 줄기와 잎은 가축 사료로 쓰고 수염은 약으로 쓴다.

이야기마당 🌙 옥수수는 원래 아름다운 인디언 소녀였어요. 어느 날 밤 소녀가 잠이 든 채 어디론가 걸어가자, 소녀를 짝사랑하던 마을 청년이 뒤따르가 힘껏 껴안았어요. 그 바람에 잠에서 깬 소녀는 화들짝 놀라 옥수수가 되었는데, 옥수수의 갈색 수염은 소녀의 머리카락이고 열매는 놀라 치켜든 소녀의 팔이라고 해요. 꽃말은 부자, 세련이에요.

↑ 옥수수 낟알

← 자루째 말리는 옥수수

율무 *Coix lachryma-jobi var. mayuen* 의이, 율미, 인미, 의주자
속씨식물 〉 외떡잎식물 〉 벼과   한해살이풀

↑익은 율무

↢율무 꽃

- 🐾 **특징** 높이 1~1.5m. 줄기는 곧고 속이 딱딱하며 가지가 갈라진다. 기다란 잎이 어긋나며 잎 가장자리는 밋밋하고 가운데 잎맥이 희다. 씨로 번식한다.
- ✿ **꽃** 7~8월. 잎겨드랑이에서 꽃이삭이 나와 타원형의 암꽃이 피고 그 끝에 수꽃이 핀다. 수술 3개, 암술 1개, 암술대 2개.
- 🫛 **열매** 10월. 타원형이며 껍질이 딱딱하고 검은갈색으로 익는다. 씨는 구슬 모양이다.
- 🪴 **자라는 곳** 밭에 심어 기른다. 원산지는 중국이다.
- ☀ **쓰임** 열매로 차를 끓여 마시거나 이뇨제, 진통제 등으로 쓴다.

이야기마당 🌙 율무 씨로는 율무차를 만드는데, 맛이 고소하고 진해서 많이 먹어요. 또 율무차는 다이어트에도 도움이 된대요.

왕골 *Cyperus exaltatus var. iwasakii*
속씨식물 〉 외떡잎식물 〉 사초과   한두해살이풀

↑↑시페루스
↑파피루스

↢왕골

- 🐾 **특징** 높이 1.2~1.5m. 줄기 밑부분에서 여러 개의 줄기가 모여난다. 줄기를 자른 면은 삼각형이며 껍질이 매끄럽고 반질반질하다. 잎은 좁고 길며 밑부분이 줄기를 감싼다. 씨로 번식한다. 비슷한 식물로는 물방동사니, 시페루스, 파피루스 등이 있다.
- ✿ **꽃** 8~10월. 연한 갈색 꽃이 줄기 끝에 모여 핀다. 총상꽃차례. 수술 3개, 암술 1개. 암술 끝이 3갈래로 갈라진다.
- 🫛 **열매** 10월. 아주 작은 타원형이며 누런빛이 도는 갈색이다. 씨는 반질반질하다.
- 🪴 **자라는 곳** 논에 심어 기르고 습지에서 저절로 자라기도 한다.
- ☀ **쓰임** 껍질을 벗겨서 말려 돗자리, 방석, 핸드백 등을 만들고 껍질을 벗긴 줄기의 속은 말려서 끈으로 쓴다.

부추 *Allium tuberosum* 정구지, 솔, 구, 졸

속씨식물 〉 외떡잎식물 〉 백합과   여러해살이풀

↑↑ 가까이에서 본 꽃
↑ 두메부추

← 꽃이 핀 부추

- 🐾 **특징** 높이 30~40cm. 가늘고 긴 끈 모양의 잎이 비늘줄기에서 뭉쳐난다. 부드럽고 연하며 독특한 향기가 난다. 잎을 잘라 내면 곧 새 잎이 돋는다. 씨나 포기나누기로 번식한다.
- ✿ **꽃** 7~9월. 줄기 끝에 작은 꽃줄기가 촘촘히 돋아 흰색 꽃이 모여 핀다. 산형꽃차례. 꽃잎 6갈래. 수술 6개, 암술 1개.
- 🫙 **열매** 10월. 팽이를 거꾸로 세운 모양이다. 까만 씨가 6개 들어 있다.
- 🪣 **자라는 곳** 밭에 심어 기른다. 원산지는 중국이다.
- ☀ **쓰임** 잎으로 김치나 부침개 등을 만들어 먹고 비늘줄기는 약으로 쓴다.

이야기마당 🐚 꽃이 피기 전에 베어서 먹기 때문에 꽃이 핀 부추를 보면 주인이 게으르다고 생각한대요. 또 지방에 따라 이름이 달라서 전라도에서는 '솔', 충청도에서는 '졸', 경상도에서는 '정구지'라고 해요. 꽃말은 꼭 필요한 사람이에요.

아스파라거스 *Asparagus officinalis* 양용천문동, 멸대, 열대

속씨식물 〉 외떡잎식물 〉 백합과   여러해살이풀

↑ 아스파라거스의 새순과 잎

←← 아스파라거스 열매

← 아스파라거스의 어린 줄기

- 🐾 **특징** 높이 1~1.5m. 줄기는 둥글고 녹색이다. 바늘 모양의 잎처럼 보이는 것은 가지이며 5~8개씩 뭉쳐난다. 뿌리는 굵고 사방으로 퍼진다. 씨나 포기나누기로 번식한다.
- ✿ **꽃** 5~7월. 종 모양의 녹색 꽃이 잎겨드랑이에 1~2송이씩 핀다. 암수딴그루. 꽃잎 6갈래. 수술 6개, 암술 1개.
- 🫙 **열매** 8월. 둥글고 붉은색으로 익는다. 씨는 검은색이다.
- 🪣 **자라는 곳** 밭에 심어 기른다. 원산지는 유럽이다.
- ☀ **쓰임** 어린 줄기를 먹는다.

이야기마당 🐚 아스파라거스는 흰색과 녹색이 있어요. 어린 줄기가 햇빛을 받지 못하면 흰색 아스파라거스가 되고, 햇빛을 받아 엽록소가 만들어지면 녹색 아스파라거스가 되지요. 꽃말은 한결같은 마음이에요.

파 *Allium fistulosum* 대파
속씨식물 〉 외떡잎식물 〉 백합과   여러해살이풀

↑ 파밭

←← 파의 꽃봉오리
← 파꽃과 열매

🐾 **특징** 높이 60cm. 땅으로부터 15cm 정도 높이에서 속이 빈 잎 5개 정도가 2줄로 갈라져 나온다. 땅속의 비늘줄기는 많이 굵어지지 않으며 냄새가 강하고 눈을 맵게 한다. 씨나 포기나누기로 번식한다.

✱ **꽃** 6~7월. 흰색 꽃이 잎 사이에서 나온 원기둥 모양의 꽃대 끝에 둥글게 모여 핀다. 산형꽃차례. 수술 6개, 암술 1개.

🫘 **열매** 7~8월. 세로줄이 3개 나 있고 씨는 검은색이다.

🪣 **자라는 곳** 밭에 심어 기른다. 원산지는 시베리아이다.

☀ **쓰임** 잎과 비늘줄기를 각종 음식의 양념으로 쓰고 뿌리와 줄기는 달여서 감기약으로 쓰거나 가래삭임에 쓴다.

이야기마당 🌀 이집트의 피라미드는 마늘이 세웠고, 중국의 만리장성은 파가 쌓았다는 말이 있어요. 피라미드를 세운 사람들은 양파와 마늘을 먹으면서 일을 했고, 만리장성을 쌓은 사람들은 파를 먹고 견뎠기 때문이래요. 꽃말은 인내예요.

양파 *Allium cepa* 옥파, 둥글파
속씨식물 〉 외떡잎식물 〉 백합과   두해살이풀

← 양파

↑ 양파의 꽃줄기

🐾 **특징** 높이 50~100cm. 속이 빈 원기둥 모양의 잎이 2~3개 나는데, 꽃이 피면 시들어 버린다. 여러 겹의 비늘잎으로 이루어진 둥근 비늘줄기가 있다. 두꺼운 안쪽 비늘잎은 흰색이고 얇은 바깥쪽 비늘잎은 붉은갈색이다. 냄새와 맛이 맵다. 씨로 번식한다.

✱ **꽃** 6월. 공 모양의 흰색 꽃이 꽃대 끝에 모여 핀다. 산형꽃차례. 수술 6개, 암술 1개.

🫘 **열매** 6월 말. 씨는 검은색이다.

🪣 **자라는 곳** 밭에 심어 기른다. 원산지는 지중해 연안이다.

☀ **쓰임** 음식의 양념으로 쓰거나 단맛이 나도록 익혀서 먹는다. 약으로도 쓴다.

마늘 *Allium Scorodoprasm*
속씨식물 > 외떡잎식물 > 백합과   여러해살이풀

↑↑마늘의 살눈
↑마늘종

←마늘 밭

🐾 **특징** 높이 60cm 정도. 길고 납작한 잎이 3~4개씩 어긋난다. 나란히맥. 비늘줄기는 5~6개의 작은 마늘쪽으로 되어 있으며 얇은 껍질에 싸여 있다. 강한 냄새와 매운 맛이 난다. 비늘줄기나 살눈으로 번식한다.

✿ **꽃** 7월. 연한 자주색 꽃이 꽃대 끝에 둥글게 모여 핀다. 산형꽃차례. 꽃잎 6갈래. 수술 6개, 암술 1개. 꽃대를 마늘종이라 하는데 꽃이 피기 전에 미리 뽑는다.

🥚 **열매** 열매를 맺지 못하며 살눈이 발달한다.

🪣 **자라는 곳** 가을에 논이나 밭에 심어 기른다. 원산지는 남부 유럽이다.

☀ **쓰임** 마늘쪽과 마늘종을 먹거나 양념으로 쓴다. 위장병이나 암을 예방한다.

이야기마당 🌙 불교에서는 마음에 화를 준다 하여 마늘, 달래, 대파, 실파, 무릇 등 다섯 가지 채소를 먹지 못하게 한대요.

생강 *Zingiber officinale* 새앙, 생
속씨식물 > 외떡잎식물 > 생강과   여러해살이풀

생강

🐾 **특징** 높이 30~50cm. 줄기가 곧게 자라고 잎은 좁고 길며 어긋난다. 뿌리줄기는 연한 노란색으로 울퉁불퉁한 마디가 있으며, 독특한 향기와 매운맛이 난다. 굵고 두꺼운 뿌리줄기로 번식한다.

✿ **꽃** 6월. 연한 노란색이다. 열대 지방에서는 꽃이 피지만 우리나라에서는 피지 않는다. 수술 1개, 암술 1개.

🥚 **열매** 10월. 긴 타원형이며 붉은색이다.

🪣 **자라는 곳** 남쪽 지방의 밭에 심어 기른다. 원산지는 열대 아시아이다.

☀ **쓰임** 양념으로 쓰며, 달여서 차를 만들거나 약으로 쓴다.

이야기마당 🌙 우리나라에서는 생강을 1018년 이전부터 심어 길렀대요. 추위에 약하고 저장하기 힘든 식물이어서 주로 남부 지방에서 길러요. 꽃말은 헛됨이에요.

삼 *Cannabis sativa* 대마, 마, 대마초

속씨식물 〉 쌍떡잎식물 〉 삼과   한해살이풀

↙삼

↑삼꽃

- 🐾 **특징** 높이 1.5~3m. 줄기를 자른 면은 둔한 네모꼴이고 곧게 선다. 잔털이 있으며 세로로 골이 패어 있다. 잎은 3~10갈래인 손바닥 모양의 겹잎이다. 뿌리가 깊지만 곁뿌리가 별로 없어 잘 뽑힌다. 씨로 번식한다.
- ❀ **꽃** 7~8월. 연한 녹색이며 꽃잎이 없다. 단성화. 암수딴그루. 수꽃은 가지 끝의 잎겨드랑이에 핀다. 원추꽃차례. 꽃받침 5개. 수술 5개. 암꽃은 줄기 끝부분의 잎겨드랑이에 핀다. 이삭꽃차례. 암술대 2개.
- 💊 **열매** 8~9월. 회색 달걀 모양이고 딱딱하다.
- 🪣 **자라는 곳** 밭에 심어 기른다. 원산지는 중앙아시아이다.
- ☀ **쓰임** 줄기 껍질로 삼베를 만든다.

이야기마당 🍃 잎과 꽃에 마취 성분이 있어 대마초라는 마약으로 쓰이기 때문에 아무나 기르지 못해요.

모시풀 *Boehmeria nivea* 저마

속씨식물 〉 쌍떡잎식물 〉 쐐기풀과   여러해살이풀

↙모시풀

↑모시풀 꽃

- 🐾 **특징** 높이 1~2m. 땅속줄기에서 줄기가 뭉쳐나와 곧게 자란다. 달걀 모양의 잎이 어긋나며 잎 뒷면에 흰색 잔털이 빽빽이 나 있고 가장자리는 톱니 모양이다. 씨나 포기나누기 또는 꺾꽂이로 번식한다.
- ❀ **꽃** 7~8월. 꽃잎이 없다. 원추꽃차례. 암수한그루. 연한 노란색 수꽃은 줄기 아래쪽에, 연한 녹색 암꽃은 줄기 위쪽에 핀다. 수술 4개, 암술대 1개.
- 💊 **열매** 8~9월. 타원형이며 여러 개가 붙어 있다.
- 🪣 **자라는 곳** 남부 지방의 밭에 심어 기른다. 원산지는 동남아시아이다.
- ☀ **쓰임** 줄기 껍질로 모시를 만든다.

이야기마당 🍃 모시는 몸에 붙지 않고 시원해서 인기 있는 여름 옷감이에요. 꽃말은 영원한 사랑이에요.

메밀
Fagopyrum esculentum 모밀, 미물
속씨식물 〉 쌍떡잎식물 〉 마디풀과   한해살이풀

↑ 메밀 밭

←← 가까이에서
본 꽃

← 메밀 열매

- 🐾 **특징** 높이 50~80cm. 줄기 속이 비어 있고 붉은빛을 띤다. 줄기 밑에서는 잎이 마주나고 위에서는 어긋난다. 잎은 심장 모양이며 가장자리가 밋밋하다. 씨로 번식한다.
- ✿ **꽃** 7~10월. 흰색 또는 분홍색 꽃이 무리지어 핀다. 꽃잎처럼 보이는 것은 꽃받침이며 꽃잎은 없다. 꽃받침 5갈래. 수술 8~9개, 암술 1개.
- 🥚 **열매** 10월. 세모꼴의 진한 갈색이다.
- 🪣 **자라는 곳** 뿌리가 깊어 마른 땅에서도 잘 자라며 밭에 심어 기른다. 원산지는 동북아시아, 중앙아시아이다.
- ☀️ **쓰임** 열매로 묵이나 국수를 만들고 어린잎은 나물로 먹는다.

이야기마당 🌙 강원도 봉평에 있는 넓고 아름다운 메밀꽃 밭은 이효석의 소설 '메밀꽃 필 무렵'의 배경이지요.

유채
Brassica campestris ssp. *napus* var. *nippo-oleifera*
속씨식물 〉 쌍떡잎식물 〉 십자화과   두해살이풀

↑ 유채

← 유채 꽃

- 🐾 **특징** 높이 80~100cm. 줄기 아래쪽 잎은 잎자루가 길고, 위쪽 잎은 잎자루가 없이 줄기를 감싼다. 잎 뒷면은 흰빛이 돈다. 씨로 번식한다.
- ✿ **꽃** 4~5월. 노란색 꽃이 가지와 꽃줄기 끝에 핀다. 총상꽃차례. 갈래꽃. 꽃잎 4장. 꽃받침 4개. 수술 6개, 암술 1개.
- 🥚 **열매** 5~6월. 원기둥 모양이며 씨는 붉은갈색이다.
- 🪣 **자라는 곳** 제주도나 남부 지방에서 심어 기른다. 원산지는 중앙아시아 고원 지대이다.
- ☀️ **쓰임** 꽃을 꿀, 향수, 비누 등의 원료로 쓰고 어린잎과 줄기는 나물로 먹는다. 씨로 기름을 짜서 쓰기도 한다.

이야기마당 🌙 꽃말은 쾌활함, 봄소식이에요.

무 *Raphanus sativus var. acanthiformis*

속씨식물 〉 쌍떡잎식물 〉 십자화과   한두해살이풀

↑무

↑무꽃

←단무지무

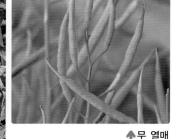
↑무 열매

🐾 **특징** 높이 30~50cm. 뿌리 위쪽에서 대가 센 잎이 모여나며, 잎과 잎줄기를 무청이라고 한다. 뿌리는 둥근 기둥 모양으로 굵고 물기가 많으며 아삭아삭하고 시원한 맛이 난다. 씨로 번식한다.

✿ **꽃** 4~5월. 십자 모양의 꽃이 줄기와 가지 끝에 핀다. 꽃줄기가 1m까지 자라며 꽃은 흰색 또는 연한 자주색이다. 총상꽃차례. 갈래꽃. 꽃잎 4장. 수술 6개, 암술 1개.

💊 **열매** 7~8월. 길쭉한 꼬투리 속에 둥근 갈색 씨가 들어 있다.

🪣 **자라는 곳** 밭에 심어 기른다. 원산지는 이집트이다.

☀ **쓰임** 뿌리와 잎으로 김치나 국 등을 만들어 먹는다.

이야기마당 🐌 무 뿌리에는 소화를 돕는 디아스타제라는 효소가 들어 있어요. 그래서 소화가 잘 안 되는 음식을 먹을 때는 무를 곁들여 먹지요.

배추 *Brassica campestris ssp. napus var. pekinensis*

속씨식물 〉 쌍떡잎식물 〉 십자화과   두해살이풀

↑배추꽃

←배추밭

🐾 **특징** 높이 30~40cm. 뿌리에서 나온 잎이 둥글게 자라 포기를 이룬다. 가운데 잎맥이 넓고 희며 가장자리는 불규칙한 톱니 모양이고 양면이 주름져 있다. 씨로 번식한다.

✿ **꽃** 4월. 십자 모양의 노란색 꽃이 모여 핀다. 총상꽃차례. 갈래꽃. 꽃잎 4장. 수술 6개, 암술 1개.

💊 **열매** 6월. 기둥 모양이며 씨는 검은갈색이다.

🪣 **자라는 곳** 밭에서 기른다. 원산지는 중국이다.

☀ **쓰임** 김치를 담가 먹는다.

이야기마당 🐌 우리나라에서는 고려 시대부터 배추를 길렀고, 고추가 들어온 조선 중기부터 오늘날과 같은 김치를 담가 먹었대요.

갓 *Brassica juncea var. integrifolia*
속씨식물 〉 쌍떡잎식물 〉 십자화과   두해살이풀

↑↑ 가까이에서 본 꽃
↑ 갓

← 꽃이 핀 갓

🐾 **특징** 높이 30~50cm. 뿌리에서 나는 잎은 길고 매운맛이 난다. 줄기에 붙는 잎은 보라색으로 까끌까끌한 털이 나 있고 가장자리는 톱니 모양이다. 씨로 번식한다.

✿ **꽃** 5~6월. 꽃줄기가 1m까지 자라 그 끝에 십자 모양의 노란색 꽃이 모여 핀다. 총상꽃차례. 갈래꽃. 꽃잎 4장. 꽃받침 4장. 수술 6개, 암술 1개.

💊 **열매** 6~7월. 기둥 모양이며 씨는 갈색이다.

🪣 **자라는 곳** 밭에 심어 기른다. 원산지는 중국이다.

☀ **쓰임** 뿌리에서 나는 잎으로 김치를 담그고, 씨로는 겨자를 만든다.

이야기마당 🌙 인도의 한 사원에 바크와일리라는 요정이 있었는데, 꼼짝 않고 앉아만 있다가 대리석이 되고 말았어요. 세월이 많이 흘러 사원은 없어졌고, 그 자리에 한 농부가 밭을 일구어 갓 씨를 뿌렸어요. 그런데 결혼 후 몇 년 동안 아이가 없던 농부의 아내가 그 갓을 먹고 아기를 낳았어요. 사람들은 대리석이 되었던 요정이 다시 태어났다고 기뻐하며 아기를 바크와일리라고 불렀대요. 꽃말은 무관심이에요.

케일 *Brassica oleracea var. acephala*
속씨식물 〉 쌍떡잎식물 〉 십자화과   한해살이풀

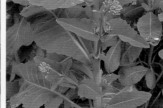

↑↑ 케일 꽃
↑ 케일

← 어린 케일

🐾 **특징** 높이 80~100cm. 잎자루가 길고 잎은 넓고 편평하며 가장자리가 주름진 모양이다. 가운데 잎맥이 뚜렷하고 뒷면은 흰빛이 돈다. 씨로 번식하며 비타민이 많다.

✿ **꽃** 6~7월. 노란색 꽃이 긴 꽃대 끝에 핀다. 갈래꽃. 꽃잎 4장. 수술 6개, 암술 1개.

💊 **열매** 7~8월. 짧은 원기둥 모양이다. 씨는 둥글고 검은빛이 도는 갈색이다.

🪣 **자라는 곳** 서늘한 밭에 심어 기른다. 원산지는 지중해 연안과 소아시아이다.

☀ **쓰임** 잎을 갈아 먹거나 쌈을 싸 먹는다.

이야기마당 🌙 배추흰나비의 애벌레가 좋아하는 식물이어서 배추흰나비의 한살이를 관찰하는 데 쓰기도 해요.

양배추 *Brassica oleracea var. capitata*
속씨식물 › 쌍떡잎식물 › 십자화과   두해살이풀

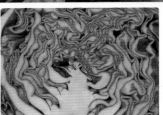

↑양배추

←←꽃양배추
←적양배추의
자른 면

- 🐾 **특징** 높이 25~30cm. 줄기가 굵고 짧다. 잎은 흰빛이 도는 녹색 또는 자주색이며 두껍고 가장자리는 불규칙한 톱니 모양이다. 잎이 서로 단단하게 포개져서 공처럼 둥글어진다. 씨로 번식한다. 꽃양배추는 색깔이 다양하고 추위에 잘 견뎌 관상용으로 많이 심는다.
- 🌸 **꽃** 5~6월. 2년 된 뿌리에서 꽃대가 나와 십자 모양의 노란색 꽃이 핀다. 총상꽃차례. 갈래꽃. 꽃잎 4장. 수술 6개, 암술 1개.
- 🫧 **열매** 6월. 짧은 원기둥 모양이며 씨는 검은 갈색이다.
- 🪣 **자라는 곳** 밭에 심어 기른다. 원산지는 지중해 연안과 소아시아이다.
- ☀ **쓰임** 잎을 먹고 약으로도 쓴다.

이야기마당 🌙 양배추 꽃은 그리스 왕자가 흘린 눈물에서 태어났대요.

토란 *Colocasia antiquorum var. esculenta* 토련
속씨식물 › 외떡잎식물 › 천남성과   여러해살이풀

↑토란 밭

←←토란 꽃
←토란의 덩이줄기와 뿌리

- 🐾 **특징** 높이 80~100cm. 둥근 덩이줄기에서 잎자루가 길게 나온다. 잎은 가장자리가 밋밋한 방패 모양이며 넓고 크다. 덩이줄기로 번식한다.
- 🌸 **꽃** 8~9월. 잎자루 사이에서 꽃줄기가 나와 막대 모양의 꽃이삭이 달린다. 꽃이삭 위쪽에는 노란색 수꽃이, 아래쪽에는 녹색 암꽃이 핀다. 오랫동안 심어 길러서 꽃 피는 습성을 잃어 꽃을 보기 어렵다.
- 🫧 **열매** 맺지 않는다.
- 🪣 **자라는 곳** 습한 곳이나 물기가 있는 밭에 심어 기른다. 원산지는 열대 아시아이다.
- ☀ **쓰임** 덩이줄기와 잎자루를 먹는다.

이야기마당 🌙 잎이 크고 넓은 데다가 물이 묻지 않아 우산 대신으로 많이 썼고, 물을 떠 먹기도 했대요.

시금치 *Spinacia oleracea* 파릉채

속씨식물 〉 쌍떡잎식물 〉 명아줏과   한두해살이풀

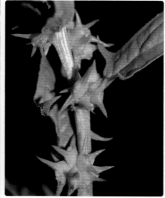

⬆⬆시금치 꽃
⬆시금치 열매

⬅시금치

🐾 **특징** 높이 50cm 정도. 줄기는 곧게 자라고 속이 비어 있다. 뿌리에서는 잎이 뭉쳐나지만 줄기에서는 어긋난다. 잎은 긴 세모꼴이며 위로 올라갈수록 짧아진다. 뿌리는 분홍색이다. 씨로 번식한다.

✿ **꽃** 5~6월. 연한 노란색이다. 이삭꽃차례. 단성화. 암수딴그루. 수꽃은 수그루의 줄기 끝에 다닥다닥 모여 피고, 암꽃은 암그루의 잎겨드랑이에 뭉쳐서 핀다. 수술 4개, 암술대 4개.

💊 **열매** 8~9월. 세모꼴이며 가시가 2개 달려 있다.

🪣 **자라는 곳** 밭에 심어 기른다. 원산지는 중앙아시아이다.

☀ **쓰임** 잎을 나물로 먹는다.

이야기마당 🌿 추위에 강해 추운 지방에서도 잘 자라고 비타민, 철분, 칼슘이 많이 들어 있어요. 우리나라에는 조선 초기에 중국에서 처음 들어왔대요.

근대 *Beta vulgaris var. cicla* 잎남새형무우

속씨식물 〉 쌍떡잎식물 〉 명아줏과   두해살이풀

근대

🐾 **특징** 높이 80~100cm. 두껍고 연한 잎이 뿌리에서는 뭉쳐나고 줄기에서는 어긋난다. 잎자루가 길고 잎 가장자리는 물결 모양이다. 씨로 번식한다.

✿ **꽃** 6월. 작고 연한 녹색 꽃이 잎겨드랑이에 모여 핀다. 꽃받침 5갈래. 수술 5개, 암술대 2~3개.

💊 **열매** 7~8월. 딱딱한 껍질 속에 씨가 1개씩 들어 있다.

🪣 **자라는 곳** 밭에 심어 기른다. 원산지는 유럽 남부이다.

☀ **쓰임** 어린잎과 줄기를 먹는다.

이야기마당 🌿 우리나라에서 언제부터 심어 길렀는지 확실하지 않지만, 조선 시대인 1596년에 지어진 의학 책 〈동의보감〉에 약초로 썼다는 기록이 있어요.

딸기 *Fragaria ananassa* 양딸기
속씨식물 〉 쌍떡잎식물 〉 장미과   여러해살이풀

⬆ 딸기 밭

🐾 **특징** 높이 10~30cm. 전체에 꼬불꼬불한 털이 있고 잎은 뿌리에서 무더기로 뭉쳐난다. 삼출잎. 작은잎 가장자리는 톱니 모양이다. 꽃이 진 다음 기는줄기가 나와 땅에 뿌리를 내려 번식한다. 야생딸기로는 풀밭이나 논두렁에 자라는 뱀딸기, 산과 들에 자라는 줄딸기 등이 있다.

✿ **꽃** 4~5월. 흰색 꽃이 꽃대 끝에 5~15송이씩 핀다. 갈래꽃. 꽃잎 5장. 노란색 암술과 수술이 많다.

🫘 **열매** 6월. 붉은색으로 익고 겉에 씨가 다닥다닥 붙어 있다.

🪣 **자라는 곳** 밭이나 비닐하우스에 심어 기른다. 원산지는 남아메리카이다.

☀ **쓰임** 열매를 먹고 잼 등을 만든다.

이야기마당 🐌 북유럽 신화에 나오는 프리거는 독수리 날개를 달고 하늘을 날아다니고 땅에서는 고양이가 끄는 수레를 타고 다니는, 청춘과 사랑과 죽음의 여신이에요. 프리거는 죽은 아이의 영혼을 땅에서 하늘나라로 운반하는 아주 중요한 일을 했는데, 딸기를 관으로 사용했대요. 그래서 사람들은 오랫동안 딸기에 죽은 아이의 영혼이 깃들어 있다고 믿어 왔어요. 꽃말은 존중과 애정, 행복한 가정이에요.

⬆ 딸기 꽃

⬆ 뱀딸기 열매

⬆ 줄딸기 꽃

⬆ 익은 딸기

강낭콩 *Phaseolus vulgaris var. humilis*

속씨식물 〉 쌍떡잎식물 〉 콩과 한해살이풀

↑↑강낭콩 꽃
↑강낭콩 씨

←강낭콩

🐾 **특징** 높이 40~50cm. 줄기가 곧고 전체에 잔털이 있다. 잎자루가 길고 잎은 어긋난다. 삼출잎. 씨로 번식한다.

✿ **꽃** 7~8월. 나비 모양의 꽃이 잎겨드랑이에 핀다. 흰색 또는 연한 붉은색이다. 총상꽃차례. 갈래꽃. 수술 10개, 암술 1개.

🥛 **열매** 9월. 긴 꼬투리 속에 5~6개의 씨가 들어 있다. 씨는 타원형이며 흰 바탕에 붉은 무늬가 있거나 붉은색이다.

🪣 **자라는 곳** 밭에 심어 기른다. 원산지는 남아메리카이다.

☀ **쓰임** 씨를 밥에 넣어 먹고, 떡이나 과자 등을 만든다. 기르기가 쉬워 식물의 한살이를 관찰하는 데 흔히 쓴다.

이야기마당 🐾 씨가 콩팥처럼 생겨 영어로 '콩팥'을 뜻하는 '키드니 빈'이라고도 해요.

완두 *Pisum sativum*

속씨식물 〉 쌍떡잎식물 〉 콩과 한두해살이풀

↑↑완두의 덩굴손
↑완두 꽃

←완두 꼬투리

🐾 **특징** 높이 1~2m. 타원형의 잎이 어긋난다. 깃꼴겹잎. 잎의 끝부분이 덩굴손으로 변하여 다른 물체를 감고 올라간다. 턱잎은 크고 귀처럼 생겼다. 씨로 번식한다.

✿ **꽃** 5월. 나비 모양의 꽃이 잎겨드랑이에서 나온 꽃줄기 끝에 2송이씩 핀다. 흰색, 붉은색, 자주색 등이 있다. 갈래꽃. 수술 10개, 암술 1개.

🥛 **열매** 6~7월. 녹색 꼬투리 속에 5~6개의 씨가 들어 있다. 씨를 완두콩이라고 하며 둥글고 녹색이다.

🪣 **자라는 곳** 밭에 심어 기른다. 원산지는 유럽이다.

☀ **쓰임** 어린순과 완두콩을 먹는다.

이야기마당 🐾 생물학자 멘델이 유전 법칙을 알아내는 데 썼던 실험 식물이에요. 꽃말은 희망, 영원한 즐거움이에요.

콩 *Glycine max* 대두
속씨식물 〉 쌍떡잎식물 〉 콩과　한해살이풀

← 콩
↑↑ 콩 꽃
↑ 여러 가지 콩

🐾 **특징** 높이 40~60cm. 전체에 갈색 털이 있다. 잎은 어긋나고 잎자루가 길다. 삼출잎. 작은잎은 가장자리가 밋밋한 타원형이다. 뿌리에 있는 뿌리혹박테리아가 질소를 저장하여 땅을 기름지게 한다. 씨로 번식한다.

✿ **꽃** 7~8월. 나비 모양의 꽃이 잎겨드랑이에 핀다. 붉은자주색, 흰색 등이 있다. 총상꽃차례. 갈래꽃. 수술 10개, 암술 1개.

🥚 **열매** 9~10월. 꼬투리 속에 둥근 씨가 3~4개 들어 있다. 씨는 노란색, 검은색, 갈색, 녹색 등이 있다.

🪣 **자라는 곳** 밭이나 밭둑, 논둑 등에 심어 기른다. 원산지는 중국이다.

☀ **쓰임** 씨로 된장, 간장, 두부 등을 만들고 잎은 가축 사료로 쓴다.

이야기마당 🐛 꽃말은 반드시 오고야 말 행복이에요.

땅콩 *Arachis hypogaea* 낙화생, 호콩
속씨식물 〉 쌍떡잎식물 〉 콩과　한해살이풀

↑ 땅콩 밭
←← 땅콩 열매
← 땅콩 꽃

🐾 **특징** 높이 40~60cm. 줄기 전체에 털이 있다. 잎은 어긋나며 긴 잎자루에 작은잎이 4개 달린다. 깃꼴겹잎. 작은잎은 가장자리가 밋밋한 타원형이며 밤이 되면 오므라든다. 씨로 번식한다.

✿ **꽃** 7~9월. 나비 모양의 노란색 꽃이 잎겨드랑이에 핀다. 갈래꽃. 수술 10개, 암술 1개.

🥚 **열매** 10월. 꽃이 진 다음 씨방의 자루가 길게 자라서 땅속으로 뻗어 가운데가 잘록한 꼬투리를 맺는다. 꼬투리마다 연붉은 갈색 씨가 1~3개 들어 있다.

🪣 **자라는 곳** 물이 잘 빠지는 밭에 심어 기른다. 원산지는 브라질이다.

☀ **쓰임** 씨를 먹고, 땅콩버터를 만들거나 기름을 짜서 쓴다. 줄기와 잎은 가축 사료로 쓴다.

팥 *Phaseolus angularis* 소두, 적소두

속씨식물 〉 쌍떡잎식물 〉 콩과　한해살이풀

↑↑ 팥꼬투리
↑ 팥 씨

↑ 팥
← 팥꽃

🐾 **특징** 높이 30~50cm. 줄기는 곧지만 약간 기울어지기도 하며 긴 털이 있다. 잎자루가 길고 가장자리가 밋밋한 잎이 어긋난다. 삼출잎. 씨로 번식한다.

❀ **꽃** 8월. 나비 모양의 노란색 꽃이 2~12송이씩 핀다. 꽃잎 끝이 약간 구부러진다. 총상꽃차례. 갈래꽃. 수술 10개, 암술 1개.

💊 **열매** 10월. 가늘고 긴 꼬투리 속에 10개 정도의 씨가 들어 있다. 꼬투리는 연한 노란색이고 씨는 타원형의 붉은색이다.

🪣 **자라는 곳** 밭에 심어 기른다. 원산지는 중국이다.

☀ **쓰임** 씨로 팥죽을 끓이거나 팥고물을 만들고 쌀과 섞어 밥을 짓기도 한다.

이야기마당 🐾 우리 민족은 예로부터 붉은색 음식이 나쁜 기운을 쫓아 낸다고 믿어 왔어요. 그래서 동짓날에 팥죽을 끓여 먹고, 이사를 가거나 고사를 드릴 때도 팥고물 시루떡을 해서 이웃과 나눠 먹으며 나쁜 기운이 멀리 달아나기를 빈답니다.

결명자 *Cassia tora* 긴강남차, 결명차

속씨식물 〉 쌍떡잎식물 〉 콩과　한해살이풀

↑↑ 결명자의 꽃과 꼬투리
↑ 결명자 씨

← 결명자

🐾 **특징** 높이 1~1.5m. 잎은 어긋나고 가장자리가 밋밋한 작은잎이 4~8개 달린다. 깃꼴겹잎. 씨로 번식한다.

❀ **꽃** 6~7월. 노란색 꽃이 잎겨드랑이에 1~2송이씩 핀다. 갈래꽃. 꽃잎 5장. 수술 10개, 암술 1개.

💊 **열매** 9~10월. 15cm 정도의 긴 꼬투리 속에 단단하고 네모진 갈색 씨가 들어 있다.

🪣 **자라는 곳** 밭에 심어 기른다. 원산지는 북아메리카이다.

☀ **쓰임** 씨를 볶아 차를 끓여 마신다.

이야기마당 🐾 볶은 결명자 씨를 끓여서 마시면 눈이 맑아지고 시력을 보호할 수 있어요.

감초 *Glycyrrhiza uralensis*
속씨식물 〉 쌍떡잎식물 〉 콩과   여러해살이풀

↑약재로 쓰는 감초 뿌리

↖감초

- **특징** 높이 80~100cm. 줄기와 잎자루에 흰색 털이 빽빽이 나 있어 흰빛을 띠고 잎은 어긋난다. 깃꼴홀수잎. 작은잎은 끝이 뾰족한 달걀 모양이며 가장자리가 밋밋하다. 뿌리는 붉은갈색으로 단맛이 나며 땅속으로 길게 뻗는다. 기는줄기에서 뿌리가 내리거나 씨로 번식한다.
- **꽃** 7~8월. 보라색 또는 자주색 꽃이 잎겨드랑이에 핀다. 총상꽃차례. 갈래꽃. 수술 10개, 암술 1개.
- **열매** 8~9월. 활처럼 휘어진 꼬투리 속에 굽은 타원형의 씨가 6~8개 들어 있다.
- **자라는 곳** 밭에 심어 기른다. 원산지는 중국과 몽골이다.
- **쓰임** 뿌리를 조미료나 한약재로 쓴다.

이야기마당 ☽ 감초는 어느 한약에나 빠지지 않고 들어가는 약재예요. 그래서 어디든 잘 끼어드는 사람을 '약방의 감초'라고 한답니다. 꽃말은 항상 곁에 있고 싶어요.

황기 *Astragalus membranaceus*
속씨식물 〉 쌍떡잎식물 〉 콩과   여러해살이풀

↑황기 열매

↖황기

- **특징** 높이 80~100cm. 줄기는 곧고 전체에 희고 부드러운 잔털이 있다. 잎은 어긋나며 작은잎이 15개 정도 달린다. 깃꼴겹잎. 작은잎은 가장자리가 밋밋한 타원형이다. 씨로 번식한다.
- **꽃** 8~9월. 나비 모양의 연한 노란색 꽃이 핀다. 총상꽃차례. 수술 10개, 암술 1개.
- **열매** 11월. 짧은 꼬투리 속에 씨가 5~7개 들어 있다.
- **자라는 곳** 높은 산에서 자라고 밭에 심어 기르기도 한다.
- **쓰임** 뿌리는 피로를 덜어 주고 몸을 튼튼하게 하는 한약재로 쓴다.

이야기마당 ☽ 황기 꽃이 활짝 피면 마치 나비 떼가 모여든 것처럼 아름답게 보여요. 꽃말은 원기 회복이에요.

녹두 *Phaseolus radiatus* 안두, 길두

속씨식물 〉 쌍떡잎식물 〉 콩과　한해살이풀

▲녹두의 잎과
꼬투리

◀◀녹두 꽃
◀녹두 씨

🐾 **특징** 높이 30~80cm. 줄기가 곧고 전체에 갈색 털이 있으며 잎은 어긋난다. 삼출잎. 작은잎은 넓은 타원형이다. 씨로 번식한다.

✹ **꽃** 8월. 나비 모양의 노란색 꽃이 잎겨드랑이에 핀다. 총상꽃차례. 갈래꽃. 수술 10개, 암술 1개.

🫛 **열매** 9월. 꼬투리 속에 10~15개의 씨가 들어 있다. 씨는 팥보다 작은 타원형이며 갈색빛이 도는 녹색 바탕에 그물무늬가 있다.

🪣 **자라는 곳** 밭에 심어 기른다. 원산지는 인도이다.

☀ **쓰임** 씨를 갈아 청포묵이나 녹두전을 만든다.

이야기마당 🌙 1894년 동학 혁명 당시 사람들은 '새야, 새야, 파랑새야. 녹두 꽃에 앉지 마라. 녹두 꽃이 떨어지면 청포 장수 울고 간다'는 노래를 많이 불렀어요. 녹두 꽃은 바로 전봉준 장군을 뜻하는데, 노래에 장군이 무사하기를 바라는 사람들의 마음이 담겨 있지요. 꽃말은 강함, 단단함이에요.

동부 *Vigna sinensis* 강두, 광저기, 광정이

속씨식물 〉 쌍떡잎식물 〉 콩과　덩굴성 한해살이풀

▲▲동부 꽃
▲동부 씨

◀동부의 잎과 꼬투리

🐾 **특징** 길이 2~3m. 줄기가 다른 물체를 감고 올라간다. 잎자루가 길고 가장자리가 밋밋한 잎이 어긋난다. 삼출잎. 씨로 번식한다.

✹ **꽃** 8월. 나비 모양의 꽃이 잎겨드랑이에 핀다. 연한 노란색, 흰색, 자주색 등이 있다. 총상꽃차례. 갈래꽃. 수술 10개, 암술 1개.

🫛 **열매** 9~10월. 연한 갈색의 긴 꼬투리 속에 10~16개의 씨가 들어 있다. 밑에서 위로 올라가며 차례로 익는다. 씨는 팥보다 길며 흰색에 검은 무늬가 있고 씨눈이 크다.

🪣 **자라는 곳** 밭에 심어 기른다. 원산지는 중국이다.

☀ **쓰임** 씨로 밥을 짓거나 떡, 과자 등을 만든다.

아주까리 *Ricinus communis* 피마자
속씨식물 〉 쌍떡잎식물 〉 대극과   한해살이풀

↑↑ 아주까리 꽃
↑ 아주까리 씨

← 아주까리의 잎과 열매

🐾 **특징** 높이 1.5~2m. 줄기는 원기둥 모양이며 나무처럼 가지가 갈라진다. 잎은 손바닥 모양으로 갈라지며 어긋난다. 잎 끝은 뾰족하고 가장자리는 톱니 모양이다. 원산지에서는 여러해살이풀이다. 씨로 번식한다.

✿ **꽃** 8~9월. 연한 노란색 또는 붉은색 꽃이 피며 꽃잎이 없다. 총상꽃차례. 꽃받침 5갈래. 암수한그루. 수꽃은 밑부분에 모여 피고 암꽃은 윗부분에 모여 핀다. 암술대 3개.

💊 **열매** 10월. 가시가 있는 타원형이다. 씨는 둥근 타원형이며 얼룩무늬가 있다.

🪣 **자라는 곳** 밭둑이나 밭에 심어 기른다. 원산지는 열대 아프리카이다.

☀ **쓰임** 어린잎과 순을 나물로 먹는다. 씨로 기름을 짜 머릿기름, 도장밥, 설사약 등을 만든다.

이야기마당 🌙 꽃말은 붙잡고 싶은 사랑이에요.

아욱 *Malva verticillata* 규
속씨식물 〉 쌍떡잎식물 〉 아욱과   한해살이풀

↑ 아욱

←← 아욱 꽃
← 아욱 열매

🐾 **특징** 높이 60~90cm. 줄기에 잔털이 있다. 잎자루가 길며 둥글고 큰 손바닥 모양의 잎이 어긋난다. 잎은 5~7갈래로 얕게 갈라지고 가장자리는 둔한 톱니 모양이다. 씨로 번식한다.

✿ **꽃** 6~7월. 연한 분홍색 꽃이 잎겨드랑이에 모여 핀다. 갈래꽃. 꽃잎 5장. 수술 10개, 암술대 1개.

💊 **열매** 10월. 납작하고 씨는 반달 모양이다.

🪣 **자라는 곳** 습기 있는 밭에 심어 기른다. 원산지는 유럽 북부 및 아열대 지방이다.

☀ **쓰임** 연한 잎으로 국을 끓여 먹고 씨는 변비약으로 쓴다.

이야기마당 🌙 영양소가 풍부해서 어린이 성장에 좋아요. 꽃말은 모성애예요.

목화 *Gossypium indicum* 면화, 초면

속씨식물 〉 쌍떡잎식물 〉 아욱과 한해살이풀

↑ 목화

↑ 가까이에서 본 꽃

🐾 **특징** 높이 1~1.5m. 줄기는 곧게 자라고 붉은빛을 띠며 가지가 갈라진다. 잎은 어긋나며 3~5갈래로 얕게 갈라진 손바닥 모양이고 잎자루가 길다. 씨로 번식한다.

✿ **꽃** 8~9월. 연한 노란색 꽃이 잎겨드랑이에 1송이씩 핀다. 꽃받침은 부채 모양이며 자줏빛을 띤다. 갈래꽃. 꽃잎 5장. 수술 약 130개, 암술 1개. 오전에 연한 노란색 꽃이 피어 오후가 되면 보랏빛을 띠면서 시들고 다음 날 떨어진다.

🥚 **열매** 10월. 달걀 모양이고 익으면 흰 솜털이 터져 나온다. 씨는 둥글고 검다.

🪣 **자라는 곳** 밭에 심어 기른다. 원산지는 동아시아이다.

☀ **쓰임** 솜털로 실이나 옷감, 이불솜 등을 만든다.

이야기마당 🌙 목화는 고려 공민왕 때인 1363년에 처음 우리나라에 들어왔어요. 원나라에 사신으로 갔던 문익점이 붓대 속에 씨를 숨겨 온 거예요. 그리고 목화의 솜털에서 실을 뽑아 내는 도구는 문익점의 손자인 문래가 만들었는데, 물레는 바로 문래의 이름에서 따온 말이랍니다. 꽃말은 우수함, 뛰어남이에요.

↑ 다래(목화 열매)

↑ 벌어지기 시작하는 열매

↑ 활짝 핀 열매

인삼 *Panax schinseng* 고려삼, 삼, 산삼
속씨식물 〉 쌍떡잎식물 〉 두릅나뭇과   여러해살이풀

↑인삼 열매

↞인삼 밭
↞인삼 뿌리

🐾 **특징** 높이 50~60cm. 뿌리에서 1개의 줄기가 올라와 그 끝에 3~4개의 잎자루가 돌려난다. 한 잎자루에 3~5개의 작은잎이 달린다. 작은잎은 끝이 뾰족하고 가장자리가 톱니 모양이다. 씨로 번식한다.

✿ **꽃** 4~5월. 우산 모양의 연한 녹색 꽃이 꽃대 끝에 핀다. 산형꽃차례. 단성화. 암수한그루. 갈래꽃. 꽃잎 5장. 수술 5개, 암술 1개.

🥚 **열매** 9~10월. 둥글고 붉게 익는다.

🪣 **자라는 곳** 깊은 산속에서 자라고 밭에 심어 기른다.

☀ **쓰임** 뿌리를 약으로 쓰고 차를 만들어 마시기도 한다.

이야기마당 🌙 인삼은 세계적으로 유명한 우리나라의 특산품이에요. 새나 동물들이 인삼 열매를 먹고 깊은 산속에 똥을 누면 씨가 섞여 나와 싹이 터서 저절로 자라는데, 이것을 산삼이라고 해요. 예로부터 산삼은 신비한 약효를 지닌 귀한 약으로 여겨져 왔지요. 꽃말은 만수무강, 영험함이에요.

참당귀 *Angelica gigas* 조선당귀
속씨식물 〉 쌍떡잎식물 〉 산형과   여러해살이풀

↑참당귀 꽃

↞참당귀

🐾 **특징** 높이 1~2m. 줄기는 곧게 서고 전체가 자줏빛을 띤다. 잎자루가 길며 잎은 어긋나고 완전히 갈라진 작은잎이 여러 개 달린다. 뿌리는 향기가 진하다. 씨로 번식한다.

✿ **꽃** 8~9월. 자주색 꽃이 가지 끝에 모여 피어 우산 모양을 이룬다. 복산형꽃차례. 갈래꽃. 꽃잎 5장. 수술 5개, 암술 1개.

🥚 **열매** 10월. 타원형이며 넓은 날개가 있다.

🪣 **자라는 곳** 산골짜기나 냇가에서 자라고 밭에 심어 기르기도 한다. 원산지는 우리나라이다.

☀ **쓰임** 어린잎을 먹고 뿌리는 약으로 쓴다.

이야기마당 🌙 약효가 무척 뛰어나서 약으로 흔히 쓰기 때문에 꽃을 보기가 힘들어요. 꽃말은 부귀예요.

미나리 *Oenanthe javanica*
속씨식물 〉 쌍떡잎식물 〉 산형과　여러해살이풀

↑미나리

←←미나리 꽃
←독미나리

🐾 **특징** 높이 20~50cm. 줄기는 모가 난 기둥 모양이고 속이 비어 있다. 잎은 어긋나며 1~2회 깃꼴로 갈라진다. 작은잎은 끝이 뾰족한 달걀 모양이고 전체에서 독특한 향기가 난다. 땅속의 기는줄기 마디에서 새 줄기가 돋아 퍼지거나 씨로 번식한다.

✿ **꽃** 7~9월. 흰색 꽃이 줄기 끝에 우산 모양을 이루며 모여 핀다. 복산형꽃차례. 갈래꽃. 꽃잎 5장. 수술 5개, 암술 1개.

💊 **열매** 9월. 가장자리가 모난 타원형이다.

🪣 **자라는 곳** 습지나 냇가에서 자라고 논에 심어 기른다.

☀ **쓰임** 나물로 먹고 고혈압, 신경통 등에 약으로도 쓴다.

이야기마당 🌙 미나리를 기르는 논을 '미나리꽝'이라고 해요. 꽃말은 성의, 고결이에요.

당근 *Daucus carota var. sativa* 홍당무, 빨간무
속씨식물 〉 쌍떡잎식물 〉 산형과　두해살이풀

←당근

↑↑당근 꽃
↑당근 뿌리

🐾 **특징** 높이 80~100cm. 줄기는 곧게 자라며 세로줄이 나 있고 털이 퍼져 있다. 뿌리에서 긴 잎자루가 나오고 잎은 어긋난다. 깃꼴겹잎. 뿌리는 주황색으로 굵고 곧게 뻗는다. 씨로 번식한다.

✿ **꽃** 7~8월. 작고 흰 꽃이 꽃대 끝에 3000~4000송이씩 무더기로 핀다. 산형꽃차례. 갈래꽃. 꽃잎 5장. 수술 5개, 암술 1개.

💊 **열매** 9월. 긴 타원형이며 가시 같은 털이 있고 향기가 매우 진하다.

🪣 **자라는 곳** 밭에 심어 기른다. 원산지는 아프가니스탄이다.

☀ **쓰임** 뿌리를 먹고 씨는 약으로 쓴다.

이야기마당 🌙 향기가 독특하고 카로틴 등의 비타민이 많아 눈에 좋은 채소예요. 꽃말은 죽음도 아깝지 않다예요.

파슬리 *Petroselium crispum*
속씨식물 〉 쌍떡잎식물 〉 산형과　두해살이풀

↑파슬리 밭

↖파슬리

🐾 **특징** 높이 20~50cm. 줄기에 세로줄이 있고 가지가 갈라진다. 잎은 짙은 녹색이며 반질반질하다. 깃꼴겹잎. 전체에서 독특한 향기가 난다. 씨로 번식한다.

✿ **꽃** 6~7월. 노란빛을 띤 녹색 꽃이 꽃줄기에 모여 핀다. 꽃줄기는 2년이 지나야 나온다. 산형꽃차례. 갈래꽃. 꽃잎 5장. 수술 5개, 암술 1개.

🥚 **열매** 7~8월. 회색으로 익는다.

🪣 **자라는 곳** 제주도에서 밭에 심어 기른다. 원산지는 유럽 남동부와 아프리카 북부이다.

✺ **쓰임** 각종 요리의 재료나 장식으로 쓴다.

이야기마당 🥬 비타민 A, 철분, 칼슘이 많이 들어 있어요. 꽃말은 승리, 축제의 소동이에요.

담배 *Nicotiana tabacum* 연초, 잎담배
속씨식물 〉 쌍떡잎식물 〉 가짓과　한해살이풀

↑담배 밭

◀◀담배 꽃
◀담배 열매

🐾 **특징** 높이 1.5~2m. 줄기와 잎에 빽빽이 나 있는 털에서 끈끈한 즙이 나온다. 큰 타원형의 잎이 어긋나며 잎 가장자리는 밋밋하다. 잎자루가 짧고 날개가 있다. 원산지에서는 여러해살이풀이다. 씨로 번식한다.

✿ **꽃** 7~8월. 깔때기 모양의 분홍색 꽃이 핀다. 원추꽃차례. 통꽃. 수술 5개, 암술 1개.

🥚 **열매** 9월. 검은 타원형이며 꽃받침에 싸여 있다. 검고 작은 씨가 2000개 정도 들어 있다.

🪣 **자라는 곳** 밭에 심어 기른다. 원산지는 남아메리카이다.

✺ **쓰임** 잎으로 담배를 만들고 약재로도 쓴다.

이야기마당 🥬 담배에 들어 있는 니코틴과 타르는 몸에 아주 해로워요. 꽃말은 그대 있어 외롭지 않네, 고난을 이겨 내다예요.

토마토 *Lycopersicon esculentum* 서홍시, 일년감, 땅감
속씨식물 〉 쌍떡잎식물 〉 가짓과　한해살이풀

↑↑ 토마토 꽃
↑ 방울토마토

← 토마토 열매

🐾 **특징**　높이 1m 정도. 전체에 부드러운 흰색 털이 있고 가지가 많이 갈라지며 독특한 냄새가 난다. 깃꼴겹잎. 잎 가장자리는 톱니 모양이다. 씨로 번식한다.

✿ **꽃**　5~8월. 노란색 꽃이 마디에서 나온 꽃대에 핀다. 꽃잎이 불규칙하게 갈라지고 끝이 뾰족하며 뒤로 젖혀진다. 통꽃. 수술 5개, 암술 1개.

🫛 **열매**　6~9월. 둥글고 크며 붉게 익는다.

🪣 **자라는 곳**　밭이나 비닐하우스에 심어 기른다. 원산지는 남아메리카이다.

☀ **쓰임**　열매를 먹고 케첩, 주스 등을 만든다.

이야기마당　🐾 콜럼버스가 유럽에 처음 토마토를 가져갔을 때는 냄새가 고약하다며 아무도 거들떠보지 않다가 300년이 지난 후에야 사람들이 토마토를 먹기 시작했대요. 요즘은 방울토마토도 많이 나고, 유전 공학을 이용해 줄기에는 토마토, 뿌리에는 감자가 달리는 포마토라는 식물도 만들어 냈지요. 붉고 탐스러운 열매를 맺는 토마토의 꽃말은 완성된 미예요.

가지 *Solanum melongena*
속씨식물 〉 쌍떡잎식물 〉 가짓과　한해살이풀

↑ 가지 꽃

← 가지

🐾 **특징**　높이 60~100cm. 전체에 회색 털이 있고 줄기는 짙은 보라색이다. 가장자리가 물결 모양인 타원형의 잎이 어긋난다. 원산지에서는 여러해살이풀이다. 씨로 번식한다.

✿ **꽃**　6~9월. 줄기와 가지의 마디 사이에서 나온 꽃대 끝에 자주색, 보라색, 흰색 등의 꽃이 피며 꽃받침은 보라색이다. 통꽃. 꽃잎 5갈래. 수술 5개, 암술 1개.

🫛 **열매**　7~10월. 길쭉한 짙은 보라색 열매가 주렁주렁 달린다.

🪣 **자라는 곳**　밭에 심어 기른다. 원산지는 인도이다.

☀ **쓰임**　열매를 먹는다.

이야기마당　🐾 중국에서 들어왔고, 우리나라에서는 삼국 시대부터 심어 길렀다는 기록이 있어요. 꽃말은 진실이에요.

고추 *Capsicum annuum* 당초
속씨식물 〉 쌍떡잎식물 〉 가짓과   한해살이풀

🐾 **특징** 높이 60~90cm. 전체에 털이 약간 있다. 잎자루가 길고 끝이 뾰족한 타원형의 잎이 어긋난다. 열대 지방에서는 여러해살이풀이다. 씨로 번식한다.

✿ **꽃** 6~8월. 흰색 꽃이 잎겨드랑이에서 밑을 향해 1송이씩 핀다. 통꽃. 꽃잎 5갈래. 수술 5개, 암술 1개.

🫛 **열매** 8~10월. 긴 원뿔 모양이며 붉은색으로 익고 맵다. 씨는 노랗고 동글납작하다.

🪣 **자라는 곳** 밭에 심어 기른다. 원산지는 남아메리카이다.

☀ **쓰임** 열매는 먹고 가루를 내어 양념으로 쓴다. 잎은 나물로 먹는다.

이야기마당 🌙 옛날에 아들을 낳으면 크고 잘생긴 고추와 숯과 솔가지를 끼워 왼쪽으로 꼰 금줄을 만들어 대문에 걸었어요. 꽃말은 세련이에요.

⬆⬆**고추 꽃**
⬆**오색고추**

⬅**고추**

피망 *Capsicum annuum* 피만이고추
속씨식물 〉 쌍떡잎식물 〉 가짓과   한해살이풀

🐾 **특징** 높이 40~60cm. 가지가 적게 갈라지고 늙으면 나무처럼 된다. 잎자루가 길고 가장자리가 밋밋한 긴 타원형의 잎이 어긋난다. 씨로 번식한다.

✿ **꽃** 7~8월. 흰색 꽃이 잎겨드랑이에 핀다. 통꽃. 꽃잎 5갈래. 수술 5개, 암술 1개.

🫛 **열매** 8~9월. 뭉툭한 기둥 모양이며 세로로 골이 패어 있다. 녹색, 붉은색, 노란색 등이 있으며 씨는 노랗고 동글납작하다.

🪣 **자라는 곳** 온실이나 비닐하우스 또는 따뜻한 지역의 밭에 심어 기른다. 원산지는 남아메리카이다.

☀ **쓰임** 열매와 어린잎을 먹는다.

⬆⬆**피망 꽃**
⬆**여러 가지 피망 열매**

이야기마당 🌙 피망은 프랑스 어 'piment'에서 나온 말이에요. 꽃말은 허풍쟁이예요.

⬅**피망**

고구마
Ipomoea batatas 감서, 단감자
속씨식물 〉 쌍떡잎식물 〉 메꽃과　여러해살이풀

↑↑고구마 꽃
↑고구마의 잎과 줄기

← 고구마의 덩이뿌리

🐾 **특징**　길이 2~3m. 줄기가 땅 위를 뻗으면서 자라고 줄기를 자르면 흰색 즙이 나온다. 잎자루가 길고 심장 모양의 잎이 어긋난다. 뿌리 끝이 땅속에서 굵어져 큰 덩이뿌리인 고구마가 된다. 순을 잘라 심거나 씨로 번식한다.

✿ **꽃**　7~8월. 나팔꽃과 비슷한 연한 분홍색 꽃이 잎겨드랑이에서 나온 긴 꽃줄기 끝에 핀다. 통꽃. 수술 5개, 암술 1개.

🥚 **열매**　8~9월. 공처럼 둥글고 씨는 반달 모양의 회갈색이다.

🪣 **자라는 곳**　밭에 심어 기른다. 원산지는 열대 아메리카이다.

☀ **쓰임**　잎자루와 어린잎을 나물로 먹고 덩이뿌리는 삶거나 구워서 먹는다.

이야기마당 🌙 우리나라에서는 1763년에 일본에 통신사로 갔던 조엄이 씨를 들여온 후부터 길렀어요.

감자
Solanum tuberosum 지단, 지실, 마령서, 북감저
속씨식물 〉 쌍떡잎식물 〉 가짓과　여러해살이풀

↑↑감자의 덩이줄기
↑감자 열매

← 감자 밭과 꽃

🐾 **특징**　높이 60~100cm. 잎은 어긋나며 잎자루가 길다. 가장자리가 밋밋한 타원형의 작은잎이 5~9개 달린다. 깃꼴겹잎. 독특한 냄새가 난다. 땅속줄기 끝이 굵어져서 덩이줄기가 되며 덩이줄기와 열매로 번식한다.

✿ **꽃**　6월. 자주색 또는 흰색 꽃이 윗부분의 잎겨드랑이에서 나온 꽃줄기 끝에 핀다. 통꽃. 꽃잎 5갈래. 수술 5개, 암술 1개. 꽃밥은 암술대를 둘러싼다.

🥚 **열매**　7~8월. 둥글고 연한 녹색이다.

🪣 **자라는 곳**　밭에 심어 기르고 서늘한 곳에서 잘 자란다. 원산지는 안데스 산맥이다.

☀ **쓰임**　덩이줄기인 감자를 삶아 먹거나 반찬을 만들어 먹는다.

이야기마당 🌙 우리나라에는 1824~1825년 사이에 중국에서 처음으로 들어왔어요.

들깨 *Perilla frutescens var. japonica* 자소, 일본자소
속씨식물 〉 쌍떡잎식물 〉 꿀풀과   한해살이풀

↑들깨

←←들깨 꽃
←들깨 씨

🐾 **특징** 높이 60~90cm. 줄기는 둔한 네모꼴로 곧게 자란다. 독특한 냄새가 나고 잎과 줄기에 흰 털이 있다. 잎자루가 길고 넓은 달걀 모양의 잎이 마주난다. 잎 끝은 뾰족하고 가장자리는 톱니 모양이다. 씨로 번식한다.

✿ **꽃** 8~9월. 입술 모양의 작은 흰색 꽃이 핀다. 총상꽃차례. 통꽃. 수술 4개, 암술 1개.

💊 **열매** 9~10월. 둥글고 갈색으로 익는다. 표면에 그물무늬가 있다.

🗑 **자라는 곳** 밭에 심어 기른다. 원산지는 동남아시아이다.

☀ **쓰임** 잎은 나물로 먹고 씨는 기름을 짜서 먹는다.

이야기마당 🌙 참깨의 씨로는 참기름을, 들깨의 씨로는 들기름을 짜서 양념으로 써요. 우리나라에서는 통일 신라 시대부터 참깨와 들깨를 심어 길렀대요.

참깨 *Sesamum indicum* 호마, 지마, 향마
속씨식물 〉 쌍떡잎식물 〉 참깻과   한해살이풀

↑↑참깨 열매
↑참깨 씨

←참깨 꽃

🐾 **특징** 높이 80~100cm. 줄기는 네모꼴로 마디가 많고 잎과 줄기에 흰색 털이 빽빽이 나 있다. 잎자루가 길고 잎은 끝이 뾰족한 긴 타원형이며 가장자리가 밋밋하다. 씨로 번식한다.

✿ **꽃** 7~8월. 연한 자줏빛이 도는 흰색 꽃이 줄기 윗부분의 잎겨드랑이에서 밑을 향해 핀다. 통꽃. 꽃잎 5갈래. 수술 4~5개, 암술 1개. 암술머리는 2~4갈래로 갈라진다.

💊 **열매** 8~9월. 기둥 모양이며 씨는 흰색, 노란색, 검은색 등이 있다.

🗑 **자라는 곳** 밭에 심어 기른다. 원산지는 아프리카 사바나 지역이다.

☀ **쓰임** 씨로 기름을 짜서 먹고 검은깨는 한약재로 쓴다.

이야기마당 🌙 중국에서 우리나라로 들어왔다고 해요. 꽃말은 기대한다예요.

수박 *Citrullus vulgaris* 서과, 수과, 한과

속씨식물 〉 쌍떡잎식물 〉 박과　덩굴성 한해살이풀

↑수박

◀◀수박 꽃
◀수박의 자른 면

🐾 **특징** 길이 2~3m. 줄기는 땅 위를 기고 마디에서 덩굴손이 나오며 전체에 흰색 털이 있다. 잎은 흰빛이 도는 녹색이며 깃꼴로 깊게 갈라지고 가장자리는 불규칙한 톱니 모양이다. 씨로 번식한다.

✿ **꽃** 5~7월. 연한 노란색 꽃이 잎겨드랑이에 핀다. 통꽃. 꽃잎 5갈래. 단성화. 암수한그루. 수술 3개, 암술 1개.

💊 **열매** 6~9월. 암술 밑에 달린 씨방이 자라서 큰 공 모양의 열매가 된다. 녹색 바탕에 세로로 진한 줄무늬가 나 있으며 속살은 붉고 물이 많다. 씨는 납작한 달걀 모양이며 검다.

🪣 **자라는 곳** 밭이나 비닐하우스에 심어 기른다. 원산지는 아프리카이다.

☀ **쓰임** 열매가 달고 시원하여 많이 먹는다.

이야기마당 🌙 수박은 1400년 무렵에 처음 우리나라에 들어왔는데, 그 후 500여 년 뒤 우장춘 박사가 씨 없는 수박을 만들어 세상을 놀라게 했어요. 꽃말은 큰 마음이에요.

참외 *Cucumis melo var. makuwa* 이과, 외, 진과, 참외

속씨식물 〉 쌍떡잎식물 〉 박과　덩굴성 한해살이풀

◀참외 덩굴

↑↑참외 꽃
↑참외 열매

🐾 **특징** 길이 1.5~2m. 전체에 거친 털이 있다. 줄기가 땅 위를 길게 뻗고 잎겨드랑이에서 덩굴손이 나온다. 얕게 갈라진 손바닥 모양의 잎이 어긋난다. 씨로 번식한다.

✿ **꽃** 6~7월. 노란색 꽃이 핀다. 통꽃. 꽃잎 5갈래. 단성화. 암수한그루. 수술 3개, 암술 1개.

💊 **열매** 7~8월. 타원형의 노란색이며 단맛이 난다. 납작한 타원형의 씨가 많이 들어 있다.

🪣 **자라는 곳** 밭이나 비닐하우스에 심어 기른다. 원산지는 인도이다.

☀ **쓰임** 열매를 먹는다.

이야기마당 🌙 참외밭에서는 신발 끈을 고쳐 매지 말라는 속담이 있는데, 이 말은 의심받을 만한 짓은 아예 하지 말라는 뜻이에요.

호박 *Cucurbita moschata*
속씨식물 〉 쌍떡잎식물 〉 박과   덩굴성 한해살이풀

↑↑↑호박의 암꽃
↑↑애호박
↑호박의 수꽃
↑주키니호박
←늙은 호박 덩굴

- 🐾 **특징** 길이 8~10m. 줄기를 자른 면은 오각형이고 전체에 거친 털이 있다. 잎겨드랑이에서 덩굴손이 나와 물체를 감고 올라간다. 잎자루가 길며 큰 심장 모양의 잎이 어긋난다. 잎 가장자리는 5갈래로 얕게 갈라진다.
- ✿ **꽃** 6~10월. 노란색 꽃이 잎겨드랑이에 1송이씩 핀다. 통꽃. 꽃잎 5갈래. 단성화. 암수한그루. 수꽃은 꽃자루가 길고 암꽃은 꽃자루가 짧다. 암술 1개.
- 🔵 **열매** 7~10월. 노란색, 녹색, 붉은색 등이 있으며 둥글고 크다. 씨는 납작한 타원형으로 가운데가 약간 볼록하며 노란빛이 도는 흰색이다.
- 🗑 **자라는 곳** 밭이나 밭둑에 심어 기른다. 원산지는 멕시코 남부, 열대 아메리카이다.
- ☀ **쓰임** 열매로 죽이나 엿 등을 만들고 연한 잎은 쪄서 쌈으로 먹는다.

이야기마당 🌙 호박은 여러모로 쓸모 있는 식물이기 때문에 뜻하지 않은 행운이 찾아왔을 때 '호박이 넝쿨째 굴러온다'라는 표현을 써요. 꽃말은 관대함, 포용이에요.

오이 *Cucumis sativus* 물외
속씨식물 〉 쌍떡잎식물 〉 박과   덩굴성 한해살이풀

↑↑오이 꽃
←오이 밭
↑오이 열매

- 🐾 **특징** 길이 2~3m. 줄기에 세로줄과 가시 같은 털이 나 있고 덩굴손으로 다른 물체를 감고 올라간다. 잎은 갈라진 손바닥 모양이며 거칠고 어긋난다. 씨로 번식한다.
- ✿ **꽃** 5~6월. 노란색 꽃이 핀다. 통꽃. 단성화. 암수한그루. 수술 3개, 암술 1개.
- 🔵 **열매** 6~8월. 기둥 모양이며 겉에 오톨도톨한 돌기가 있다. 씨는 길고 납작한 타원형이다.
- 🗑 **자라는 곳** 밭이나 비닐하우스에 심어 기른다. 원산지는 인도이다.
- ☀ **쓰임** 열매로 김치나 장아찌 등을 만든다.

이야기마당 🌙 열을 식혀 주는 효능이 있기 때문에 즙을 내어 덴 상처에 바르면 좋아요. 꽃말은 곤란이에요.

멜론 *Cucumis melo var. reticulatus*
속씨식물 〉 쌍떡잎식물 〉 박과   덩굴성 한해살이풀

↑↑ 멜론 꽃
↑ 네트멜론

← 멜론 밭

🐾 **특징** 길이 3~5m. 줄기는 모나고 전체에 거친 털이 있다. 잎자루가 길고 잎은 어긋나며 덩굴손과는 마주난다. 잎은 둥근 모양 또는 콩팥 모양이며 3~7갈래로 얕게 갈라진다. 씨로 번식한다. 네트멜론에는 그물무늬가 있다.

✿ **꽃** 5~6월. 노란색 꽃이 핀다. 통꽃. 꽃잎 5갈래. 수꽃, 암꽃 및 양성화가 한 그루에 함께 핀다. 수술 3개, 암술 1개.

🫐 **열매** 7~8월. 공 모양이며 흰색, 연한 녹색, 노란색 등이 있다.

🪣 **자라는 곳** 비닐하우스에 심어 기른다. 원산지는 북아프리카, 중앙아시아, 인도 등이다.

☀ **쓰임** 열매를 먹는다.

이야기마당 🌱 꽃말은 포식이에요.

상추 *Lactuca sativa*
속씨식물 〉 쌍떡잎식물 〉 국화과   한해살이풀

↑↑ 상추 꽃
↑ 어린 상추

← 상추

🐾 **특징** 높이 90~120cm. 가지가 많이 갈라지고 윗부분의 잎은 어긋나며 줄기를 감싼다. 잎 양면에 주름이 많고 가장자리는 불규칙한 톱니 모양이다. 쌉쌀한 맛과 향이 난다. 씨로 번식한다.

✿ **꽃** 6~7월. 꽃줄기가 없는 작은 노란색 꽃이 가지 끝에 모여 핀다. 두상꽃차례. 통꽃. 수술 5개, 암술 1개.

🫐 **열매** 8월. 납작한 타원형이며 흰 털이 있다.

🪣 **자라는 곳** 밭에 심어 기른다. 원산지는 유럽과 서아시아이다.

☀ **쓰임** 쌈으로 먹거나 겉절이를 해 먹는다.

이야기마당 🌱 잎을 따고 줄기나 뿌리를 자르면 흰 즙이 나오는데, 이 즙에 졸음이 오게 하는 성분이 들어 있어요. 또 비타민과 무기질이 많아서 빈혈 환자에게 좋아요.

치커리 *Cichorium intybus*
속씨식물 〉 쌍떡잎식물 〉 국화과   여러해살이풀

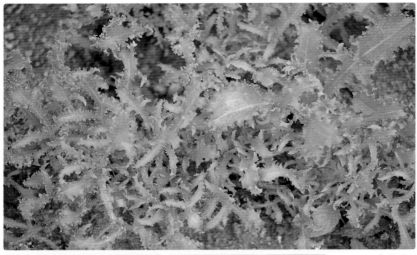

↑ 치커리

◀◀ 치커리 꽃
◀ 치커리 열매

🐾 **특징** 높이 50~150cm. 줄기에 털이 있고 가지가 갈라진다. 잎은 깃꼴로 깊게 갈라지며 주름이 있고 가장자리는 톱니 모양이다. 가운데 맥이 굵고 자줏빛을 띠기도 한다. 줄기와 잎에서 쓴맛과 독특한 향기가 난다. 씨로 번식한다.

✿ **꽃** 7~10월. 혀 모양의 꽃이 줄기 끝에 모여 핀다. 하늘색 또는 보라색이다. 두상꽃차례. 통꽃. 수술 5개, 암술 1개.

🫛 **열매** 8~10월. 연한 회색이며 꽃받침에 싸여 있다.

🪴 **자라는 곳** 밭에 심어 기른다. 원산지는 북유럽이다.

☀ **쓰임** 잎을 쌈으로 먹거나 샐러드 재료로 쓰고 뿌리는 약으로 쓴다.

쑥갓 *Chrysanthemum coronarium var. spatiosum* 춘국
속씨식물 〉 쌍떡잎식물 〉 국화과   한두해살이풀

↑ 쑥갓 꽃

◀◀ 어린 쑥갓
◀ 개쑥갓

🐾 **특징** 높이 30~60cm. 독특한 향기가 난다. 잎은 잎자루 없이 어긋나고 2회 깃꼴로 깊게 갈라지며 조금 두껍다. 씨로 번식한다.

✿ **꽃** 6~8월. 노란색 또는 흰색 꽃이 가지와 원줄기 끝에 1송이씩 핀다. 구절초나 쑥부쟁이 꽃과 비슷하다. 두상꽃차례. 통꽃. 수술 5개, 암술 1개.

🫛 **열매** 7월. 삼각기둥 또는 사각기둥 모양이며 갈색이다.

🪴 **자라는 곳** 밭에 심어 기른다. 원산지는 유럽, 지중해 연안이다.

☀ **쓰임** 어린잎과 줄기를 먹고 약으로도 쓴다.

이야기마당 🌙 쑥과 비슷해서 쑥갓이라 하고, 줄기를 자르면 곧 새순이 자라기 때문에 계속해서 뜯어 먹을 수 있어요. 꽃말은 상큼한 사랑이에요.

우엉 *Arctium lappa* 우봉, 우방

속씨식물 〉 쌍떡잎식물 〉 국화과　두해살이풀

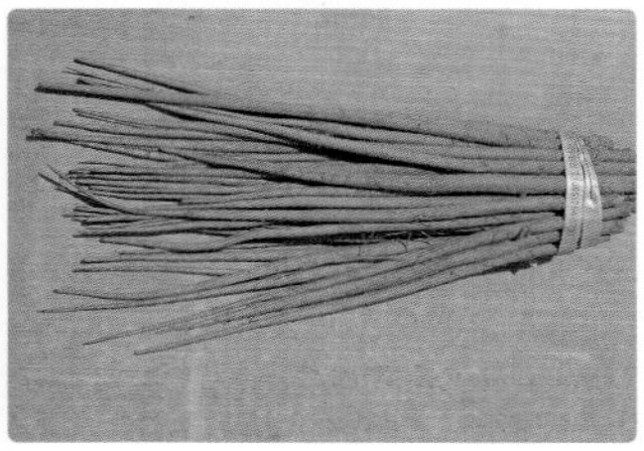

↑↑우엉 꽃
↑우엉 뿌리
←우엉

특징 높이 1~1.5m. 뿌리에서 줄기가 나와 곧게 자란다. 뿌리에서는 잎이 모여나고 줄기에서는 어긋난다. 잎은 크고 둥글며 가장자리는 물결 모양이다. 뒷면에 흰색 털이 많아 은백색으로 보인다. 뿌리는 굵고 30~60cm 정도로 곧게 내리뻗는다. 씨나 포기나누기로 번식한다.

꽃 7~8월. 자주색 또는 흰색 꽃이 줄기와 가지 끝에 핀다. 두상꽃차례. 통꽃. 수술 5개, 암술 1개.

열매 9월. 갈색 털이 있고 씨는 검은색이다.

자라는 곳 밭에 심어 기른다. 유럽 원산의 귀화 식물이다.

쓰임 뿌리와 어린잎을 먹고 약으로도 쓴다.

이야기마당 꽃말은 괴롭히지 말아요예요.

머위 *Petasites japonicus* 머구, 머웃대

속씨식물 〉 쌍떡잎식물 〉 국화과　여러해살이풀

↑↑머위 꽃
↑털머위 꽃
←머위

특징 높이 40~60cm. 땅속줄기에서 잎이 나며 전체에 털이 있다. 잎자루가 길고 잎은 크고 둥글며 가장자리가 불규칙한 톱니 모양이다. 땅속줄기가 사방으로 퍼져서 번식한다. 털머위와 잎 모양이 비슷하다.

꽃 4월. 작은 꽃이 잎보다 먼저 올라온 꽃줄기 끝에 모여 핀다. 통꽃. 단성화. 암수딴그루. 수꽃은 연한 노란색이고 암꽃은 흰색이다. 수술 5개, 암술 1개.

열매 6월. 원통 모양이며 흰색 털이 있다.

자라는 곳 습기 있는 곳에서 잘 자라며 논둑이나 밭둑 등에 심어 기른다. 원산지는 우리나라이다.

쓰임 잎자루와 잎을 먹고 어린순은 약으로 쓴다.

이야기마당 꽃말은 나를 믿으세요, 공정한 판단을 내리다예요.

도라지   *Platycodon grandiflorum*   길경, 산도라지
속씨식물 〉 쌍떡잎식물 〉 초롱꽃과   여러해살이풀

↑↑백도라지
↑도라지 뿌리

◀도라지

- 🐾 **특징** 높이 80~100cm. 줄기를 자르면 흰색 즙이 나온다. 잎은 어긋나거나 3~4장씩 돌려나는데, 타원형이며 가장자리는 날카로운 톱니 모양이다. 뿌리가 굵다. 씨로 번식한다.
- ✿ **꽃** 7~8월. 종 모양의 보라색 꽃이 위를 향해 핀다. 통꽃. 꽃잎 5갈래. 수술 5개, 암술 1개. 흰색 꽃이 피는 것을 백도라지라고 한다.
- 🫘 **열매** 10월. 둥근 달걀 모양이며 타원형의 검은색 씨가 들어 있다.
- 🪣 **자라는 곳** 산과 들에서 저절로 자라고, 밭에 심어 기르기도 한다. 원산지는 우리나라, 중국, 일본 등 아시아 지방이다.
- ☀ **쓰임** 뿌리를 나물로 먹고 한약재로도 쓴다.

이야기마당 🌙 옛날에 도라지라는 소녀가 한 청년과 사랑에 빠졌는데, 그 청년을 짝사랑한 대갓집 딸이 도라지를 산으로 내쫓고 말았어요. 산속에서 외롭게 죽은 도라지는 어여쁜 꽃으로 피어났대요. 꽃말은 성실, 순종, 영원한 사랑이에요.

더덕   *Codonopsis lanceolata*   사삼, 백삼
속씨식물 〉 쌍떡잎식물 〉 초롱꽃과   덩굴성 여러해살이풀

↑↑더덕 꽃
↑더덕 뿌리

◀더덕 줄기

- 🐾 **특징** 길이 1.5~2m. 줄기나 뿌리, 잎을 자르면 흰색 즙이 나온다. 잎은 어긋나지만 가지 끝에서는 4장이 모여서 마주나며, 가장자리가 밋밋하다. 잎 앞면은 녹색이고 뒷면은 흰색이다. 뿌리가 굵고 독특한 향기가 난다. 씨로 번식한다.
- ✿ **꽃** 8~9월. 종 모양의 연한 녹색 꽃이 밑을 향해 핀다. 꽃잎 안쪽에 자주색 반점이 있다. 통꽃. 꽃잎 5갈래. 수술 5개, 암술 1개.
- 🫘 **열매** 10~11월. 납작한 팽이를 거꾸로 세운 모양이다.
- 🪣 **자라는 곳** 숲 속에서 자라고 밭에 심어 기르기도 한다. 원산지는 우리나라이다.
- ☀ **쓰임** 뿌리를 먹고 가래삭임이나 기침약으로도 쓴다.

이야기마당 🌙 꽃말은 성실, 감사예요.

바랭이 *Digitaria sanguinalis* 바랑이, 우산풀, 조리풀
속씨식물 〉 외떡잎식물 〉 볏과 한해살이풀

↑바랭이

←←왕바랭이 이삭
←나도바랭이

🐾 **특징** 높이 30~90cm. 줄기 밑부분이 땅 위를 뻗으며 마디마다 뿌리가 나오기 때문에 생명력이 강하다. 잎은 좁고 긴 줄 모양이며 밑부분에 긴 털이 있다. 씨나 포기나누기로 번식한다. 민바랭이, 좀바랭이, 나도바랭이, 왕바랭이 등이 있다.

✤ **꽃** 7~9월. 우산살처럼 3~8개로 갈라진 꽃이삭이 줄기 끝에 달린다. 연한 녹색 또는 자주색이다. 이삭꽃차례. 수술 3개, 암술 1개.

🥚 **열매** 9~10월. 이삭이 익는다.

🗑 **자라는 곳** 온대나 열대 지방의 밭이나 길가, 빈터에서 자란다.

☀ **쓰임** 가축 사료로 쓴다.

이야기마당 🌙 번식력이 강하고 약을 뿌려도 잘 죽지 않아 농사에 해로운 풀이에요.

그령 *Eragrostis ferruginea* 암크령
속씨식물 〉 외떡잎식물 〉 볏과 여러해살이풀

↑갯그령

←그령

🐾 **특징** 높이 30~80cm. 뿌리에서 여러 개의 줄기가 모여나와 곧게 자란다. 잎은 길고 끝이 뾰족한 줄 모양이다. 줄기와 잎이 질겨 잘 끊어지지 않으며 생명력이 매우 강하다. 씨나 포기나누기로 번식한다. 꽃이삭에 흰빛이 돌고 흰색 털이 나는 갯그령은 바닷가 모래땅에서 자란다.

✤ **꽃** 8~9월. 붉은갈색이다. 원추꽃차례. 수술 3개, 암술 1개.

🥚 **열매** 9~10월. 이삭 가지에 달리며 긴 타원형이다.

🗑 **자라는 곳** 산기슭 또는 길가나 풀밭에서 자란다.

☀ **쓰임** 줄기 밑동의 희고 연한 부분을 먹고 줄기로 공예품을 만든다.

수크령 *Pennisetum alopecuroides* 길갱이, 기랭이, 랑미초
속씨식물 〉 외떡잎식물 〉 벗과　여러해살이풀

↑수크령

←수크령 이삭

- 🐾 **특징** 높이 30~80cm. 뿌리에서 줄기가 여러 개 모여나와 곧게 자라고 윗부분에 흰색 털이 있다. 잎은 긴 칼 모양으로 뻣뻣하고 편평하며 털이 조금 있다. 강아지풀과 비슷하지만 강아지풀보다 크다. 뿌리줄기에서 억센 뿌리가 사방으로 퍼진다.
- ✿ **꽃** 8~9월. 다람쥐 꼬리 모양의 붉은자주색 꽃이삭이 달린다. 꽃줄기가 질기다. 이삭꽃차례. 수술 3개, 암술 1개.
- 💊 **열매** 9~10월. 검은자주색으로 익는다.
- 🗑 **자라는 곳** 햇볕이 잘 드는 들이나 길가, 논둑, 밭둑 등에서 자란다.
- ☀ **쓰임** 줄기로 공예품을 만든다.

이야기마당 🌙 길가에 흔히 자라서 '길갱이', 꽃이삭의 모양이 이리 꼬리를 닮아서 '랑미초'라고도 해요.

강아지풀 *Setaria viridis* 가라지, 개꼬리풀, 구미초
속씨식물 〉 외떡잎식물 〉 벗과　한해살이풀

↑강아지풀

←←금강아지풀
←수강아지풀

- 🐾 **특징** 높이 20~70cm. 줄기는 모여나고 가지가 갈라지며 마디가 있다. 잎은 좁고 길며 가장자리가 잔톱니 모양이다. 잎이 줄기를 감싼 부분에 흰색 털이 있다. 금강아지풀은 줄기가 곧고 까끄라기는 황금색이다.
- ✿ **꽃** 6~7월. 원기둥 모양의 연한 녹색 또는 자주색 꽃이삭이 달린다.
- 💊 **열매** 8~9월. 이삭이 익고 씨는 타원형이다.
- 🗑 **자라는 곳** 들이나 길가, 밭에서 자란다.
- ☀ **쓰임** 뿌리를 말려서 구충제로 쓰고, 수염뿌리와 나란히맥을 관찰하는 재료로도 쓴다.

이야기마당 🌙 이삭 모양이 개의 꼬리와 같아 '개꼬리풀'이라고도 해요. 이삭을 잘라 책상 위에 놓고 책상을 두드리면 털이 뻗은 반대 방향으로 움직여요. 꽃말은 노여움, 동심이에요.

띠 *Imperata cylindrica var. koenigii* 삘기, 삐비
속씨식물 〉 외떡잎식물 〉 벼과　여러해살이풀

↑띠

←날리기 직전의 씨

- 🐾 **특징** 높이 30~80cm. 희고 긴 뿌리줄기가 옆으로 길게 뻗고 마디에서 줄기가 나와 곧게 선다. 잎은 주로 뿌리에서 나는데, 좁고 길며 끝이 뾰족하다. 땅속을 뻗는 뿌리줄기 또는 씨나 포기나누기로 번식한다.
- ✿ **꽃** 5~6월. 은백색의 긴 털로 덮인 흰색 꽃이삭이 줄기 끝에 달린다. 꽃밥은 노란색이고 암술머리는 검은자줏빛이다. 수술 2개, 암술머리 2갈래.
- 💊 **열매** 7~8월. 긴 털이 많다.
- 🪣 **자라는 곳** 햇볕이 잘 드는 산 밑이나 논둑, 밭둑, 냇가 등에서 자란다.
- ☀ **쓰임** 잎과 줄기는 이엉이나 도롱이를 만들고 뿌리줄기는 해열제로 쓴다.

이야기마당 🌙 어린 꽃이삭을 '삘기'라고 하는데 단맛이 나서 뽑아 먹기도 해요. 꽃말은 다시 만난 기쁨이에요.

포아풀 *Poa sphondylodes*
속씨식물 〉 외떡잎식물 〉 벼과　여러해살이풀

←포아풀

↑왕포아풀

- 🐾 **특징** 높이 50~70cm. 뿌리 근처에서 하늘하늘한 줄기가 모여나와 곧게 자란다. 줄기 밑부분은 죽지 않고 겨울을 난다. 잎은 좁고 길며 뒤로 약간 젖혀진다. 씨나 포기나누기로 번식한다. 새포아풀, 실포아풀, 왕포아풀 등 23종류가 있다.
- ✿ **꽃** 5~6월. 연한 녹색 꽃이 줄기 끝에 핀다. 꽃잎이 없다. 원추꽃차례. 수술 3개, 암술 1개.
- 💊 **열매** 6월. 연한 갈색이다.
- 🪣 **자라는 곳** 햇볕이 잘 드는 길가나 냇가에서 자란다.
- ☀ **쓰임** 가축 사료로 쓴다.

솔새 *Themeda triandra var. japonica* 솔줄

속씨식물 〉 외떡잎식물 〉 벼과 　여러해살이풀

↑솔새와 비슷한 개솔새

←솔새

🐾 **특징** 높이 70~100cm. 줄기는 곧게 서고 전체에 흰빛이 돈다. 뿌리에서 잎과 꽃줄기가 뭉쳐난다. 거칠고 뾰족한 잎이 위를 향해 나며 밑부분에 뻣뻣한 털이 있다. 씨나 포기 나누기로 번식한다.

✿ **꽃** 9~10월. 가는 부채살 모양의 흰색 꽃이 삭이 줄기 윗부분의 잎겨드랑이에 달린다. 꽃이삭은 수꽃 4개와 암꽃 1개로 되어 있다. 수술 3개, 암술 1개.

🥚 **열매** 10~11월. 이삭줄기에 달린다. 긴 타원형이며 까끄라기가 있다.

🪣 **자라는 곳** 산과 들에서 자란다.

☀ **쓰임** 옛날에는 질긴 수염뿌리를 그릇 닦는 솔로 썼다.

이야기마당 🌙 잎과 꽃줄기가 나온 모양이 새로 돋아나는 솔잎과 비슷해서 솔새라고 해요.

기름새 *Spodiopogon cotulifer*

속씨식물 〉 외떡잎식물 〉 벼과 　여러해살이풀

↑ 기름새 꽃
↑ 큰기름새

←기름새

🐾 **특징** 높이 60~90cm. 줄기가 곧게 자란다. 잎은 뿌리에서는 뭉쳐나고 줄기에서는 어긋난다. 잎 길이 40~60cm. 긴 줄 모양이며 뒷면에 털이 있다. 억새보다 잎이 연하고 부드러우며 무리지어 자란다. 씨로 번식한다. 큰기름새는 햇볕이 잘 드는 풀밭에서 자라는데, 기름새보다 키가 크고 이삭이 진한 갈색이다.

✿ **꽃** 8~9월. 갈색빛이 도는 연한 녹색 꽃이삭이 달린다. 원추꽃차례.

🥚 **열매** 9~10월. 자줏빛이 도는 긴 까끄라기가 있다.

🪣 **자라는 곳** 습기 있는 산에서 자란다.

☀ **쓰임** 가축 사료로 쓴다.

이야기마당 🌙 몸 전체가 기름을 발라 놓은 것처럼 번들거려서 기름새라고 해요.

참억새 *Miscanthus sinensis*
속씨식물 〉 외떡잎식물 〉 볏과   여러해살이풀

↑참억새

↖물가나 습지에서 자라는 물억새

- 🐾 **특징** 높이 1~1.5m. 마디가 굵고 짧은 뿌리 줄기가 옆으로 뻗으며 줄기가 여러 개 모여 난다. 잎이 딱딱하고 가장자리가 잔톱니 모양이어서 손을 베기 쉽다. 잎 밑부분은 줄기를 감싼다. 뚜렷한 흰색 잎맥이 있고 씨나 포기나누기로 번식한다.
- ✿ **꽃** 9월. 누런빛 또는 보랏빛을 띠는 갈색 꽃 이삭이 달린다. 수술 3개, 암술 1개.
- 🝙 **열매** 10~11월. 이삭 줄기에 달린다. 씨는 털이 많고 연한 갈색이며 까끄라기가 있다.
- 🪣 **자라는 곳** 산과 들에서 자란다.
- ☀ **쓰임** 꽃꽂이용. 줄기와 잎은 가축 사료로, 뿌리는 이뇨제로 쓴다.

이야기마당 🌙 무리지어 피어난 억새 이삭은 늦게까지 떨어지지 않아 가을 들판을 아름답게 꾸며요. 꽃말은 활력, 세력이에요.

뚝새풀 *Alopecurus aequalis* 둑새풀, 독새풀
속씨식물 〉 외떡잎식물 〉 볏과   한두해살이풀

↑가까이에서 본 꽃

↖뚝새풀

- 🐾 **특징** 높이 20~40cm. 줄기는 밑부분에서 여러 개로 갈라져 곧게 자라고 전체가 밋밋하다. 잎은 흰빛이 도는 녹색이며 편평하다. 가을에 돋아 겨울을 나고 이듬해 봄에 무성하게 자란다. 줄기가 잘리면 그 줄기 마디에서 뿌리가 다시 나온다. 씨로 번식한다.
- ✿ **꽃** 4~5월. 원기둥 모양의 연한 녹색 꽃이삭이 달린다. 이삭에 붙어 있는 꽃밥은 연두색이었다가 갈색이 된다. 원추꽃차례. 수술 3개, 암술 1개.
- 🝙 **열매** 5~6월. 갈색 타원형이고 아래쪽에 까끄라기가 있다.
- 🪣 **자라는 곳** 습기 있는 논이나 논둑 또는 빈터에서 자란다.
- ☀ **쓰임** 사료로 많이 쓰고 어린순을 먹기도 한다.

방동사니

Cyperus amuricus 왕골풀, 검정방동사니

속씨식물 〉 외떡잎식물 〉 사초과   한해살이풀

↑ 알방동사니

← 방동사니

- 🐾 **특징** 높이 20~40cm. 줄기는 세모꼴로 모서리는 딱딱하고 안쪽은 부드럽다. 뿌리에서 나는 잎은 좁고 긴 줄 모양이고 줄기에서 나는 잎은 뒤로 젖혀진다. 씨나 포기나누기로 번식한다.
- ✿ **꽃** 7~8월. 줄기 끝에서 가지가 우산살처럼 갈라져 그 끝에 연한 갈색의 작은 꽃이삭이 달린다. 수술 2개, 암술머리 3갈래.
- 💊 **열매** 10~11월. 달걀을 거꾸로 세운 모양이다. 검은빛이 도는 갈색 바탕에 작고 검은 점이 있다.
- 🪣 **자라는 곳** 논과 밭 또는 습기 있는 빈터에서 자란다.
- ☀ **쓰임** 줄기와 잎을 가래삭임에 쓴다.

괭이사초

Carex neurocarpa

속씨식물 〉 외떡잎식물 〉 사초과   여러해살이풀

↑ 괭이사초

← 애괭이사초

- 🐾 **특징** 높이 30~60cm. 줄기는 뭉쳐나며 단단한 세모꼴로 곧게 선다. 잎은 노란빛을 띠는 녹색으로 길고 납작하다. 생명력이 매우 강하다. 주로 씨로 번식하지만 뿌리로도 번식한다.
- ✿ **꽃** 5~6월. 원통 모양의 갈색 꽃이삭이 줄기 윗부분에 달린다. 이삭 윗부분에는 수꽃이, 밑부분에는 암꽃이 핀다. 암술대 2갈래.
- 💊 **열매** 8~9월. 편평한 타원형이며 누런빛이 도는 갈색이다.
- 🪣 **자라는 곳** 습기 있는 풀밭 또는 논둑이나 길가에서 자란다.
- ☀ **쓰임** 가축의 사료나 거름으로 쓴다.

이야기마당 🌿 꽃말은 기쁜 소식, 신비한 사랑이에요.

반하

Pinellia ternata 땅구슬, 메누리목쟁이, 끼무릇, 소천남성

속씨식물 〉 외떡잎식물 〉 천남성과   여러해살이풀

⬆⬆ 가까이에서 본 꽃
⬆ 반하의 알줄기

⬅ 반하

🐾 **특징** 높이 30cm 정도. 둥근 알줄기에서 잎 자루가 나온다. 긴 잎자루 끝에 3개의 작은 잎이 달린다. 겹잎. 알줄기에 독성이 있다. 잎자루 아래에 붙어 있는 살눈이 땅에 떨어 져서 싹트거나 알줄기로 번식한다.

✿ **꽃** 6~7월. 꽃자루는 가늘고 곧게 선다. 연한 노란색 꽃이삭이 녹색 불염포에 싸여 있다. 육수꽃차례.

🍈 **열매** 8~10월. 둥글고 녹색이다.

🪣 **자라는 곳** 밭이나 길가에서 자란다.

☀ **쓰임** 알줄기를 기침약으로 쓰거나 가래삭임에 쓴다.

이야기마당 🌙 꽃말은 유혹, 위험한 사랑이에요.

천남성

Arisaema amurense var. serratum

속씨식물 〉 외떡잎식물 〉 천남성과   여러해살이풀

⬆ 천남성

⬅⬅ 천남성 열매
⬅ 넓은잎천남성

🐾 **특징** 높이 30~50cm. 편평한 공 모양의 알 줄기 윗부분에서 수염뿌리와 줄기와 1개의 잎이 나온다. 잎은 달걀 모양의 작은잎 5~ 11개로 이루어지며 작은잎 가장자리는 톱니 모양이다. 독성이 강하다. 씨나 포기나누기 로 번식한다.

✿ **꽃** 5~7월. 노란색 꽃이삭이 통 모양의 포에 싸여 있다. 포는 녹색 바탕에 연두색 줄무늬 가 있으며 윗부분이 앞으로 구부러진다. 육 수꽃차례. 단성화. 암수딴그루.

🍈 **열매** 10월. 짧은 옥수수 모양이고 붉은색으 로 익는다.

🪣 **자라는 곳** 햇볕이 잘 들지 않는 숲 속에서 자 라고 화분이나 정원에 심어 기르기도 한다.

☀ **쓰임** 알줄기를 진통제로 쓰거나 가래삭임에 쓴다.

닭의장풀
Commelina communis 달개비, 닭의꼬꼬, 닭의밑씻개

속씨식물 〉 외떡잎식물 〉 닭의장풀과 한해살이풀

↑닭의장풀

↖닭의장풀 열매

- 🐾 **특징** 높이 15~50cm. 줄기가 비스듬히 자라며 가지가 많이 갈라진다. 잎은 어긋나고 끝이 뾰족한 피침형이다. 땅 위를 기는 줄기 밑부분의 마디에서 뿌리가 내린다.
- ✿ **꽃** 7~8월. 반으로 접힌 포에 싸여 있다. 꽃잎은 3장인데 윗부분의 2장은 하늘색이고 밑부분의 1장은 흰색이다. 수술 3개, 암술 1개.
- 🌰 **열매** 9~10월. 잿빛을 띠는 갈색 타원형이고 마르면 3갈래로 갈라진다.
- 🪴 **자라는 곳** 길가나 냇가의 습기 있는 곳에서 자란다.
- ☀ **쓰임** 관상용. 어린순은 나물로 먹고 잎과 줄기는 약으로 쓴다.

이야기마당 🌙 하늘색 꽃 모양이 닭의 볏을 닮아서 닭의장풀이라고 불러요.

꿩의밥
Luzula capitata 꿩의밥풀

속씨식물 〉 외떡잎식물 〉 골풀과 여러해살이풀

←꿩의밥

↑꿩의밥 꽃

- 🐾 **특징** 높이 10~30cm. 줄기는 땅속줄기에서 뭉쳐나와 곧게 자란다. 잎은 가늘고 긴 줄 모양이며 가장자리에 긴 흰색 털이 있다. 씨나 포기나누기로 번식한다.
- ✿ **꽃** 4~5월. 붉은갈색의 작은 꽃이 줄기 끝에 모여 핀다. 꽃밥은 노란색이다. 두상꽃차례. 수술 6개, 암술대 1개.
- 🌰 **열매** 6~7월. 모난 달걀 모양이다. 씨는 둥글거나 달걀 모양이고 검다.
- 🪴 **자라는 곳** 산과 들의 풀밭에서 자란다.
- ☀ **쓰임** 덜 익은 열매를 먹는다.

이야기마당 🌙 따스한 봄날, 꿩, 비둘기, 까치가 모여 서로 자기가 제일 부지런하다며 다투다가 가을까지 누가 먹이를 더 많이 모으나 내기를 했어요. 가을이 될 때까지 빈둥빈둥 놀기만 한 꿩은 주위에 있는 이상한 열매를 따 모으고는 자기가 농사지어 거둔 먹이라며 우쭐댔어요. 그 열매가 꿩의밥이에요. 꽃말은 좋은 생각이에요.

달래

Allium monanthum   애기달래, 소산, 야산, 산산

속씨식물 〉 외떡잎식물 〉 백합과   여러해살이풀

↑달래

←←분홍색 산달래
←흰색 산달래

- 🐾 **특징** 높이 5~12cm. 비늘줄기는 아주 작은 달걀 모양으로, 겉껍질이 두껍고 매운맛이 난다. 잎은 1~2개로, 좁고 길며 9~13개의 맥이 있다. 잎을 자른 면은 초승달 모양이다. 씨나 포기나누기로 번식한다.
- 🌼 **꽃** 4월. 흰색 또는 연한 분홍색 꽃이 꽃줄기 끝에 1~2송이씩 핀다. 꽃잎 6갈래. 수술 6개, 암술대 1개.
- 💊 **열매** 6월. 달걀 모양이다.
- 🪣 **자라는 곳** 산과 들의 풀밭에서 자란다.
- ☀️ **쓰임** 이른 봄에 돋는 새싹을 비늘줄기와 함께 캐서 나물로 먹는다.

이야기마당 🌙 달래는 상큼한 봄내음을 전해 주는 나물이지요. 꽃말은 위엄이에요.

얼레지

Erythronium japonicum   가재무릇

속씨식물 〉 외떡잎식물 〉 백합과   여러해살이풀

←얼레지

↑↑얼레지 열매
↑흰색 꽃

- 🐾 **특징** 높이 15~20cm. 비늘줄기가 땅속 깊이 있다. 수평으로 퍼진 2개의 잎은 긴 타원형이고 주름이 지며 녹색 바탕에 자주색 얼룩 무늬가 있다. 잎 가장자리는 밋밋하다. 씨 또는 비늘줄기로 번식한다.
- 🌼 **꽃** 4~5월. 긴 꽃줄기 끝에 자주색 꽃 1송이가 밑을 향해 핀다. 꽃잎 6갈래. 수술 6개, 암술대 1개.
- 💊 **열매** 7~8월. 세모난 타원형 또는 공 모양이다.
- 🪣 **자라는 곳** 산속의 기름진 땅에서 자란다.
- ☀️ **쓰임** 잎은 먹고, 비늘줄기는 녹말을 뽑거나 위장을 튼튼하게 하는 데 쓴다.

이야기마당 🌙 얼레지의 맛을 아는 사람들이 꽃이 피기 전에 잘라 가기 때문에 얼레지는 꽃을 보기가 무척 힘들어요. 꽃말은 질투예요.

은방울꽃
Convallaria keiskei 둥구리아싹, 향수화, 오월화, 녹령초

속씨식물 〉 외떡잎식물 〉 백합과   여러해살이풀

↤ 은방울꽃

↑ 가까이에서 본 꽃

- 🐾 **특징** 높이 20~30cm. 땅속줄기가 옆으로 길게 뻗으면서 새순이 나오고 수염뿌리가 사방으로 퍼진다. 밑동에서 2~3장의 잎이 마주 감싸며 난다. 잎은 넓고 길쭉한 타원형이며 잎자루가 길고 끝이 뾰족하다. 독성이 있으며 포기나누기로 번식한다.
- ✿ **꽃** 5~6월. 잎 사이에서 나온 꽃줄기 윗부분에 종 모양의 흰색 꽃이 밑을 향해 달린다. 꽃잎 끝이 6갈래로 갈라져서 뒤로 살짝 젖혀진다. 수술 6개, 암술 1개.
- 🫛 **열매** 7~8월. 둥근 모양이고 붉은색이다.
- 🪣 **자라는 곳** 바람이 잘 통하는 숲 속에서 무리 지어 자란다.
- ☀ **쓰임** 관상용. 향수의 원료로 쓴다.

이야기마당 🌙 은방울꽃은 숲의 신 센트레오나르가 무서운 독사와 싸우다 흘린 피에서 생겨났대요. 꽃말은 순결, 섬세함, 겸손이에요.

애기나리
Disporum smilacinum

속씨식물 〉 외떡잎식물 〉 백합과   여러해살이풀

↑ 애기나리

↤↤ 애기나리 꽃
↤ 애기나리 열매

- 🐾 **특징** 높이 15~40cm. 땅속줄기가 옆으로 뻗으면서 줄기가 나온다. 줄기는 곧게 서고 끝이 뾰족한 타원형의 잎이 어긋난다. 잎자루가 없고 잎 가장자리는 밋밋하다. 꺾꽂이나 포기나누기로 번식한다.
- ✿ **꽃** 4~5월. 흰색 꽃이 가지 끝에 1~2송이씩 밑을 향해 핀다. 꽃잎 6갈래. 수술 6개, 암술 1개.
- 🫛 **열매** 6~7월. 둥글고 검게 익는다.
- 🪣 **자라는 곳** 숲 속에서 자란다.
- ☀ **쓰임** 관상용. 어린순은 나물로 먹고 땅속줄기는 기침약으로 쓴다.

이야기마당 🌙 요정을 너무나 보고 싶어 하던 한 소년이 요정들의 숲을 찾아 나섰어요. 그런데 깊은 숲에서 요정들을 발견한 소년이 기뻐서 소리를 지르자, 소년을 본 요정들은 모두 애기나리 꽃으로 변해 버렸대요.

원추리 *Hemerocallis fulva* 넘나물

속씨식물 〉 외떡잎식물 〉 백합과　여러해살이풀

↑↑ 원추리 뿌리
↑ 원추리 열매

← 원추리

🐾 **특징** 꽃줄기 높이 50~70cm. 뿌리에서 나온 긴 잎은 흰빛이 도는 녹색이며 두 줄로 포개어지고 끝이 둥글게 뒤로 젖혀진다. 수염 뿌리는 사방으로 퍼지고 고구마처럼 굵어진다. 씨나 포기나누기로 번식한다.

❀ **꽃** 7~8월. 노란색 꽃이 꽃줄기 끝에 핀다. 꽃잎 6갈래. 수술 6개, 암술 1개.

🥚 **열매** 8~9월. 타원형이며 세 갈래로 벌어진다. 씨는 검고 납작하다.

🪣 **자라는 곳** 산에서 자라고 꽃밭에 심어 기르기도 한다. 원산지는 동아시아이다.

☀ **쓰임** 관상용. 어린순은 나물로 먹고 뿌리는 피를 멎게 하거나 염증을 치료하는 데 쓴다.

이야기마당 🌙 중국에서는 원추리가 시름을 잊게 해 준다고 믿어서 '망우초'라고 부른대요. 꽃말은 지성이에요.

둥굴레 *Polygonatum odoratum var. pluriflorum* 괴불꽃, 황정, 황지, 죽네풀, 진황정

속씨식물 〉 외떡잎식물 〉 백합과　여러해살이풀

↑↑ 둥굴레 꽃
↑ 둥굴레 열매

← 둥굴레

🐾 **특징** 높이 30~60cm. 굵고 딱딱한 땅속줄기는 옆으로 뻗고 땅위줄기는 비스듬히 처진다. 잎은 한쪽으로 치우쳐서 어긋나며 잎자루가 없고 뒷면에 흰빛이 돈다. 씨나 포기나누기로 번식한다.

❀ **꽃** 6~7월. 긴 종 모양의 흰색 꽃이 잎겨드랑이에 1~2송이씩 핀다. 꽃잎 끝부분은 녹색을 띤다. 수술 6개, 암술 1개.

🥚 **열매** 9~10월. 둥글고 검게 익는다.

🪣 **자라는 곳** 햇볕이 잘 들지 않는 그늘에서 무리지어 자란다.

☀ **쓰임** 어린잎을 먹고, 땅속줄기는 말려서 차를 끓여 마시거나 당뇨병, 심장병 등에 약으로 쓴다.

이야기마당 🌙 꽃말은 장수예요.

참나리
Lilium tigrinum 나리
속씨식물 〉 외떡잎식물 〉 백합과   여러해살이풀

↑↑↑ 참나리의 살눈
↑↑ 하늘나리
↑ 뻐꾹나리
↑ 참나리
← 하늘말나리

🐾 **특징** 높이 1~1.5m. 어릴 때는 줄기 전체가 흰색 털로 덮인다. 잎은 길쭉하고 다닥다닥 어긋난다. 둥글고 흰 비늘줄기 밑부분에서 뿌리가 나온다. 잎겨드랑이에 생기는 살눈이 땅에 떨어져 번식한다. 살눈은 둥글고 검은 자주색이다.

✿ **꽃** 7~8월. 주황색 바탕에 자주색 점이 있는 꽃이 줄기 끝에 2~10송이씩 밑을 향해 핀다. 암술과 수술은 꽃 밖으로 길게 나온다. 꽃잎 6갈래. 수술 6개, 암술 1개.

🍈 **열매** 맺지 않는다.

🪣 **자라는 곳** 산과 들에서 자라고 꽃밭에 심어 기르기도 한다.

☀ **쓰임** 관상용. 비늘줄기는 진정제로 쓴다.

이야기마당 🌙 예쁜 꽃이 피는 나리는 원래 우리나라 특산 식물이에요. 하지만 유럽 사람들이 원예종을 많이 개발해서 지금은 오히려 우리가 유럽에서 나리를 수입해서 쓰고 있어요. 꽃말은 순결, 장엄, 위엄이에요.

무릇
Scilla scilloides 물구지
속씨식물 〉 외떡잎식물 〉 백합과   여러해살이풀

← 무릇

↑ 가까이에서 본 꽃

🐾 **특징** 높이 20~30cm. 봄과 가을에 둥근 비늘줄기에서 부드럽고 긴 잎이 2개씩 마주난다. 봄에 난 잎은 여름에 말라 버린다.

✿ **꽃** 7~9월. 진한 분홍색 또는 흰색 꽃이 잎 사이에서 나온 꽃줄기 끝에 모여 핀다. 총상꽃차례. 꽃잎 6갈래. 수술 6개, 암술 1개.

🍈 **열매** 9~10월. 달걀 모양이며 씨는 가늘고 검다.

🪣 **자라는 곳** 습기 있는 들이나 밭에서 자란다. 원산지는 동북아시아이다.

☀ **쓰임** 관상용. 비늘줄기는 엿처럼 고아서 먹고 어린잎은 나물로 먹는다.

이야기마당 🌙 꽃말은 강한 자제력, 자랑이에요.

밀나물 *Smilax riparia var. ussuriensis* 밀나무

속씨식물 〉 외떡잎식물 〉 백합과   덩굴성 여러해살이풀

↑ 밀나물 꽃

← 밀나물

- 🐾 **특징** 길이 3m 정도. 잎겨드랑이에 있는 덩굴손으로 물체를 감고 올라간다. 가지가 많이 갈라지고 줄기에 세로줄이 있다. 가장자리가 밋밋한 달걀 모양의 잎이 어긋난다. 씨나 포기나누기로 번식한다.
- ✿ **꽃** 5~7월. 연두색 꽃이 잎겨드랑이에 15~30송이씩 핀다. 산형꽃차례. 단성화. 암수딴그루. 수꽃 꽃잎은 뒤로 젖혀지고 암꽃 꽃잎은 긴 타원형이다. 꽃잎 6갈래. 수술 6개, 암술대 1개.
- 🥚 **열매** 8~9월. 구슬 모양이고 검은색으로 익는다.
- 🗑 **자라는 곳** 산이나 들에서 자란다.
- ☀ **쓰임** 어린순은 나물로 먹고, 뿌리는 몸이 붓거나 마비되었을 때 약으로 쓴다.

맥문동 *Liriope platyphylla* 겨우살이풀

속씨식물 〉 외떡잎식물 〉 백합과   늘푸른 여러해살이풀

↑ 맥문동 열매

← 맥문동

- 🐾 **특징** 땅속줄기는 굵고 딱딱하며 수염뿌리가 굵어져 땅콩처럼 된다. 뿌리에서 길고 납작한 잎이 뭉쳐나와 밑으로 늘어진다. 잎 길이 30~50cm. 겨울에도 죽지 않고 녹색을 띠며 번식력이 강하다. 씨나 포기나누기로 번식한다.
- ✿ **꽃** 5~6월. 연한 보라색 꽃이 이삭 모양으로 모여 핀다. 꽃줄기 30~50cm. 꽃잎 6갈래. 수술 6개, 암술 1개.
- 🥚 **열매** 10~11월. 둥근 구슬 모양이고 검다.
- 🗑 **자라는 곳** 숲 속의 그늘진 곳에서 자라고 화단의 나무 밑이나 그늘진 담장 밑에 심어 기른다.
- ☀ **쓰임** 관상용. 뿌리는 소화제로 쓰거나 가래삭임에 쓴다.

마 *Dioscorea batatas* 산우, 서여

속씨식물 〉 외떡잎식물 〉 맛과   덩굴성 여러해살이풀

↑마

↑↑↑마의 암꽃
↑↑마의 살눈
↑마 뿌리

←단풍마

🐾 **특징** 길이 1~2m. 줄기와 잎자루가 자줏빛을 띤다. 잎은 심장 모양이며 잎겨드랑이에 살눈이 달린다. 뿌리는 굵은 기둥 모양이며 땅속 깊이 뻗는다. 단풍마의 수꽃은 마르면 붉은갈색이 된다.

✿ **꽃** 6~7월. 이삭 모양의 흰색 꽃이 잎겨드랑이에 1~3송이씩 핀다. 암수딴그루. 꽃잎 6갈래. 수꽃 이삭은 곧고 암꽃 이삭은 밑으로 처진다. 수술 6개.

🍃 **열매** 10월. 3개의 날개가 있고 씨에도 둥근 날개가 달려 있다.

🪣 **자라는 곳** 산에서 자라거나 밭에 심어 기른다. 원산지는 중국이다.

☀ **쓰임** 뿌리를 먹거나 약으로 쓴다.

이야기마당 🌙 처녀가 한밤중에 마 씨를 뿌리면서 탑을 돌다가 뒤에서 인기척이 느껴질 때 돌아보면 결혼할 남자의 얼굴을 볼 수 있대요. 꽃말은 미인, 따뜻한 정이에요.

한삼덩굴 *Humulus japonicus* 범삼덩굴
속씨식물 〉쌍떡잎식물 〉삼과　덩굴성 한해살이풀

↑↑한삼덩굴의 암꽃
↑한삼덩굴의 수꽃

←한삼덩굴

🐾 **특징** 덩굴이 엉켜 퍼지고 잔가시가 많아 거칠다. 잎은 5~7갈래로 깊게 갈라진 손바닥 모양이며 마주난다. 잎 양면이 까끌까끌하고 가장자리는 톱니 모양이다.

✿ **꽃** 5~8월. 암꽃은 녹색에서 자갈색으로 변하고 수꽃은 연한 노란색이다. 꽃잎이 없다. 암수딴그루. 수술 5개, 암술대 2개.

🫙 **열매** 9~10월. 둥근 모양이다. 씨는 연한 갈색이며 동글납작하고 가운데가 볼록하다.

🪣 **자라는 곳** 길가나 냇가, 빈터에서 자란다.

☀ **쓰임** 줄기 껍질을 섬유로 쓴다.

이야기마당 🌙 첫아이를 강물에 잃은 부부가 강가에서 노는 둘째를 보고는 가시가 많은 한삼덩굴을 강가에 심었대요. 그 후 아이는 한삼덩굴의 가시가 무서워서 강가에 가지 않았대요. 꽃말은 엄마의 손, 엄마는 못잊어예요.

쪽 *Persicaria tinctoria* 남
속씨식물 〉쌍떡잎식물 〉마디풀과　한해살이풀

↑쪽 꽃

←쪽

🐾 **특징** 높이 50~60cm. 줄기는 곧게 서고 매끄러우며 자줏빛을 띤다. 부드러운 타원형의 잎이 어긋난다. 잎은 진한 녹색이며 턱잎 가장자리에 털이 있다. 씨나 포기나누기로 번식한다.

✿ **꽃** 8월. 붉은색 꽃이삭이 줄기 윗부분에 달린다. 꽃잎이 없고 꽃밥은 연한 붉은색이다. 꽃받침 5장. 수술 6~8개, 암술대 3개.

🫙 **열매** 10월. 길이 2mm 정도의 세모난 타원형이며 검고 반질반질하다.

🪣 **자라는 곳** 밭에 심어 기른다. 원산지는 중국이다.

☀ **쓰임** 잎으로 옷감이나 종이에 남색 물을 들인다.

이야기마당 🌙 쪽으로 물들이는 남색 빛깔을 '쪽빛'이라고 하지요.

소리쟁이
Rumex japonicus 소루쟁이, 송구지, 소로지
속씨식물 〉 쌍떡잎식물 〉 마디풀과   여러해살이풀

↑소리쟁이 열매

↙소리쟁이

🐾 **특징** 높이 50~100cm. 줄기는 곧게 서고 세로줄이 많으며 녹색 바탕에 자줏빛이 돈다. 잎은 어긋나고 우글쭈글한 긴 타원형이며 위로 갈수록 작아진다. 씨로 번식한다.

✿ **꽃** 6~7월. 연한 녹색 꽃이 층층으로 달린다. 꽃잎이 없다. 원추꽃차례. 꽃받침 6장. 수술 6개, 암술대 3개.

🫛 **열매** 8~9월. 세모꼴이며 날개가 있다. 연한 녹색에서 갈색으로 익는다.

🪣 **자라는 곳** 개울가나 습한 빈터에서 자란다.

☀ **쓰임** 어린잎은 먹고 뿌리는 위를 튼튼하게 하는 데 쓴다.

이야기마당 🌙 바람이 불면 익어서 마른 열매가 서로 부딪치며 소리를 내기 때문에 소리쟁이라고 해요. 꽃말은 인내예요.

여뀌
Persicaria hydropiper 해박이, 수료, 택료, 천료, 독풀, 어독초
속씨식물 〉 쌍떡잎식물 〉 마디풀과   한해살이풀

↑↑털여뀌
↑개여뀌

↙여뀌

🐾 **특징** 높이 40~100cm. 줄기는 곧게 서고 누르스름한 갈색을 띠며 가지가 많이 갈라진다. 잎은 어긋나며 잎자루가 없다. 잎 뒷면에 점이 있고 가장자리는 밋밋하며 씹으면 매운맛이 난다. 씨로 번식한다.

✿ **꽃** 6~9월. 흰색 또는 분홍색 꽃이삭이 밑으로 늘어진다. 꽃잎이 없다. 이삭꽃차례. 꽃받침 4~5장. 수술 6개, 암술대 2개.

🫛 **열매** 10월. 검고 납작한 달걀 모양이며 꽃받침에 싸여 있다.

🪣 **자라는 곳** 냇가나 습기 많은 곳에서 자란다.

☀ **쓰임** 어린순은 나물로 먹고 잎은 조미료로 쓰며 지혈제, 해열제로도 쓴다.

이야기마당 🌙 옛날에는 물고기를 잡을 때 여뀌를 짓찧어 개울에 풀었다고 해요. 그러면 여뀌의 독 때문에 기절한 물고기들이 물 위로 떠올랐대요.

수영

Rumex acetosa 시금초, 산시금치, 괴싱아

속씨식물 〉 쌍떡잎식물 〉 마디풀과 　여러해살이풀

↑ 애기수영

← 수영

🐾 **특징** 높이 30~80cm. 줄기는 곧고 세로줄이 있으며 붉은빛을 띤다. 화살촉 모양의 잎이 줄기를 감싸며 어긋난다. 강한 신맛이 나며 씨로 번식한다.

❀ **꽃** 5~6월. 연한 녹색 또는 붉은빛을 띠는 녹색 꽃이 줄기 끝에 핀다. 꽃잎이 없다. 원추꽃차례. 암수딴그루. 꽃받침 6장. 수술 6개, 암술대 3개.

💊 **열매** 8~9월. 세모진 타원형이며 가장자리는 붉고 안쪽은 녹색을 띤다. 씨는 검은갈색이고 반질반질하다.

🪣 **자라는 곳** 산과 들의 풀밭에서 자란다.

☀ **쓰임** 어린잎과 줄기를 나물로 먹고 뿌리는 피부병 등에 약으로 쓴다.

이야기마당 🌙 꽃말은 애정이에요.

싱아

Aconogonum polymorphum 숭애, 넓은잎싱아

속씨식물 〉 쌍떡잎식물 〉 마디풀과 　여러해살이풀

↑ 왜개싱아

← 싱아

🐾 **특징** 높이 1~1.5m. 줄기는 굵고 곧게 서며 가지가 많이 갈라진다. 좁고 긴 잎이 줄기에서 어긋나며 잎 가장자리는 물결 같은 톱니 모양이다. 강한 신맛이 난다. 씨나 포기나누기로 번식한다.

❀ **꽃** 6~8월. 연한 노란색 또는 흰색의 자잘한 꽃이 잎겨드랑이와 줄기 끝에 핀다. 꽃잎이 없다. 원추꽃차례. 꽃받침 5개, 수술 8개.

💊 **열매** 9~10월. 반질반질한 세모꼴로 누런빛이 도는 갈색이다.

🪣 **자라는 곳** 햇볕이 잘 드는 산과 들, 빈터에서 자란다.

☀ **쓰임** 어린잎과 줄기를 먹는다.

이야기마당 🌙 더운 여름날 싱아의 줄기를 잘라 껍질을 벗기고 씹으면 상큼한 신맛이 나서 갈증을 없앨 수 있는데, 이 신맛 때문에 싱아라고 불러요.

범꼬리

Bistorta major var. japonica 범의꼬리

속씨식물 〉 쌍떡잎식물 〉 마디풀과   여러해살이풀

↑ 호범꼬리

← 범꼬리

🐾 **특징** 높이 30~80cm. 뿌리줄기는 굵고 짧으며 잔뿌리가 많다. 잎은 뿌리에서 뭉쳐나거나 줄기에서 어긋나고, 긴 타원형이며 뒷면에 흰빛이 돈다. 씨나 포기나누기로 번식한다. 호범꼬리는 꽃이삭이 굵고 색이 진하며 열매가 세모꼴이다.

✿ **꽃** 7~8월. 원통 모양의 연한 분홍색 또는 흰색 꽃이삭이 긴 꽃대 끝에 달린다. 꽃잎이 없다. 꽃받침 5갈래. 이삭꽃차례. 수술 8개, 암술머리 3갈래. 꿀이 많다.

🥚 **열매** 9~10월. 타원형이고 세로줄이 3개 있다.

🪣 **자라는 곳** 양지바른 산골짜기에서 자란다.

☀ **쓰임** 관상용. 어린잎과 줄기를 먹고 뿌리는 지혈제나 설사약으로 쓴다.

이야기마당 🌱 동물들을 괴롭히던 호랑이가 산신령에게 벌을 받아 꼬리가 잘렸는데, 그 꼬리가 땅에 떨어져 범꼬리가 되었대요.

며느리밑씻개

Persicaria senticosa 사광이아재비

속씨식물 〉 쌍떡잎식물 〉 마디풀과   덩굴성 한해살이풀

↑ 며느리밑씻개

←← 가까이에서 본 꽃
← 며느리밑씻개 줄기

🐾 **특징** 길이 1~2m. 줄기에 4개의 세로줄이 있으며 가지는 붉은빛이 돌고 많이 갈라진다. 줄기와 잎자루에 갈고리 모양의 가시가 아래를 향해 나 있다. 세모꼴의 잎이 어긋나고 양면에 거친 털이 있다. 씨로 번식한다.

✿ **꽃** 8~9월. 꼬리 모양의 연분홍색 꽃이삭이 가지 끝에 달린다. 두상꽃차례. 양성화. 꽃잎이 없고 꽃처럼 보이는 것은 꽃받침이다. 수술 8개, 암술 3개.

🥚 **열매** 9~10월. 구슬 모양이다.

🪣 **자라는 곳** 산과 들의 빈터에서 자란다.

☀ **쓰임** 어린순을 나물로 먹고 류머티즘을 치료하는 약으로도 쓴다.

이야기마당 🌱 옛날에 어떤 시어머니가 며느리를 너무나 미워해서 잔가시가 잔뜩 있는 풀을 며느리에게 주며 밑을 닦을 때 쓰라고 했어요. 그 풀이 바로 며느리밑씻개예요. 꽃말은 시샘, 질투예요.

거북꼬리 *Boehmeria tricuspis* 깨나무

속씨식물 〉 쌍떡잎식물 〉 쐐기풀과　여러해살이풀

↑ 거북꼬리 꽃

← 거북꼬리

🐾 **특징** 높이 1m 정도. 줄기는 뭉툭한 네모꼴로 곧게 서며 한 곳에서 여러 개가 모여난다. 가지는 갈라지고 잎자루와 함께 붉은빛을 띤다. 잎은 마주나며 가장자리가 큰 톱니 모양이다. 잎 끝이 3갈래로 갈라지고 가운데 조각이 꼬리처럼 길게 밖으로 나온다. 씨나 포기나누기, 꺾꽂이로 번식한다.

✳ **꽃** 7~8월. 연한 녹색 꽃이삭이 잎겨드랑이에 달린다. 이삭꽃차례. 암수한그루. 수술 4~5개, 암술대 1개. 암꽃은 여러 개가 작은 공 모양으로 모여 핀다.

🥛 **열매** 6~7월. 긴 타원형이지만 여러 개가 모여 둥글게 보인다. 털이 있으며 연한 녹색이다.

🗑 **자라는 곳** 그늘진 산골짜기에서 자란다.

☀ **쓰임** 어린잎을 먹고 줄기는 섬유로 쓴다.

이야기마당 🐾 잎 모양이 거북의 꼬리를 닮았어요.

쐐기풀 *Urtica thunbergiana*

속씨식물 〉 쌍떡잎식물 〉 쐐기풀과　여러해살이풀

↑ 쐐기풀

↑ 쐐기풀 잎

↑ 쐐기풀 줄기

↑ 큰쐐기풀

🐾 **특징** 높이 40~80cm. 한군데서 여러 대가 나와 자라며, 잎과 줄기에 개미산(폼산)이 들어 있는 가시털이 있어 찔리면 벌에 쏘인 것처럼 쓰리고 아프다. 줄기에 세로 능선이 있다. 잎은 마주나고, 넓은 타원형으로 가장자리는 톱니 모양이다.

✳ **꽃** 7~8월. 원줄기 윗부분 잎겨드랑이에서 나오고, 수꽃은 밑에, 암꽃은 위에 핀다. 꽃잎은 4장이다.

🥛 **열매** 9월 이후. 달걀 모양의 납작한 녹색이다.

🗑 **자라는 곳** 숲 가장자리에서 자란다.

☀ **쓰임** 해독제나 이뇨제, 당뇨병 약으로 쓰인다.

이야기마당 🐾 안데르센 동화 '백조 왕자'에서 엘리제 공주는 마녀인 새 왕비가 오빠들을 백조로 변하게 하자, 마법을 풀기 위해 무덤가 쐐기풀로 옷을 지어 입혀 마침내 다시 사람이 되게 했어요. 그래서 꽃말이 인내, 희생이에요.

명아주 *Chenopodium album var. centrorubrum* 는장이

속씨식물 〉 쌍떡잎식물 〉 명아줏과   한해살이풀

↑↑ 어린 명아주
↑ 명아주의 꽃과 열매

← 명아주

- 🐾 **특징** 높이 1~1.5m. 줄기는 원기둥 모양으로 곧게 자라며 흰색 가루가 덮여 있다. 둥근 세모꼴의 잎이 어긋나고 잎 가장자리는 물결 같은 톱니 모양이다. 씨로 번식한다.
- ✿ **꽃** 7~8월. 연한 녹색의 자잘한 꽃이 가지 끝에 모여 핀다. 꽃잎이 없다. 원추꽃차례. 양성화. 꽃받침 5갈래. 수술 5개, 암술대 2개.
- 🫛 **열매** 8~9월. 둥글납작하며 씨는 검고 반질반질하다.
- 🪣 **자라는 곳** 햇볕이 잘 드는 곳에서 자란다.
- ☀ **쓰임** 어린잎을 나물로 먹고 줄기는 지팡이를 만들거나 습진, 화상 등에 약으로 쓴다.

이야기마당 🌙 명아주 줄기로 만든 지팡이를 '청려장'이라고 하는데 중풍이나 신경통에 아주 좋대요. 꽃말은 거짓, 속임수예요.

비름 *Amaranthus mangostanus* 비듬나물, 새비름, 현채

속씨식물 〉 쌍떡잎식물 〉 비름과   한해살이풀

↑ 비름의 이삭과 씨

← 비름

- 🐾 **특징** 높이 1~1.2m. 줄기가 곧고 굵다. 잎자루가 길고 넓은 달걀 모양의 잎이 어긋난다. 씨로 번식하며 번식력이 강하다.
- ✿ **꽃** 7월. 연한 노란색 꽃이 잎겨드랑이에 모여 핀다. 원추꽃차례. 수술 3개, 암술 1개.
- 🫛 **열매** 8~9월. 타원형이다. 씨는 볼록 렌즈 모양이며 검고 반질반질하다.
- 🪣 **자라는 곳** 들이나 밭에서 자라고 중국 서부와 히말라야에서 심어 기른다. 원산지는 인도이다.
- ☀ **쓰임** 어린순을 나물로 먹고 뿌리는 열을 내리거나 곪은 상처를 가라앉히는 데 쓴다.

이야기마당 🌙 멕시코에서는 비름이 주식의 하나였는데, 고대 도시인 테오티우아칸에서는 기원전 5000년경의 비름이 출토되었대요. 꽃말은 애정이에요.

쇠무릎

Achyranthes japonica 우실, 쇠물팍, 쇠무릎치기, 은실, 마정초

속씨식물 〉 쌍떡잎식물 〉 비름과　여러해살이풀

↑↑쇠무릎 열매
↑쇠무릎 줄기

←쇠무릎

🐾 **특징** 높이 50~100cm. 줄기는 네모꼴로 곧게 자라고 굵은 마디가 있다. 가장자리가 밋밋한 타원형의 잎이 마주나며 잎에 털이 조금 있다. 씨나 포기나누기로 번식한다.

✹ **꽃** 8~9월. 연한 녹색 꽃이삭이 줄기 끝이나 잎겨드랑이에 달린다. 꽃잎이 없다. 이삭꽃차례. 꽃받침 5장. 수술 5개, 암술 1개.

🗋 **열매** 9~10월. 긴 타원형이며 털이나 옷에 잘 달라붙는다.

🪣 **자라는 곳** 들이나 습기 있는 빈터에서 자란다.

☀ **쓰임** 어린잎을 나물로 먹고 전체는 관절염, 신경통 등에 약으로 쓴다.

이야기마당 🌙 줄기의 굵은 마디가 소의 무릎처럼 튀어나와서 쇠무릎이라고 해요.

쇠비름

Portulaca oleracea 돼지풀. 도둑풀, 말비름, 오행초, 장명채

속씨식물 〉 쌍떡잎식물 〉 쇠비름과　한해살이풀

↑쇠비름

←가까이에서 본 꽃

🐾 **특징** 길이 20~30cm. 전체가 통통하고 물기가 많다. 줄기는 붉은갈색이고 가지가 많이 갈라지며 누워 퍼진다. 주걱 모양의 잎이 어긋나거나 마주나며 가지 끝에서는 돌려난 것처럼 보인다. 뿌리는 하얗지만 긁으면 붉은갈색이 된다. 씨나 꺾꽂이로 번식한다.

✹ **꽃** 6~10월. 노란색 꽃이 가지 끝에 피며, 한낮에만 잠시 피었다가 곧 져 버린다. 갈래꽃. 꽃잎 5갈래. 수술 7~12개, 암술 1개.

🗋 **열매** 8월. 거무스름한 타원형이다. 익으면 가운데가 갈라지면서 까만 씨가 나온다.

🪣 **자라는 곳** 밭이나 빈터에서 자란다.

☀ **쓰임** 잎과 줄기를 먹고 해독제로도 쓴다.

이야기마당 🌙 쇠비름은 푸른 잎과 붉은 줄기, 노란 꽃, 흰 뿌리, 검은 씨 등 다섯 가지 색을 가지고 있어서 '오행초'라고도 해요. 쇠비름을 꾸준히 먹으면 나이가 들어도 머리가 희어지지 않는대요.

미국자리공 *Phytolacca amerioana*

속씨식물 〉 쌍떡잎식물 〉 자리공과   여러해살이풀

↑↑ 섬자리공
↑ 미국자리공 열매

← 미국자리공

🐾 **특징** 높이 100~150cm. 줄기에 자줏빛이 돌고 털이 없다. 타원형의 잎이 어긋나며 잎 가장자리가 밋밋하다. 씨나 포기나누기로 번식한다.

✿ **꽃** 6~9월. 붉은빛이 도는 흰색 꽃이삭이 밑으로 늘어진다. 총상꽃차례. 꽃받침 5장. 꽃잎이 없다. 수술 10개, 암술대 10개.

🌰 **열매** 8~10월. 납작하고 둥글며 검붉은색이다. 씨는 검고 반질반질하다.

🪣 **자라는 곳** 숲 가장자리나 길가에 자란다. 원산지는 북아메리카이다.

☀ **쓰임** 뿌리는 신장을 튼튼하게 하는 데 쓴다.

이야기마당 🌙 열매는 붉은 물을 들이거나 잉크 대신으로 썼어요.

족두리풀 *Asarum sieboldii* 민족두리풀, 세신, 족두리

속씨식물 〉 쌍떡잎식물 〉 쥐방울덩굴과   여러해살이풀

↑ 족두리풀

← 가까이에서 본 꽃

🐾 **특징** 높이 5~10cm. 뿌리줄기는 마디가 많고 매운맛이 나며 옆으로 퍼진다. 잎자루가 길고 자주색이다. 줄기 끝에서 심장 모양의 녹색 잎이 2개씩 나며 잎 가장자리는 밋밋하고 뒷면에 잔털이 있다. 씨나 포기나누기로 번식한다.

✿ **꽃** 4~5월. 족두리 모양의 붉은자주색 꽃이 핀다. 꽃잎은 없다. 꽃받침 3갈래. 수술 12개, 암술대 6갈래.

🌰 **열매** 8~9월. 씨앗이 20개 정도 있다.

🪣 **자라는 곳** 기름진 숲 속의 나무 그늘에서 자란다.

☀ **쓰임** 뿌리를 두통이나 소화 불량 등에 약으로 쓰거나 가래삭임에 쓴다.

이야기마당 🌙 꽃 모양이 결혼식 때 신부가 쓰는 족두리와 닮아서 족두리풀이라고 해요.

패랭이꽃 _Dianthus chinensis_ 패랭이, 석죽화, 대란
속씨식물 〉 쌍떡잎식물 〉 석죽과　여러해살이풀

↑ 패랭이꽃

↑ 패랭이(원예종)

↑ 술패랭이

🐾 **특징** 높이 30~50cm. 전체에 흰빛이 돌고 줄기가 모여나와 곧게 자라며 위에서 가지가 갈라진다. 길쭉한 잎이 밑부분에서 합쳐져 줄기를 감싸며 마주나고 잎 가장자리는 밋밋하다. 씨로 번식한다. 술패랭이는 꽃잎이 실처럼 갈라지고 분홍색 꽃이 핀다.

❀ **꽃** 6~8월. 진한 분홍색 꽃이 줄기 끝에 핀다. 꽃잎 끝 부분이 톱니 모양이다. 갈래꽃. 꽃잎 5장. 수술 10개, 암술대 2개.

🔵 **열매** 9~10월. 원기둥 모양이고 끝이 4갈래로 갈라진다.

🪣 **자라는 곳** 건조한 풀밭이나 냇가의 모래땅에서 자란다.

☀ **쓰임** 관상용. 눈병 등에 약으로 쓴다.

이야기마당 🌿 옛날에 사람의 모습을 마음대로 바꿀 수 있는 능력을 가진 왕자가 있었어요. 어느 날 궁궐 밖으로 나간 왕자가 위험에 처했을 때, 한 소녀가 왕자를 구해 줬어요. 왕자는 소녀를 패랭이꽃으로 바꾸어 궁궐로 데려와 결혼했어요. 꽃말은 순결한 사랑이에요.

장구채 _Melandryum firmum_ 여루채, 견경여루채
속씨식물 〉 쌍떡잎식물 〉 석죽과　두해살이풀

← 장구채

↑↑ 울릉장구채
↑ 갯장구채

🐾 **특징** 높이 30~80cm. 마디 부분이 진한 자줏빛을 띤다. 긴 타원형의 잎이 마주나며 털이 있다.

❀ **꽃** 7월. 흰색 꽃이 잎겨드랑이와 줄기 끝에 모여 핀다. 갈래꽃. 꽃잎 5장. 꽃잎 끝이 갈라진다. 수술 10개, 암술대 1개.

🔵 **열매** 8~9월. 긴 달걀 모양이고 끝이 6갈래로 갈라진다. 씨는 갈색이다.

🪣 **자라는 곳** 산과 들에서 자란다.

☀ **쓰임** 어린순을 나물로 먹고 씨는 지혈제로 쓴다.

이야기마당 🌿 가는 줄기가 장구를 치는 채와 닮아서 이름이 장구채예요. 꽃말은 화려함, 감사, 우아함, 변덕이에요.

동자꽃 *Lychnis cognata*

속씨식물 〉 쌍떡잎식물 〉 석죽과   여러해살이풀

↑ 동자꽃

↑ 동자꽃 열매

↑ 흰동자꽃

↑ 제비동자꽃

🐾 **특징** 높이 1m 정도. 줄기는 뭉쳐나와 곧게 자라고 마디가 뚜렷하다. 잎자루가 없고 가장자리가 밋밋한 타원형의 잎이 2개씩 마주나며 잎 전체에 털이 있다. 씨나 포기나누기로 번식한다.

✿ **꽃** 6~7월. 주황색 꽃이 꽃줄기 끝에 1송이씩 핀다. 갈래꽃. 꽃잎 5장. 수술 10개, 암술 5개.

💊 **열매** 8~9월. 강낭콩 모양이다.

🪣 **자라는 곳** 산에서 자란다.

☀ **쓰임** 관상용.

이야기마당 🌙 깊은 산속의 한 암자에 스님과 동자가 살았어요. 추운 겨울날, 마을에 볼일을 보러 갔던 스님은 갑자기 내린 눈 때문에 암자에 돌아가지 못했고 동자는 스님을 기다리다 그만 얼어 죽고 말았지요. 눈이 녹고서야 암자에 돌아온 스님은 동자를 잘 묻어 주었는데 무덤에서 동자의 얼굴을 닮은 꽃이 피었대요. 꽃말은 기다림이에요.

별꽃 *Stellaria media* 아장초

속씨식물 〉 쌍떡잎식물 〉 석죽과   두해살이풀

↑ 별꽃

←← 큰개별꽃
← 긴개별꽃

🐾 **특징** 높이 10~20cm. 줄기에 한 줄로 연한 털이 나고 밑에서 가지가 갈라진다. 가장자리가 밋밋한 달걀 모양의 잎이 2개씩 마주난다. 씨로 번식한다.

✿ **꽃** 5~6월. 별 모양의 흰색 꽃이 가지 끝에 핀다. 양성화. 갈래꽃. 5장의 꽃잎이 반으로 깊게 갈라져 10장처럼 보인다. 수술 1~7개, 암술대 3개.

💊 **열매** 8~9월. 달걀 모양이다.

🪣 **자라는 곳** 길가나 풀밭에서 자란다.

☀ **쓰임** 어린잎과 줄기를 나물로 먹고 사료로도 쓴다.

이야기마당 🌙 옛날에 별을 무척 좋아하는 한 소년이 병에 걸려 일찍 죽고 말았어요. 어머니는 소년이 죽어서도 별을 볼 수 있게 별이 잘 보이는 언덕에 묻어 주었는데, 무덤에서 별을 닮은 작은 꽃이 피어났대요. 꽃말은 순수한 사랑, 밀회예요.

복수초 *Adonis amurensis* 얼음새꽃
속씨식물 〉 쌍떡잎식물 〉 미나리아재빗과   여러해살이풀

↙복수초

↑복수초 열매

🐾 **특징** 높이 15~25cm. 뿌리줄기가 짧고 굵으며 잔뿌리가 많다. 잎은 어긋나고 잘게 갈라진다. 깃꼴겹잎. 독이 있다. 씨나 포기나누기로 번식한다.

❀ **꽃** 3~5월. 노란색 꽃이 줄기나 가지 끝에 1송이씩 핀다. 수술과 암술이 많다.

🔘 **열매** 6~7월. 짧은 털이 있고 여러 개가 모여 둥글게 보인다.

🪣 **자라는 곳** 숲 속의 그늘진 곳에서 자란다.

☀ **쓰임** 관상용. 뿌리를 진통제, 이뇨제 등으로 쓴다.

이야기마당 🌙 복수초는 꽁꽁 언 땅을 뚫고 봄에 가장 먼저 꽃을 피워요. 꽃말은 영원한 행복, 행운을 부른다예요.

할미꽃 *Pulsatilla cernua var. koreana* 노고초, 백두옹
속씨식물 〉 쌍떡잎식물 〉 미나리아재빗과   여러해살이풀

↑할미꽃

↑할미꽃 열매

↑동강할미꽃

🐾 **특징** 높이 25~30cm. 뿌리에서 잎이 뭉쳐나며 잎자루가 길다. 깃꼴겹잎. 작은잎은 5개이며 깊게 갈라진다. 뿌리는 굵고 검은갈색이다. 전체에 흰 솜털이 빽빽이 나 있다.

❀ **꽃** 4~5월. 종 모양의 자주색 꽃이 밑을 향해 핀다. 갈래꽃. 꽃잎처럼 보이는 것은 꽃받침이며 안쪽이 검붉은색이다. 꽃받침 6장. 수술과 암술대가 많다.

🔘 **열매** 5월. 긴 타원형이며 흰 털이 덮여 있다.

🪣 **자라는 곳** 햇볕이 잘 드는 건조한 산기슭이나 무덤가에서 자란다.

☀ **쓰임** 관상용. 뿌리는 진통제나 설사를 멎게 하는 약으로 쓴다.

이야기마당 🌙 옛날에 시집 간 손녀의 집을 찾아가던 할머니가 높은 고개를 넘다 그만 세상을 떠나고 말았어요. 손녀는 슬퍼하며 할머니를 햇볕이 잘 드는 곳에 묻어 드렸는데, 무덤에서 할머니의 머리카락처럼 흰 솜털이 덮이고, 허리가 굽은 꽃이 피어났어요. 사람들은 그 꽃을 할미꽃이라 불렀지요. 꽃말은 슬픔, 추억이에요.

으아리 *Clematis mandshurica* 마음가리나물, 선인초
속씨식물 〉 쌍떡잎식물 〉 미나리아재빗과 덩굴성 여러해살이풀

↑↑으아리 열매
↑큰꽃으아리

←으아리

- 🐾 **특징** 길이 2~5m. 줄기가 다른 물체를 감고 올라간다. 잎자루는 덩굴손처럼 구부러지고 잎은 마주난다. 깃꼴겹잎. 달걀 모양의 작은잎이 5~7개 달린다. 씨나 꺾꽂이로 번식한다.
- ✿ **꽃** 6~8월. 줄기 끝이나 잎겨드랑이에 모여 핀다. 취산꽃차례. 꽃잎처럼 보이는 것은 꽃받침이며 흰색이다. 꽃받침 4~5장. 수술과 암술이 많다.
- 💊 **열매** 9~10월. 달걀 모양이며 털이 난 긴 암술대가 꼬리처럼 달린다.
- 🪴 **자라는 곳** 산기슭과 들에서 자란다.
- ☀ **쓰임** 어린잎은 먹고 뿌리는 통풍 등에 약으로 쓴다.

이야기마당 🌙 꽃말은 아름다운 마음이에요.

노루귀 *Hepatica asiatica* 비단풀
속씨식물 〉 쌍떡잎식물 〉 미나리아재빗과 여러해살이풀

↑↑노루귀 잎
↑분홍색 꽃

←노루귀

- 🐾 **특징** 높이 10cm 정도. 전체에 희고 긴 털이 있으며 잔뿌리가 많다. 뿌리에서 잎이 뭉쳐나고 잎자루가 길다. 잎 가장자리는 3갈래로 갈라지고 갈라진 조각은 달걀 모양이며 뒷면에 솜털이 많다. 씨나 포기나누기로 번식한다. 새끼노루귀의 잎에는 흰 얼룩이 있다.
- ✿ **꽃** 4월. 잎보다 먼저 나온 꽃줄기 끝에 1송이씩 핀다. 꽃잎처럼 보이는 것은 꽃받침이며 보라색, 흰색, 분홍색, 자주색 등이 있다. 꽃받침 6~8장. 수술과 암술이 많다.
- 💊 **열매** 6월. 긴 물방울 모양이며 잔털이 많이 나 있다.
- 🪴 **자라는 곳** 숲 속에서 자란다.
- ☀ **쓰임** 관상용. 전체를 진통제로 쓴다.

이야기마당 🌙 꽃이 진 후 나오는 잎이 하얀 털이 나 있는 노루의 귀와 닮아서 노루귀라고 해요. 꽃말은 신뢰예요.

꿩의다리 *Thalictrum aquilegifolium*

속씨식물 〉 쌍떡잎식물 〉 미나리아재빗과   여러해살이풀

⬅ 꿩의다리

⬆ 꿩의다리 열매

🐾 **특징** 높이 50~100cm. 줄기는 곧고 가지가 갈라지며 속이 비어 있다. 깃꼴겹잎. 작은잎은 달걀을 거꾸로 세운 모양이고 끝이 둥글며 3~4갈래로 갈라진다. 씨나 포기나누기로 번식한다.

✿ **꽃** 7~8월. 흰색 또는 연한 보라색 꽃이 줄기 끝에서 갈라진 잔가지에 핀다. 산방꽃차례. 꽃잎이 없으며 붉은색 꽃받침은 꽃이 피면 바로 떨어진다. 꽃받침 4~5장. 수술이 많다. 암술 3~5개.

💊 **열매** 9~10월. 5~10개가 모여 달려 밑으로 처진다. 타원형이며 3~4군데 날개 모양으로 튀어나온다.

🪣 **자라는 곳** 산기슭이나 풀밭에서 자란다.

☀ **쓰임** 어린잎과 줄기를 나물로 먹고, 감기나 두드러기, 설사 등에 약으로 쓰기도 한다.

투구꽃 *Aconitum jaluense*

속씨식물 〉 쌍떡잎식물 〉 미나리아재빗과   여러해살이풀

⬅ 투구꽃

⬆ 흰색 꽃

🐾 **특징** 높이 1m 정도. 줄기는 곧게 서며 잎자루가 길고 잎은 어긋난다. 잎은 3~5갈래 깊게 갈라진 손바닥 모양이며 가장자리는 톱니 모양이다. 뿌리는 굵고 독성이 강하다. 씨나 포기나누기로 번식한다.

✿ **꽃** 9월. 투구 모양의 보라색 또는 흰색 꽃이 핀다. 총상꽃차례. 갈래꽃. 꽃잎 2장. 꽃받침 5장. 수술이 많다. 암술 3갈래.

💊 **열매** 10월. 타원형이고 3개가 붙어 있다.

🪣 **자라는 곳** 깊은 산속에서 자란다.

☀ **쓰임** 관상용. 뿌리는 종기에 약으로 쓰거나 진통제로 쓴다.

이야기마당 🐾 투구꽃은 옛날에 치열한 전쟁이 일어났던 자리에서 강한 독을 품고 피어난 꽃이래요. 꽃말은 사람을 싫어한다예요.

백부자 *Aconitum koreanum* 노랑돌쩌귀, 오독도기
속씨식물 〉 쌍떡잎식물 〉 미나리아재빗과   여러해살이풀

↑↑ 가까이에서 본 꽃
↑ 백부자의 말린 뿌리

← 백부자

🐾 **특징** 높이 1m 정도. 줄기가 곧게 서고 잎은 어긋나며 3~5갈래로 깊게 갈라져서 다시 가늘게 갈라진다. 뿌리는 굵고 2~3갈래로 갈라지며 강한 독이 있다. 씨나 포기나누기로 번식한다.

✿ **꽃** 7~8월. 흰색 바탕에 자줏빛이 도는 꽃, 연한 노란색 꽃 등이 가지 위쪽의 잎겨드랑이나 줄기 끝에 핀다. 꽃자루에 털이 빽빽이 난다. 총상꽃차례. 갈래꽃. 꽃잎처럼 보이는 꽃받침 속에 꽃잎이 2장 들어 있다. 꽃받침 5장. 수술이 많다. 암술 3갈래.

🫛 **열매** 8~9월. 3갈래로 갈라진 뿔 모양이다.

🪣 **자라는 곳** 산골짜기나 산기슭에서 자란다.

☀ **쓰임** 뿌리를 진통제로 쓴다.

이야기마당 🌙 꽃말은 아름답게 빛나다예요.

매발톱꽃 *Aquilegia buergeriana* var. *oxysepala* 매발톱
속씨식물 〉 쌍떡잎식물 〉 미나리아재빗과   여러해살이풀

↑ 매발톱꽃

↑ 매발톱꽃 열매
↑ 하늘매발톱꽃
↑ 흰매발톱꽃

🐾 **특징** 높이 50~100cm. 뿌리에서 나는 잎은 잎자루가 길고 작은잎이 3개이다. 겹잎. 줄기에 달린 잎은 위로 갈수록 잎자루가 짧아진다. 독이 있고 씨로 번식한다.

✿ **꽃** 6~7월. 자줏빛을 띤 갈색 꽃이 가지 끝에서 밑을 향해 핀다. 꽃 뒷부분이 길게 튀어나와 구부러진 것이 매의 발톱처럼 보인다. 꽃잎처럼 생긴 붉은갈색 꽃받침이 있다. 꽃받침 5장. 갈래꽃. 수술이 많다. 암술 5개.

🫛 **열매** 8~9월. 좁고 긴 왕관 모양이다.

🪣 **자라는 곳** 햇볕이 잘 드는 숲에서 자라고 꽃밭에 심어 기르기도 한다. 원산지는 우리나라이다.

☀ **쓰임** 관상용.

이야기마당 🌙 매발톱꽃을 가지고 있으면 들어온 복을 꽉 움켜질 수 있대요. 꽃말은 솔직함, 승리의 맹세예요.

미나리아재비
Ranunculus japonicus 놋동이, 자래초, 바구지
속씨식물 〉 쌍떡잎식물 〉 미나리아재빗과   여러해살이풀

↑미나리아재비

←←미나리아재비 꽃
←미나리아재비
열매

* **특징** 높이 40~60cm. 줄기는 속이 비어 있고 곧게 자라며 전체에 흰색 털이 있다. 뿌리에서 나는 잎은 잎자루가 길고, 3~5갈래로 깊게 갈라지며 가장자리는 톱니 모양이다. 줄기의 잎은 잎자루가 없고 3갈래로 갈라진다. 씨나 포기나누기로 번식한다.
* **꽃** 5~6월. 진한 노란색 꽃이 꽃줄기 끝에 여러 송이 핀다. 갈래꽃. 꽃잎 5장. 꽃받침 5장. 수술과 암술이 많다.
* **열매** 7~8월. 덩어리를 이루며 모여 달린다.
* **자라는 곳** 산과 들의 습하고 햇볕이 잘 드는 곳에서 자란다.
* **쓰임** 어린순을 먹고 설사, 구토를 멎게 하는 약으로도 쓴다.

이야기마당 🌙 미나리아재비는 독이 있고 입안이 얼얼할 정도로 쓴맛이 나요. 옛날에는 화살촉에 바르는 독약으로 썼대요. 꽃말은 천진난만함이에요.

붓꽃
Iris nertschinskia 난초, 계손, 수창포, 창포붓꽃
속씨식물 〉 외떡잎식물 〉 붓꽃과   여러해살이풀

←붓꽃

↑↑타래붓꽃
↑금붓꽃

* **특징** 높이 30~50cm. 줄기는 모여나고 밑부분에는 붉은갈색의 섬유가 있다. 가늘고 긴 칼 모양의 잎이 모여난다. 땅속줄기가 옆으로 뻗으면서 새싹이 나오고 씨나 포기나누기로 번식한다.
* **꽃** 5~6월. 그물 모양이 있는 보라색 꽃이 꽃줄기 끝에 2~3송이씩 핀다. 수술 3개, 암술 1개.
* **열매** 7~8월. 삼각기둥 모양이고 갈색이다.
* **자라는 곳** 햇볕이 잘 드는 산과 들에서 자란다. 원산지는 우리나라, 일본, 아시아 북부이다.
* **쓰임** 관상용. 씨와 땅속줄기는 편도선, 폐결핵 등에 약으로 쓴다.

이야기마당 🌙 겸손을 모르고 자신의 칼 솜씨를 뽐내다 스승에게 목숨을 잃은 청년의 넋이 붓꽃이 되었대요. 그래서 붓꽃은 칼 모양의 잎에 싸여 있지요. 꽃말은 기쁜 소식, 신비한 사랑이에요.

현호색 *Corydalis turtschaninovii*

속씨식물 〉 쌍떡잎식물 〉 현호색과　여러해살이풀

↑↑ 현호색 뿌리
↑ 들현호색

← 현호색

🐾 **특징** 높이 15~20cm. 둥근 덩이줄기가 있다. 잎자루가 길고 잎은 어긋나며 2~3개씩 1~2회 갈라진다. 겹잎.

❀ **꽃** 4~5월. 입술 모양의 연한 보라색 또는 분홍색 꽃이 줄기와 가지 끝에 5~10송이씩 핀다. 꽃송이의 뒷부분은 뿔처럼 튀어나온다. 총상꽃차례. 갈래꽃. 수술 6개, 암술 1개.

🍥 **열매** 7~8월. 긴 타원형이며 익으면 저절로 벌어져서 씨가 땅에 떨어진다.

🗑 **자라는 곳** 산의 습기 있는 곳에서 자란다.

☀ **쓰임** 관상용. 덩이줄기를 약으로 쓴다.

이야기마당 🌙 봄을 기다리던 꽃들은 겨울이 다 갔는지 밖에 나가 알아볼 대표로 현호색을 뽑았어요. 그러고는 현호색에게 투구 모양의 긴 고깔 꽃과 식량으로 쓸 덩이줄기, 방패 모양의 잎을 선물로 주었대요. 꽃말은 용맹, 승리예요.

산괴불주머니 *Corydalis speciosa*

속씨식물 〉 쌍떡잎식물 〉 현호색과　두해살이풀

↑ 눈괴불주머니 꽃

← 산괴불주머니

🐾 **특징** 높이 20~50cm. 흰빛이 도는 녹색이며 줄기는 곧게 서고 속이 비어 있다. 가지가 많이 갈라지고 잎은 어긋난다. 깃꼴겹잎. 씨로 번식한다.

❀ **꽃** 4~7월. 입술 모양의 노란색 꽃이 촘촘히 모여 핀다. 뿔처럼 긴 꽃송이의 뒷부분은 꿀주머니이다. 총상꽃차례. 갈래꽃. 꽃잎 2장. 수술 6개, 암술 1개.

🍥 **열매** 8~9월. 긴 꼬투리 모양이며 씨는 둥글고 검다.

🗑 **자라는 곳** 산이나 밭 근처의 습기가 많은 곳에서 자란다.

☀ **쓰임** 통증을 멎게 하는 약으로 쓴다.

이야기마당 🌙 고운 비단 헝겊을 세모나게 접어서 속에 솜을 넣고 그 위에 수를 놓아 만든 노리개인 괴불주머니를 닮았다고 이름이 산괴불주머니예요.

깽깽이풀 *Jeffersonia dubia* 황련, 조선황련

속씨식물 〉 쌍떡잎식물 〉 매자나뭇과　여러해살이풀

깽깽이풀

- **특징** 높이 20cm 정도. 원뿌리는 짧고 단단하며 수염뿌리가 많다. 꽃이 진 다음 둥근 잎이 뿌리에서 모여나며 잎 가장자리는 물결 모양이다. 씨나 포기나누기로 번식한다.
- **꽃** 4~5월. 1~2개의 꽃줄기가 잎보다 먼저 나와 끝에 붉은색 꽃이 1송이씩 핀다. 갈래꽃. 꽃잎 6~8장. 수술 8개, 암술 1개.
- **열매** 7월. 넓은 타원형이며 끝이 부리 모양이다. 씨는 검고 반질반질한 타원형이다.
- **자라는 곳** 산 중턱 아래의 골짜기에서 자란다. 원산지는 우리나라이다.
- **쓰임** 관상용. 뿌리는 소화를 돕는 약으로 쓴다.

삼지구엽초 *Epimedium koreanum* 음양곽, 닻꽃

속씨식물 〉 쌍떡잎식물 〉 매자나뭇과　여러해살이풀

↑삼지구엽초

← 가까이에서 본 꽃

- **특징** 높이 30cm 정도. 줄기 윗부분이 3개의 가지로 갈라지고 각각의 가지에 3개의 잎이 달린다. 뿌리에서는 잎이 뭉쳐나고, 줄기에 달리는 잎은 가장자리가 가시처럼 가는 톱니 모양이다. 땅속줄기가 옆으로 뻗거나 포기나누기로 번식한다.
- **꽃** 5월. 연한 노란색 꽃이 밑을 향해 핀다. 갈래꽃. 꽃잎 4장. 꽃받침 8개. 수술 4개, 암술 1개.
- **열매** 8월. 긴 타원형이다.
- **자라는 곳** 산골짜기나 산기슭의 나무 그늘에서 자란다.
- **쓰임** 잎과 뿌리, 줄기를 신경쇠약이나 건망증 등에 약으로 쓴다.

이야기마당 🌙 옛날 중국에 한 양치기 노인이 있었어요. 어느 날 양들이 이상한 풀을 먹고 기운이 넘치는 것을 본 노인은 그 풀을 먹어 보았어요. 그랬더니 기운이 넘치는 젊은이로 되돌아갔는데 그 풀이 삼지구엽초였대요. 꽃말은 당신을 붙잡다예요.

애기똥풀

Chelidonium majus var. asiaticum 까치다리, 아기똥풀, 젖풀

속씨식물 〉 쌍떡잎식물 〉 양귀비과   두해살이풀

↑애기똥풀

←←가까이에서 본 꽃
←줄기에서 나오는
노란색 즙

🐾 **특징** 높이 30~80cm. 전체에 흰색 털이 나고 줄기 속이 비어 있으며 잎은 어긋난다. 깃꼴겹잎. 잎 가장자리는 둔한 톱니 모양이고 뒷면은 흰색이다. 줄기와 잎을 자르면 노란색 즙이 나온다. 독이 있고 씨로 번식한다.

✿ **꽃** 5~8월. 노란색 꽃이 핀다. 산형꽃차례. 갈래꽃. 꽃잎 4장. 수술이 많다. 암술 1개.

🫛 **열매** 9월. 바늘 모양이고 열매가 익으면 벌어져서 씨가 땅에 떨어진다.

🪣 **자라는 곳** 숲 가장자리 또는 길가나 빈터에서 자란다.

☀ **쓰임** 통증을 멎게 하는 약으로 쓴다.

이야기마당 🌙 잎이나 줄기를 자르면 나오는 노란 즙이 어린아이의 똥 같아서 애기똥풀이라고 해요.

양귀비

Papaver somniferum 약담배, 아편꽃

속씨식물 〉 쌍떡잎식물 〉 양귀비과   두해살이풀

↑양귀비의 꽃과
열매

←←가까이에서
본 꽃
←두메양귀비

🐾 **특징** 높이 50~150cm. 윗부분에서 가지가 갈라지고 흰빛을 띤다. 끝이 뾰족한 잎이 어긋나며 잎 가장자리는 날카로운 톱니 모양이다. 씨로 번식한다.

✿ **꽃** 5~6월. 흰색, 노란색, 붉은색, 자주색 등의 꽃이 줄기 끝에 1송이씩 핀다. 갈래꽃. 꽃잎 4장. 수술이 많다. 암술 1개.

🫛 **열매** 7~8월. 연두색 항아리 모양이며 익으면 윗부분의 구멍에서 검은색 씨가 나온다.

🪣 **자라는 곳** 밭에 심어 기르지만, 마약의 원료이므로 함부로 기를 수 없다. 원산지는 지중해 연안 또는 소아시아이다.

☀ **쓰임** 관상용. 열매는 배탈이나 설사에 약으로 쓰며 아편을 만들기도 한다.

이야기마당 🌙 당나라 현종의 황후이자 중국 최고의 미인으로 일컬어지는 양귀비에 비길 만큼 아름다운 꽃이라서 양귀비라 불러요. 꽃말은 위안, 망각, 망상이에요.

돌나물

Sedum sarmentosum 돈나물

속씨식물 〉 쌍떡잎식물 〉 돌나물과 여러해살이풀

↑돌나물

←←돌나물 꽃
←바위채송화

🐾 **특징** 높이 10~15cm. 줄기는 땅 위를 기며 마디에서 뿌리가 내린다. 잎자루가 없고 잎은 통통한 타원형으로 보통 3개씩 돌려난다. 독특한 향기와 맛이 난다. 몸속에 많은 물이 저장되어 있어 햇볕과 가뭄을 잘 이겨 내며 생명력이 강하다. 씨나 포기나누기, 꺾꽂이로 번식한다. 말똥비름은 잎이 어긋나고 열매를 맺지 않는다.

🌸 **꽃** 5~6월. 별 모양의 노란색 꽃이 핀다. 갈래꽃. 꽃잎 5장. 꽃받침 5장. 수술 10개, 암술 5개.

💊 **열매** 8월. 별 모양이다.

🪣 **자라는 곳** 습기 있는 곳에서 자란다.

☀️ **쓰임** 나물이나 물김치를 만들어 먹고, 해독제로 쓰거나 타박상 등에 약으로 쓴다.

이야기마당 🌿 바위나 돌 틈에서 주로 자라기 때문에 돌나물이라고 해요.

바위솔

Orostachys japonicus 와송, 지붕지기

속씨식물 〉 쌍떡잎식물 〉 돌나물과 여러해살이풀

↑둥근바위솔 꽃

←바위솔

🐾 **특징** 높이 30cm 정도. 전체에 물기가 많고 통통하다. 여러해살이풀이지만 꽃이 피고 열매를 맺으면 죽는다. 뿌리에서 나는 잎은 방석처럼 퍼지며 끝이 가시처럼 뾰족하고 딱딱하다. 줄기에서는 잎자루가 없고 통통한 잎이 돌려나며 끝이 딱딱해지지 않는다. 씨나 꺾꽂이로 번식한다.

🌸 **꽃** 9월. 흰색 꽃이 촘촘히 모여 피어 탑 모양을 이룬다. 갈래꽃. 꽃잎 5장. 수술 10개, 암술 5개.

💊 **열매** 10월. 씨는 검다.

🪣 **자라는 곳** 산의 바위나 기와 지붕에 붙어서 자란다.

☀️ **쓰임** 관상용. 잎을 습진에 약으로 쓴다.

이야기마당 🌿 기와 지붕 위에서 잘 자라고 꽃 모양이 소나무 꽃과 비슷해서 '지붕지기' 또는 '와송'이라고 해요. 꽃말은 집안일에 부지런함이에요.

기린초 *Sedum kamtschaticum*
속씨식물 〉 쌍떡잎식물 〉 돌나물과   여러해살이풀

↑기린초

←가까이에서
본 꽃
←섬기린초

🐾 **특징** 높이 5~30cm. 줄기는 모여나고 원기둥 모양으로 곧게 자라며 뿌리가 굵다. 잎자루가 없고 줄기에서 길고 둥근 잎이 어긋난다. 잎은 통통하고 물기가 많으며 가장자리는 둔한 톱니 모양이다. 씨나 포기나누기로 번식한다. 이 밖에도 가는기린초, 울릉도나 설악산에서 자라는 섬기린초 등이 있다.

✿ **꽃** 6~7월. 줄기 끝에 노란색 꽃이 핀다. 갈래꽃. 꽃잎 5장. 꽃받침 5장. 수술 10개, 암술 5개.

🫛 **열매** 9월. 왕관 모양이다.

🪣 **자라는 곳** 우리나라 중부 이남의 산이나 바위 옆에서 자라고 꽃밭에 심어 기르기도 한다.

☀ **쓰임** 관상용. 어린잎을 나물로 먹는다.

꽃다지 *Draba nemorosa var. hebecarpa*
속씨식물 〉 쌍떡잎식물 〉 십자화과   두해살이풀

↑꽃다지

←꽃다지 열매

🐾 **특징** 높이 10~20cm. 전체에 흰색 털이 빽빽이 난다. 뿌리에서 주걱 모양의 잎이 뭉쳐나와 방석처럼 퍼지고 이듬해에 줄기가 자란다. 줄기에서는 잎이 어긋나며 잎 가장자리는 톱니 모양이다. 씨로 번식한다.

✿ **꽃** 4~6월. 노란색 꽃이 모여 핀다. 갈래꽃. 꽃잎 4장. 꽃받침 4장. 수술 6개, 암술 1개.

🫛 **열매** 7~8월. 길고 편평한 타원형이며 전체에 털이 있다.

🪣 **자라는 곳** 햇볕이 잘 드는 들이나 풀밭에서 자란다.

☀ **쓰임** 어린잎을 나물이나 국거리로 먹는다.

이야기마당 🌙 노란 꽃이 서로 의지하며 다닥다닥 붙어서 핀다고 하여 꽃다지라고 한답니다.

냉이

Capsella bursa-pastoris 나생이, 나승게

속씨식물 〉 쌍떡잎식물 〉 십자화과   두해살이풀

↑↑냉이의 로제트
↑ 냉이 열매

↑ 냉이
←←다닥냉이
←논냉이

- 🐾 **특징** 높이 10~50cm. 전체에 털이 있다. 두 해살이지만, 첫해에는 줄기가 자라지 않고 잎이 뭉쳐나와 방석처럼 퍼진다. 겨울에 기온이 낮아지면 잎은 자주색으로 변한다. 이 듬해 봄에 줄기가 길게 자라면서 꽃이 핀다. 뿌리에서 나는 잎은 깃꼴로 깊게 갈라지고 줄기에서는 타원형의 잎이 어긋난다. 뿌리는 곧고 희며 쌉쌀한 맛과 독특한 향기가 난다. 씨로 번식한다.
- ✱ **꽃** 5~6월. 작고 흰 꽃이 층층으로 피어 올라간다. 총상꽃차례. 갈래꽃. 꽃잎 4장. 꽃받침 4장. 수술 6개, 암술 1개.
- 💊 **열매** 6~7월. 납작한 삼각형이며 녹색이다.
- 🗑 **자라는 곳** 들이나 빈터, 풀밭에서 자란다.
- ☀ **쓰임** 어린잎과 뿌리를 나물이나 국거리로 먹고 이뇨제로도 쓴다.

이야기마당 🐚 꽃말은 당신에게 모든 것을 맡깁니다예요.

말냉이

Thlaspi arvense

속씨식물 〉 쌍떡잎식물 〉 십자화과   두해살이풀

↑ 말냉이 열매

← 말냉이

- 🐾 **특징** 높이 20~60cm. 잿빛이 도는 녹색이며 줄기에 세로줄이 있다. 뿌리에서 잎자루가 긴 넓은 주걱 모양의 잎이 뭉쳐나와 꽃이 필 때쯤 말라 버린다. 줄기에서는 긴 타원형의 잎이 줄기를 감싸며 어긋난다. 잎 가장자리는 톱니 모양이다. 씨로 번식한다.
- ✱ **꽃** 5월. 자잘한 흰색 꽃이 촘촘히 돌려 핀다. 총상꽃차례. 갈래꽃. 꽃잎 4장. 수술 6개, 암술 1개.
- 💊 **열매** 7~8월. 동글납작한 부채 모양이며 둘레에 날개가 있다. 씨에 주름이 있다.
- 🗑 **자라는 곳** 밭이나 논두렁에서 자란다.
- ☀ **쓰임** 어린잎을 나물로 먹는다.

뱀딸기 *Duchesnea chrysantha*
속씨식물 〉 쌍떡잎식물 〉 장미과　여러해살이풀

↑뱀딸기

←뱀딸기 열매

🐾 **특징** 길이 50~70cm. 줄기에 긴 털이 있고 잎은 어긋나며 3개의 작은잎이 달린다. 겹잎. 작은잎 가장자리는 톱니 모양이다. 기는 줄기가 옆으로 뻗으며 줄기 마디에서 뿌리가 내리거나 포기나누기로 번식한다.

✿ **꽃** 4~5월. 노란색 꽃이 잎겨드랑이에서 나온 긴 꽃대 끝에 1송이씩 핀다. 갈래꽃. 꽃잎 5장. 수술과 암술이 많다.

🫐 **열매** 6월. 둥근 공 모양이며 붉은색이다.

🪣 **자라는 곳** 습기가 있고 햇볕이 잘 드는 곳에서 자란다.

☀ **쓰임** 열매를 먹는다.

이야기마당 🌙 뱀딸기는 원래 예쁜 꽃과 맛있는 열매를 가지고 있었어요. 그런데 자신의 아름다움만을 믿고 자만하다가 산신령에게 벌을 받아 열매의 맛을 빼앗기고, 뱀처럼 땅을 기어다니게 되었대요. 꽃말은 허영심이에요.

양지꽃 *Potentilla fragarioides var. major*
속씨식물 〉 쌍떡잎식물 〉 장미과　여러해살이풀

↑양지꽃

←←가까이에서
본 꽃
←세잎양지꽃

🐾 **특징** 높이 10~30cm. 뿌리에서 줄기와 잎이 모여나며 흰색 털로 덮여 있다. 깃꼴겹잎. 작은잎은 5~9개로, 타원형이며 끝으로 갈수록 커지고 가장자리는 톱니 모양이다. 기는줄기에서 뿌리가 내려 번식한다.

✿ **꽃** 3~6월. 노란색 꽃이 잔가지마다 핀다. 갈래꽃. 꽃잎 5장. 수술과 암술이 많다.

🫐 **열매** 5~7월. 달걀 모양이다.

🪣 **자라는 곳** 산기슭이나 풀밭 등 습기가 있고 햇볕이 잘 드는 곳에서 자란다. 원산지는 우리나라이다.

☀ **쓰임** 관상용. 어린잎을 나물로 먹는다.

이야기마당 🌙 이른 봄에 햇볕이 잘 드는 곳에서 돋아나 햇빛처럼 환한 노란색 꽃을 피우기 때문에 양지꽃이라고 불러요.

오이풀 *Sanguisorba officinalis* 외순나물

속씨식물 〉 쌍떡잎식물 〉 장미과   여러해살이풀

↑↑ 가까이에서 본 꽃
↑ 산오이풀

← 오이풀

- 🐾 **특징** 높이 1m 정도. 줄기는 곧게 자라고 윗부분에서 갈라진다. 뿌리에서 나는 잎은 깃꼴겹잎이며 타원형의 작은잎이 5~11개 달리고 가장자리는 톱니 모양이다. 줄기에 달리는 잎은 작고 깃꼴로 갈라진다. 잎을 자르거나 비비면 오이 냄새가 난다. 씨나 포기나누기로 번식한다.
- 🌸 **꽃** 6~9월. 원통 모양의 검붉은색 또는 흰색 꽃이삭이 달리며 꽃잎은 없다. 이삭꽃차례. 꽃받침 5장. 수술 4개, 암술 1개.
- 🍶 **열매** 9~10월. 사각형이며 검붉은색이다.
- 🪣 **자라는 곳** 산과 들의 풀밭에서 자란다.
- ☀️ **쓰임** 어린잎을 나물로 먹고 뿌리는 열을 내리거나 피를 멎게 하는 약으로 쓴다.

이야기마당 🌙 꽃말은 변화, 흐르는 세월이에요.

짚신나물 *Agrimonia pilosa*

속씨식물 〉 쌍떡잎식물 〉 장미과   여러해살이풀

↑↑ 짚신나물 꽃
↑ 짚신나물 열매

← 짚신나물

- 🐾 **특징** 높이 30~100cm. 전체에 거친 털이 많고 잎은 어긋나며 작은잎이 5~7개 달린다. 깃꼴겹잎. 작은잎은 끝이 날카롭고 가장자리는 거친 톱니 모양이며 크기가 고르지 않다. 잎자루 아래의 턱잎은 반달 모양이다. 씨나 포기나누기로 번식한다.
- 🌸 **꽃** 6~8월. 노란색 꽃이 줄기와 가지 끝에 이삭 모양을 이루며 모여 핀다. 총상꽃차례. 갈래꽃. 꽃잎 5장. 수술 5~10개, 암술 1개.
- 🍶 **열매** 7~9월. 짚신 모양이며 꽃받침에 싸여 있다. 꽃받침에 갈고리 모양의 털이 있어서 다른 물체에 잘 달라붙는다.
- 🪣 **자라는 곳** 숲 속이나 길가에서 흔히 자란다.
- ☀️ **쓰임** 어린잎을 나물로 먹고 잎과 줄기는 암 치료나 피를 멎게 하는 데 쓴다.

이야기마당 🌙 성악가들은 짚신나물을 달여 마시며 목을 보호한대요.

갈퀴나물   *Vicia amoena*   말굴레풀, 산완두, 녹두루미, 말너울, 산흑두

속씨식물 〉 쌍떡잎식물 〉 콩과   덩굴성 여러해살이풀

↑ 갈퀴나물

←← 넓은잎갈퀴
← 광릉갈퀴

- 🐾 **특징** 길이 80~180cm. 전체에 털이 있고 줄기는 네모꼴이다. 잎은 어긋나며 갈퀴처럼 생긴 덩굴손으로 다른 물체를 감고 올라간다. 깃꼴겹잎. 긴 타원형의 작은잎이 10~16개 달린다. 씨나 뿌리로 번식한다.
- ✿ **꽃** 6~9월. 나비 모양의 붉은자주색 꽃이 잎겨드랑이에서 나온 꽃대 끝에 모여 핀다. 총상꽃차례. 갈래꽃. 꽃잎 4장. 수술 10개, 암술 1개.
- ◖ **열매** 8~10월. 납작하고 긴 타원형 꼬투리이다.
- 🗑 **자라는 곳** 들이나 산에서 자란다.
- ☀ **쓰임** 어린순을 나물로 먹거나 가축 사료로 쓰고 류머티즘, 근육통 등에 약으로 쓴다.

이야기마당 🌙 잎 끝이 변한 덩굴손이 갈퀴와 비슷하여 갈퀴나물이라고 해요.

도둑놈의갈고리   *Desmodium oxyphyllum*   도독놈의갈고리

속씨식물 〉 쌍떡잎식물 〉 콩과   여러해살이풀

← 도둑놈의갈고리

↑↑ 도둑놈의갈고리의 잎과 열매
↑ 가까이에서 본 열매

- 🐾 **특징** 높이 60~90cm. 줄기는 곧게 자라고 검은빛을 띠며 털이 있다. 잎은 어긋나고 타원형의 작은잎이 3개 달린다. 깃꼴겹잎. 씨로 번식한다. 큰도둑놈의갈고리는 작은잎이 5~7개이고 작은잎 끝이 날카로우며 높이가 1~1.5m 정도이다.
- ✿ **꽃** 7~8월. 나비 모양의 연한 분홍색 꽃이 잎겨드랑이에서 나온 꽃대에 핀다. 총상꽃차례. 갈래꽃. 꽃잎 4장. 수술 10개, 암술 1개.
- ◖ **열매** 9~10월. 안경 모양의 꼬투리이며 갈고리 같은 가시가 있다.
- 🗑 **자라는 곳** 산과 들에서 자란다.
- ☀ **쓰임** 가축 사료로 쓴다.

이야기마당 🌙 열매에 있는 갈고리 모양의 털로 옷에 몰래 붙어서 따라다니기 때문에 도둑놈의갈고리라고 해요. 꽃말은 살짝 전해 준 마음이에요.

토끼풀

Trifolium repens 클로버, 흰토끼풀

속씨식물 〉 쌍떡잎식물 〉 콩과　여러해살이풀

↑ 토끼풀

←← 가까이에서
본 꽃
← 붉은토끼풀

🐾 **특징** 높이 10~20cm. 줄기가 땅을 기며 뻗는다. 둥근 타원형의 작은잎이 3개씩 달리며 잎 가장자리는 잔톱니 모양이다. 기는줄기 마디에서 뿌리가 내리거나 씨로 번식한다.

✿ **꽃** 6~7월. 흰색 꽃이 긴 꽃대 끝에 둥글게 모여 핀다. 산형꽃차례. 갈래꽃. 꽃잎 4장. 수술 10개, 암술 1개. 꽃이 시들어도 떨어지지 않고 열매를 둘러싼다.

🥫 **열매** 9월. 짧은 꼬투리 속에 씨가 3~6개 들어 있다.

🪣 **자라는 곳** 풀밭이나 길가에서 자란다. 원산지는 유럽이다.

☀ **쓰임** 가축 사료로 쓴다.

이야기마당 🌙 토끼풀은 '클로버'라고도 하는데 대부분 작은잎이 세 개예요. 그런데 나폴레옹이 우연히 발견한 네잎클로버로 인해 목숨을 구한 뒤부터 네잎클로버는 행운을 상징하게 되었어요. 세잎클로버의 꽃말은 약속, 나를 생각해 주오이고, 네잎클로버는 행운, 행복이에요.

매듭풀

Kummerowia striata 수박풀, 매돕풀

속씨식물 〉 쌍떡잎식물 〉 콩과　한해살이풀

← 매듭풀

↑ 매듭풀의 꽃과 잎

🐾 **특징** 높이 10~30cm. 줄기는 곧게 서고 밑부분에서 가지가 많이 갈라지며 잔털이 있다. 잎은 어긋나며 잎자루가 짧고 타원형의 작은잎 3개가 달린다. 겹잎. 전체를 비비거나 두드리면 수박 냄새가 난다. 씨로 번식한다.

✿ **꽃** 8~9월. 나비 모양의 연한 붉은색 꽃이 잎겨드랑이에 1~2송이씩 핀다. 갈래꽃. 꽃잎 4장. 수술 10개, 암술 1개.

🥫 **열매** 10월. 둥근 꼬투리이다.

🪣 **자라는 곳** 길가나 빈터에서 자란다.

☀ **쓰임** 가축 사료로 쓴다.

이야기마당 🌙 잎을 양쪽에서 잡아당기면 V자 모양으로 잘리기 때문에 잎 모양맞추기 놀이를 하면 재미있어요.

고삼 *Sophora flavescens* 도둑놈의지팡이, 너삼
속씨식물 〉 쌍떡잎식물 〉 콩과　여러해살이풀

↑고삼 열매

←고삼

- 🐾 **특징** 높이 80~120cm. 줄기는 곧고 녹색을 띠며 전체에 짧은 노란색 털이 있다. 잎은 어긋나며 잎자루가 길고 작은잎이 14~40개 달린다. 깃꼴겹잎. 뿌리는 굵고 쓴맛이 난다. 씨로 번식한다.
- ✿ **꽃** 6~8월. 나비 모양의 연한 노란색 꽃이 한쪽 방향으로 촘촘히 모여 핀다. 총상꽃차례. 갈래꽃. 꽃잎 4장. 수술 10개, 암술 1개. 꽃받침은 통처럼 생겼고 끝이 5갈래로 얕게 갈라지며 겉에 털이 있다.
- 💊 **열매** 9~10월. 원통형의 긴 꼬투리이며 콩 꼬투리처럼 씨와 씨 사이가 잘록하다.
- 🪣 **자라는 곳** 햇볕이 잘 드는 풀밭에서 자란다.
- ☀ **쓰임** 뿌리는 통증을 멎게 하거나 소화를 돕는 약으로 쓰고 줄기와 잎은 살충제로 쓴다.

벌노랑이 *Lotus corniculatus var. japonicus* 벌노랑이, 노란돌콩
속씨식물 〉 쌍떡잎식물 〉 콩과　여러해살이풀

↑벌노랑이

↑가까이에서 본 꽃

←벌노랑이 열매

↑서양벌노랑이

- 🐾 **특징** 높이 30cm 정도. 가지가 많이 갈라져 비스듬히 자란다. 잎은 어긋나고 5개의 작은 잎이 달린다. 씨나 포기나누기로 번식한다.
- ✿ **꽃** 5~8월. 나비 모양의 노란색 또는 연한 주황색 꽃이 잎겨드랑이에서 나온 긴 꽃대 끝에 1~4송이씩 핀다. 한 그루에 여러 가지 색깔의 꽃이 피기도 한다. 갈래꽃. 꽃잎 4장. 수술 10개, 암술 1개.
- 💊 **열매** 6~9월. 긴 꼬투리가 검게 익으며 씨는 검은색이다.
- 🪣 **자라는 곳** 풀밭이나 길가, 빈터에서 자란다.
- ☀ **쓰임** 관상용. 뿌리는 해열제로 쓴다.

이야기마당 🌙 벌노랑이는 원래 꽃이 없었는데 잠시 쉬었다 가려고 앉은 나비를 붙잡아 꽃으로 만들었대요. 그래서 벌노랑이 꽃은 나비 모양이에요. 꽃말은 희망이에요.

차풀 *Cassia nomame* 며느리감나물
속씨식물 〉 쌍떡잎식물 〉 콩과　한해살이풀

↑차풀

←←차풀 꽃
←차풀 열매

🐾 **특징** 높이 30~60cm. 줄기는 곧고 가지가 많이 갈라지며 전체에 잔털이 있다. 잎자루가 짧고 잎은 어긋나며 작은잎이 30~70개 달린다. 깃꼴겹잎. 작은잎은 줄처럼 가는 타원형이다. 씨로 번식한다.

✽ **꽃** 7~8월. 노란색 꽃이 잎겨드랑이에서 나온 꽃대에 1~2송이씩 핀다. 갈래꽃. 꽃잎 5장. 수술 4개, 암술 1개.

💊 **열매** 10월. 납작한 꼬투리이고 익으면 2갈래로 갈라진다. 씨는 네모꼴이며 검고 반질반질하다.

🪣 **자라는 곳** 햇볕이 잘 드는 냇가에서 자란다.

☀ **쓰임** 잎을 말려서 차를 만들고 설사 등에 약으로도 쓴다.

노루오줌 *Astilbe chinensis var. chinensis*
속씨식물 〉 쌍떡잎식물 〉 범의귓과　여러해살이풀

↑↑노루오줌 열매
↑숙은노루오줌

←노루오줌

🐾 **특징** 높이 30~70cm. 굵은 뿌리줄기가 옆으로 뻗고 줄기에 곧고 긴 갈색 털이 있다. 잎은 어긋나며 잎자루가 길고 3개의 작은잎이 2~3회 나온다. 작은잎 가장자리는 톱니모양이며 뿌리에서 오줌 냄새가 난다. 씨나 포기나누기로 번식한다.

✽ **꽃** 7~8월. 분홍색 꽃이 원뿔 모양을 이루며 모여 핀다. 원추꽃차례. 갈래꽃. 꽃잎 5장. 꽃받침 5갈래. 수술 10개, 암술대 2개.

💊 **열매** 9~10월. 익으면 끝이 2갈래로 갈라진다.

🪣 **자라는 곳** 습기가 많은 곳에서 자란다.

☀ **쓰임** 관상용. 어린순과 잎을 나물로 먹고 뿌리는 벌레 물린 데나 염증에 약으로 쓴다.

이야기마당 🦌 옛날에 한 사냥꾼이 노루를 놓친 장소에서 못 보던 풀을 발견했는데, 풀에서 오줌 냄새가 나서 노루오줌이라 불렀대요.

돌단풍 *Aceriphyllum rossii* 돌나리, 부처손, 장장풍
속씨식물 〉 쌍떡잎식물 〉 범의귓과　여러해살이풀

⬆가까이에서 본 꽃

⬅돌단풍

🐾 **특징** 높이 30cm 정도. 짧고 굵은 뿌리줄기가 옆으로 뻗는다. 잎자루가 길고 5~7갈래로 갈라진 손바닥 모양의 잎이 모여난다. 잎은 반질반질하고 가장자리는 톱니 모양이다. 포기나누기로 번식한다.

✿ **꽃** 5월. 흰색 꽃이 곧은 꽃대 끝에 모여 핀다. 갈래꽃. 꽃잎 5~6장. 수술 6개, 암술 1개.

🌰 **열매** 7~8월. 물방울 모양이고 익으면 2갈래로 갈라진다. 씨가 많이 들어 있다.

🪣 **자라는 곳** 물가나 산골짜기의 바위틈에서 자란다.

☀ **쓰임** 관상용. 어린순을 먹는다.

이야기마당 🐾 바위틈에서 자라고 잎 모양이 단풍나무 잎과 비슷하기 때문에 돌단풍이라고 해요.

바위취 *Saxifraga stolonifera* 범의귀, 호이초, 왜호이초, 석하엽
속씨식물 〉 쌍떡잎식물 〉 범의귓과　여러해살이풀

⬆가까이에서 본 꽃

⬅바위취

🐾 **특징** 높이 50cm 정도. 전체에 붉은갈색의 긴 털이 빽빽이 난다. 뿌리줄기에서 잎이 뭉쳐나고 잎자루가 길다. 잎은 둥그스름하고 연한 흰색 무늬가 있으며 뒷면은 붉은빛을 띤다. 기는줄기가 옆으로 뻗거나 포기나누기로 번식하며 번식력이 강하다.

✿ **꽃** 5월. 흰색 꽃이 핀다. 원추꽃차례. 갈래꽃. 꽃잎 5장. 아래쪽 꽃잎 2장이 더 길고 위쪽의 작은 꽃잎에는 붉은색 무늬가 있다. 꽃받침 5장. 수술 10개, 암술대 2개.

🌰 **열매** 6월. 달걀 모양이며 2갈래로 갈라진다. 씨는 달걀 모양이고 돌기가 있다.

🪣 **자라는 곳** 그늘지고 습한 곳에서 자라고 꽃밭에 심어 기르기도 한다.

☀ **쓰임** 관상용. 화상, 동상, 종기 등에 약으로 쓴다.

이질풀 *Geranium thunbergii*

속씨식물 〉 쌍떡잎식물 〉 쥐손이풀과   여러해살이풀

↑ 이질풀의 꽃과
　열매

↖ 흰색 꽃
↖ 선이질풀 꽃

🐾 **특징** 높이 30~50cm. 줄기는 비스듬히 자라고 전체에 긴 털이 있다. 3~5갈래로 갈라진 손바닥 모양의 잎이 마주나며 잎 가장자리는 큰 톱니 모양이다. 씨로 번식한다.

✻ **꽃** 8~9월. 분홍색 또는 흰색 꽃이 잎겨드랑이에서 나온 꽃대에 핀다. 꽃잎에 붉은자주색 맥이 있다. 갈래꽃. 꽃잎 5장. 수술 10개, 암술대 5갈래.

💊 **열매** 9~10월. 기둥 모양이고 밑에서부터 5갈래로 갈라진다.

🗑 **자라는 곳** 산과 들의 풀밭에서 자란다.

☀ **쓰임** 약으로 쓴다.

이야기마당 🌙 여름철에 상한 음식을 잘못 먹으면 열이 나고 배가 아픈 이질에 걸릴 수 있어요. 옛날 사람들은 이질에 걸렸을 때 이질풀을 달여서 약으로 썼대요.

괭이밥 *Oxalis corniculata* 초장초, 시금초

속씨식물 〉 쌍떡잎식물 〉 괭이밥과   여러해살이풀

↑ 괭이밥

↖ 큰괭이밥
↖ 자주괭이밥

🐾 **특징** 높이 10~30cm. 전체에 잔털이 있고 줄기는 비스듬히 자라며 가지가 많이 갈라진다. 잎은 어긋나며 잎자루가 길고 거꾸로 세운 심장 모양의 작은잎이 3개씩 달린다. 햇볕이 없을 때는 작은잎이 반으로 접혀져 오므라들고 씹으면 신맛이 난다. 씨로 번식한다.

✻ **꽃** 5~9월. 노란색 꽃이 잎겨드랑이에서 나온 긴 꽃대 끝에 핀다. 산형꽃차례. 갈래꽃. 꽃잎 5장. 수술 10개, 암술대 5개.

💊 **열매** 9~10월. 원기둥 모양이고 익으면 터져서 많은 씨가 흩어진다.

🗑 **자라는 곳** 길가나 빈터에서 자란다.

☀ **쓰임** 어린잎을 먹고 피부병에 약으로 쓴다.

이야기마당 🌙 괭이밥의 잎에는 옥살산이 많이 들어 있어서 신맛이 나요. 그래서 속명이 옥살리스예요.

애기땅빈대
Euphorbia supina 애기점박이풀
속씨식물 〉 쌍떡잎식물 〉 대극과　한해살이풀

↑애기땅빈대

←애기땅빈대 꽃

- 🐾 **특징** 길이 10~25cm. 붉은빛이 도는 줄기가 땅 위로 퍼지고, 자르면 흰색 즙이 나온다. 잎과 줄기에 흰색 털이 빽빽이 난다. 타원형의 잎이 마주나며 잎 가운데 붉은갈색 반점이 있다. 씨로 번식한다.
- ✿ **꽃** 6~8월. 연한 붉은색 꽃이 피며 꽃잎은 없다. 단성화. 암수한그루. 술잔 모양의 주머니에 암꽃과 수꽃이 들어 있다. 수술 1개, 암술 1개.
- 🥚 **열매** 6~8월. 세모난 타원형이며 휘어진 털이 있다.
- 🪣 **자라는 곳** 길가나 밭에서 자란다. 원산지는 북아메리카이다.

이야기마당 🌙 땅바닥에 납작하게 붙어 있고 잎 모양과 무늬가 빈대처럼 보여서 애기땅빈대라고 해요.

물봉선
Impatiens textori 물봉숭아, 야봉선
속씨식물 〉 쌍떡잎식물 〉 봉선화과　한해살이풀

↑물봉선

↑물봉선 열매

↑노랑물봉선

↑흰물봉선

- 🐾 **특징** 높이 40~60cm. 줄기는 붉은색으로 곧게 서고 가지가 많이 갈라진다. 물기가 많고 마디가 볼록하다. 잎은 어긋나고 길고 끝이 뾰족한 타원형이며 가장자리는 톱니 모양이다. 씨로 번식한다.
- ✿ **꽃** 8~9월. 고깔 모양의 붉은자주색 꽃이 핀다. 총상꽃차례. 갈래꽃. 꽃잎 3장. 수술 5개, 암술 1개.
- 🥚 **열매** 10월. 타원형이고 익은 열매를 건드리면 씨를 튕겨 퍼뜨린다.
- 🪣 **자라는 곳** 산기슭이나 물가에서 자란다.
- ☀ **쓰임** 관상용.

이야기마당 🌙 개울이나 골짜기같이 물이 많은 곳을 좋아해서 물봉선이라는 이름을 얻었어요. 꽃말은 나를 건드리지 마세요예요.

물레나물
Hypericum ascyron 금사호접

속씨식물 〉 쌍떡잎식물 〉 물레나물과　여러해살이풀

⬆⬆ 가까이에서 본 꽃
⬆ 물레나물 열매

⬅ 물레나물

- 🐾 **특징** 높이 50~150cm. 줄기는 네모꼴로 나무처럼 곧고 단단하게 자라며 윗부분은 녹색이고 밑부분은 연한 갈색을 띤다. 끝이 뾰족한 잎이 줄기를 감싸며 마주난다. 씨나 포기 나누기로 번식한다.
- ✿ **꽃** 6~8월. 노란색 꽃이 줄기 끝에 피는데, 꽃잎이 한 방향으로 휘어져 물레바퀴처럼 보인다. 갈래꽃. 꽃잎 5장. 수술이 많다. 암술 1개.
- 🫘 **열매** 9~10월. 달걀 모양이고 씨에 그물무늬가 있다.
- 🪣 **자라는 곳** 햇볕이 잘 드는 산과 들에서 자란다.
- ☀ **쓰임** 관상용. 어린순을 나물로 먹는다.

달맞이꽃
Oenothera odorata 월견초

속씨식물 〉 쌍떡잎식물 〉 바늘꽃과　두해살이풀

⬆⬆ 달맞이꽃 열매
⬆ 겨울을 난 후의 달맞이꽃

⬅ 달맞이꽃

- 🐾 **특징** 높이 50~90cm. 전체에 짧은 털이 있으며 뿌리는 곧고 굵다. 뿌리에서 1개 또는 여러 개의 줄기가 나와 곧게 자란다. 잎은 가늘고 길며 끝이 뾰족하고 가장자리는 톱니 모양이다. 번식력이 강하며 씨로 번식한다.
- ✿ **꽃** 7~9월. 노란색 꽃이 잎겨드랑이에 1송이씩 피며 저녁에 피었다가 아침에 시든다. 꽃잎 4장. 꽃받침 4장. 수술 8개, 암술 1개.
- 🫘 **열매** 8~10월. 긴 타원형이고 익으면 4갈래로 갈라진다. 씨는 검은색이다.
- 🪣 **자라는 곳** 들이나 길가 또는 빈터에서 자란다. 원산지는 남아메리카이다.
- ☀ **쓰임** 관상용. 씨로 기름을 짜고 뿌리는 감기약으로 쓴다.

이야기마당 🌙 달 밝은 밤에 사랑하는 추장의 아들을 기다리다가 죽은 한 인디언 처녀의 넋이 달맞이꽃이 되었대요. 그래서 달맞이꽃은 아직도 사랑을 기다리는 것처럼 밤에만 피어요. 꽃말은 소원, 기다림, 말없는 사랑이에요.

제비꽃 *Viola mandshurica* 병아리꽃, 오랑캐꽃, 앉은뱅이꽃, 장수꽃
속씨식물 〉 쌍떡잎식물 〉 제비꽃과　여러해살이풀

⬆ 제비꽃

⬆ 제비꽃 열매

여러 가지 제비꽃

⬆ 흰털제비꽃

⬆ 금강제비꽃

◀ 남산제비꽃

🐾 **특징** 높이 10~15cm. 줄기가 없고 뿌리에서 잎이 뭉쳐나와 비스듬히 퍼진다. 잎자루가 길고 잎 가장자리는 톱니 모양이며 끝이 뭉툭하다. 뿌리는 갈색이며 씨나 포기나누기로 번식한다.

✿ **꽃** 4~5월. 보라색, 흰색, 노란색, 분홍색 등의 꽃이 잎 사이에서 나온 긴 꽃대 끝에서 옆을 향해 핀다. 갈래꽃. 꽃잎 5장. 수술 5개, 암술 1개.

🥚 **열매** 5~6월. 갈색. 타원형이고 익으면 3갈래로 갈라진다. 씨는 둥글고 갈색이다.

🪣 **자라는 곳** 햇볕이 잘 드는 들이나 밭에서 자란다.

☀ **쓰임** 어린순을 나물로 먹고 해독제, 이뇨제 등으로 쓴다.

이야기마당 🌙 남편 제우스가 자신의 시녀인 이오와 사랑에 빠지자 질투심에 불탄 헤라는 이오를 흰 암소로 만들어 풀 한 포기 나지 않는 메마른 들판으로 내쫓고 말았어요. 제우스는 풀이 없어 죽을 지경에 이른 이오를 위해 풀을 만들어 주었는데 그 풀이 바로 제비꽃이었대요. 꽃말은 흰색이 순진한 사랑, 보라색이 성실, 노란색이 행복이에요.

↑알록제비꽃　　　↑태백제비꽃　　　↑아욱제비꽃

↑노랑제비꽃　　　↑고깔제비꽃　　　↑단풍제비꽃

어저귀 *Abutilon avicennae* 화마, 모싯대
속씨식물 〉 쌍떡잎식물 〉 아욱과　한해살이풀

↑어저귀

←어저귀의 꽃과 열매

🐾 **특징** 높이 1.5m 정도. 전체가 잔털로 덮여 있고 줄기는 기둥 모양으로 곧게 서며 가지가 갈라진다. 잎자루가 길고 둥근 심장 모양의 잎이 어긋나며 잎 가장자리는 둔한 톱니 모양이다. 씨로 번식한다.

✿ **꽃** 7~9월. 노란색 꽃이 잎겨드랑이에 핀다. 갈래꽃. 꽃잎 5장. 수술 여러 개가 모여 통 모양을 이룬다. 암술 1개.

🌰 **열매** 10월. 왕관 모양이며 검은색으로 익는다. 씨에 털이 있다.

🗑 **자라는 곳** 밭이나 들에서 자란다. 원산지는 인도이다.

☀ **쓰임** 줄기의 섬유로 밧줄을 만든다.

이야기마당 🐚 어저귀는 아름다운 왕관 모양의 꽃을 가진 튤립을 몹시 시샘했어요. 그래서 자신도 왕관 모양의 꽃을 가지려고 욕심을 부리다가 신에게 벌을 받아 왕관 모양의 열매는 검게 변하고 향기도 빼앗겨 버렸대요.

참나물
Pimpinella brachycarpa 산미나리

속씨식물 〉 쌍떡잎식물 〉 산형과　여러해살이풀

↑참나물 꽃

←참나물

🐾 **특징** 높이 50~80cm. 줄기는 곧게 자라고 잎은 어긋나며 달걀 모양의 작은잎이 3개 달린다. 겹잎. 뿌리에서 나는 잎은 잎자루가 길고 줄기에서 나는 잎은 잎자루가 짧다. 잎 가장자리는 톱니 모양이며 전체에서 독특한 향기가 난다. 씨나 포기나누기로 번식한다.

✿ **꽃** 6~8월. 자잘한 흰색 꽃이 가지나 줄기 끝에 핀다. 복산형꽃차례. 갈래꽃. 꽃잎 5장. 수술 5개, 암술 1개.

🥚 **열매** 8~9월. 납작한 타원형이다.

🪣 **자라는 곳** 습기가 많은 숲 속이나 그늘에서 자란다.

☀ **쓰임** 어린잎을 나물로 먹는다.

이야기마당 🌙 참나물은 맛과 향이 좋고 각종 영양소가 들어 있으며 약효도 뛰어나, 최근 농가에서 많이 심어 기르는 인기 있는 식물이에요.

기름나물
Peucedanum terebinthaceum 참기름나물, 산기름나물

속씨식물 〉 쌍떡잎식물 〉 산형과　여러해살이풀

↑기름나물 꽃

←기름나물

🐾 **특징** 높이 30~90cm. 줄기는 붉은빛을 띠고 가지가 많다. 잎자루가 길고 잎은 어긋나며 작은잎이 3개 달린다. 겹잎. 작은잎은 넓은 달걀 모양이며 반질반질하고 가장자리는 톱니 모양이다. 씨로 번식한다.

✿ **꽃** 7~9월. 흰색 꽃이 줄기 끝에서 우산 모양을 이루며 모여 핀다. 갈래꽃. 꽃잎 5장. 수술 5개, 암술 1개.

🥚 **열매** 9~10월. 납작한 타원형이다.

🪣 **자라는 곳** 햇볕이 잘 드는 산기슭이나 들에서 자란다.

☀ **쓰임** 어린잎과 줄기를 먹는다.

이야기마당 🌙 열매에 기름이 있는 관이 있어서 기름나물이라고 해요.

질경이 *Plantago asiatica* 길장구, 차전초, 배부쟁이

속씨식물 〉 외떡잎식물 〉 질경잇과　여러해살이풀

↑↑질경이 열매
↑창질경이 꽃

↑ 질경이
← 물질경이 꽃

🐾 **특징** 높이 10~50cm. 뿌리에서 잎이 뭉쳐 난다. 잎자루가 길고 잎은 달걀 모양으로 두껍고 질기며 가장자리는 물결 모양이다. 씨나 포기나누기로 번식한다.

✿ **꽃** 6~8월. 깔때기 모양의 흰색 꽃이 꽃대 끝에 핀다. 이삭꽃차례. 통꽃. 꽃잎 4갈래. 수술 4개, 암술 1개.

🔵 **열매** 8~10월. 갈색 달걀 모양이고 익으면 뚜껑이 열린다. 씨는 갈색 타원형이다.

🪣 **자라는 곳** 길가나 빈터, 풀밭에서 자란다.

☀ **쓰임** 연한 잎을 나물로 먹고 씨는 기침약, 지혈제 등으로 쓴다.

이야기마당 🌙 옛날에 한 효자가 돌아가신 아버지를 그리워하며 백 일 동안 기도를 드리자, 꿈에 신령이 나타나 아버지의 제삿날 질경이 씨 기름으로 불을 밝히면 아버지를 볼 수 있다고 말했어요. 효자는 그렇게 해서 아버지를 뵐 수 있었고, 그 뒤부터 누군가 보고 싶을 때는 질경이 씨 기름으로 불을 켜라는 말이 생겼대요. 꽃말은 슬픔을 딛고예요.

산골무꽃 *Scutellaria indica*

속씨식물 〉 쌍떡잎식물 〉 꿀풀과　여러해살이풀

↑그늘골무꽃

←산골무꽃

🐾 **특징** 높이 15~30cm. 흰색 땅속줄기가 옆으로 길게 뻗고 줄기에는 위로 굽은 흰색 털이 모여난다. 잎은 마주나고 달걀 모양이며 가장자리는 톱니 모양이다. 포기나누기로 번식한다.

✿ **꽃** 5~6월. 입술 모양의 연한 자주색 꽃이 원줄기 끝에 달린다. 총상꽃차례. 통꽃. 수술 4개, 암술 1개.

🔵 **열매** 7~8월. 찌그러진 둥근 모양이며 돌기가 있다.

🪣 **자라는 곳** 산과 들의 그늘진 곳에서 자란다.

☀ **쓰임** 어린순을 나물로 먹고 전체는 폐렴, 피부병, 위장염 등에 약으로 쓴다.

이야기마당 🌙 꽃잎이 바느질할 때 쓰는 골무를 닮아 골무꽃이라고 해요. 꽃말은 의협심이에요.

꿀풀 *Prunella vulgaris var. lilacina* 가지골나물, 꿀방망이, 단풀, 꿀단지, 하고초
속씨식물 〉 쌍떡잎식물 〉 꿀풀과　여러해살이풀

↑꿀풀

←←가까이에서
본 꽃
←흰색 꽃이 피는
흰꿀풀

- 🐾 **특징** 높이 10~40cm. 전체에 흰색 털이 있고 줄기는 네모꼴로 곧게 서며 밑부분에서 땅속줄기가 나와 뻗는다. 긴 타원형의 잎이 마주나며 가장자리는 밋밋하거나 톱니 모양이다. 씨나 포기나누기로 번식한다.
- ✿ **꽃** 5~7월. 보라색 꽃이 줄기나 가지 끝에 이삭 모양을 이루며 피고 꿀이 많다. 원추꽃차례. 통꽃. 수술 4개, 암술대 2개.
- 🫛 **열매** 9월. 연한 갈색이다.
- 🪣 **자라는 곳** 햇볕이 잘 드는 들이나 산기슭에서 자란다.
- ☀ **쓰임** 어린순을 먹고 꽃은 이뇨제로 쓴다.

이야기마당 🌙 꽃을 뽑아 뒷부분을 빨면 달콤한 꿀이 나오기 때문에 '꿀방망이'라고도 해요. 꽃말은 달콤한 사랑이에요.

박하 *Mentha arvensis var. piperascens* 인단초, 야식향, 번하채, 구박하
속씨식물 〉 쌍떡잎식물 〉 꿀풀과　여러해살이풀

↑가까이에서 본 꽃

←박하

- 🐾 **특징** 높이 30~70cm. 전체에 털이 있고 독특한 냄새가 난다. 줄기는 네모꼴이며 가지가 갈라진다. 긴 타원형 잎이 마주나며 양 끝이 좁고 가장자리는 톱니 모양이다. 땅속줄기를 뻗어 번식한다.
- ✿ **꽃** 7~9월. 연한 자주색 또는 흰색 꽃이 잎겨드랑이에 층층이 모여 핀다. 통꽃. 수술 4개, 암술 1개.
- 🫛 **열매** 9월. 달걀 모양의 검은갈색이다.
- 🪣 **자라는 곳** 습기가 많은 곳에서 자란다.
- ☀ **쓰임** 잎에서 박하 기름을 뽑아 향료나 진통제, 구충제 등으로 쓴다.

이야기마당 🌙 저승의 왕 하데스가 아름다운 요정 민트와 사랑에 빠졌어요. 이 사실을 안 하데스의 아내 페르세포네는 민트를 풀로 바꾸어 버렸는데, 풀이 되어서도 민트는 아름다운 모습과 그윽한 향기를 잃지 않았대요. 박하는 민트의 다른 이름이지요. 꽃말은 미덕, 온정이에요.

광대나물 *Lamium amplexicaule* 코딱지나물, 똥장군
속씨식물 〉 쌍떡잎식물 〉 꿀풀과　두해살이풀

⬆⬆ 가까이에서 본 꽃
⬆ 자주광대나물

⬅ 광대나물

🐾 **특징** 높이 10~30cm. 줄기는 네모꼴로 가지가 많이 갈라진다. 잎은 마주나고 잎 가장자리는 톱니 모양이다. 밑부분의 잎은 잎자루가 길고 둥근 모양이며 윗부분의 잎은 잎자루가 없고 반원 모양이다. 씨로 번식한다.

✿ **꽃** 4~5월. 입술 모양의 자주색 또는 분홍색 꽃이 잎겨드랑이에서 여러 개 나와 층층으로 핀다. 통꽃. 수술 4개, 암술 1개.

💊 **열매** 7~8월. 달걀 모양이고 흰색 점이 있다.

🪣 **자라는 곳** 밭이나 길가의 습기 있는 곳에서 자란다.

☀ **쓰임** 어린잎과 줄기를 나물로 먹는다.

이야기마당 🌙 잎의 모양 때문에 '코딱지나물'이라 부르고, 거름이 많은 곳에서 잘 자라기 때문에 '똥장군'이라고도 해요.

익모초 *Leonurus sibiricus* 암눈비앗, 육모초
속씨식물 〉 쌍떡잎식물 〉 꿀풀과　두해살이풀

⬆⬆ 가까이에서 본 꽃
⬆ 익모초 열매

⬅ 익모초

🐾 **특징** 높이 1~1.5m. 전체에 흰색 털이 있고 줄기를 자른 면은 사각형이다. 뿌리에서 둥근 잎이 마주나며 위로 갈수록 깃꼴로 깊게 갈라진다. 즙이 매우 쓰고 씨로 번식한다.

✿ **꽃** 6~9월. 연한 자주색 꽃이 줄기 윗부분의 잎겨드랑이에 몇 송이씩 층층으로 핀다. 통꽃. 수술 4개, 암술 1개.

💊 **열매** 9~10월. 넓은 달걀 모양이며 씨는 검은 세모꼴이다.

🪣 **자라는 곳** 햇볕이 잘 드는 들이나 길가 또는 빈터에서 자란다.

☀ **쓰임** 피를 맑게 하는 약으로 쓴다.

이야기마당 🌙 옛날에 어떤 아주머니가 아이를 낳다가 죽을 뻔했는데, 이 풀을 달여 먹고 기운을 얻어 건강한 아이를 낳았대요. 그래서 어머니에게 이로운 풀이라는 뜻의 익모초라 부르게 되었대요. 꽃말은 고생 끝에 즐거움이 온다예요.

노루발 *Pyrola japonica* 노루발풀
속씨식물 〉 쌍떡잎식물 〉 노루발과   늘푸른 여러해살이풀

⬆⬆ 가까이에서 본 꽃
⬆ 노루발 열매

⬅ 노루발

- 🐾 **특징** 높이 10~20cm. 뿌리에서 잎이 여러 개 뭉쳐나며 잎자루가 둥글고 길다. 잎은 두껍고 가장자리는 톱니 모양이다. 갈색 뿌리줄기가 옆으로 뻗거나 씨로 번식한다.
- ✿ **꽃** 4~5월. 노란빛을 띠는 흰색 꽃이 곧은 꽃대 끝에 피며 꽃자루가 짧다. 총상꽃차례. 통꽃. 꽃잎 5갈래. 수술 5개, 암술 1개.
- 💊 **열매** 8월. 동글납작하고 갈색이며 익으면 5 갈래로 갈라진다.
- 🪣 **자라는 곳** 산의 나무 그늘이나 골짜기에서 자란다.
- ☀ **쓰임** 관상용. 이뇨제로 쓴다.

이야기마당 🌙 예쁜 새끼노루가 사냥꾼에게 쫓겨 숲 속으로 숨어들자, 요정이 예쁜 꽃을 피워서 노루 발자국을 가려 주었어요. 사람들은 노루가 지나간 자리에 피어난 이 꽃을 '노루 발자국'이라고 했는데, 나중에 '노루발'이 되었대요.

앵초 *Primula sieboldii* 취란화
속씨식물 〉 쌍떡잎식물 〉 앵초과   여러해살이풀

⬆ 앵초

⬅ 가까이에서 본 꽃

- 🐾 **특징** 높이 15~30cm. 전체에 부드러운 털이 있고 뿌리에서 잎이 뭉쳐나며 잎자루가 길다. 잎은 주름지고 길쭉한 타원형이며 가장자리는 톱니 모양이다. 뿌리는 짧은 수염뿌리이다. 씨나 포기나누기로 번식한다.
- ✿ **꽃** 4~5월. 연한 자주색 꽃이 긴 꽃대 끝에 7~20송이씩 모여 핀다. 산형꽃차례. 통꽃. 꽃잎 5갈래. 수술 5개, 암술 1개.
- 💊 **열매** 8월. 동글납작하다.
- 🪣 **자라는 곳** 골짜기나 습지에서 자란다.
- ☀ **쓰임** 관상용. 어린순을 먹고 전체를 가래삭임에 쓴다.

이야기마당 🌙 꽃의 여신 플로라는 아들 팔라리소스가 아름다운 요정과의 사랑에 실패해 세상을 떠나자, 아들을 봄에 제일 먼저 꽃을 피우는 앵초로 다시 태어나게 해 주었어요. 꽃말은 행복의 열쇠, 가련함이에요.

봄맞이 *Androsace umbellata* 동전초
속씨식물 〉 쌍떡잎식물 〉 앵초과   한두해살이풀

↑봄맞이

← 가까이에서 본 꽃

🐾 **특징** 높이 5~10cm. 뿌리에서 작고 동그란 잎이 뭉쳐나와 퍼진다. 잎 전체에 거친 털이 있으며 가장자리는 둔한 톱니 모양이다. 씨로 번식한다.

✿ **꽃** 4~5월. 흰색 꽃이 가는 꽃대 끝에 1~20송이씩 모여 핀다. 산형꽃차례. 통꽃. 꽃잎 5갈래. 수술 5개, 암술 1개.

🥚 **열매** 6월. 둥글고 윗부분이 5갈래로 갈라진다.

🪣 **자라는 곳** 햇볕이 잘 드는 산기슭이나 들에서 자란다.

☀ **쓰임** 어린순을 먹는다.

이야기마당 🐾 봄비가 땅속에 스며들자 바깥세상이 너무나 보고 싶었던 땅의 요정들은 땅의 신에게 졸라 하루 동안만 바깥세상에 나가는 걸 허락받았어요. 하지만 요정들은 신나게 놀다 그만 땅속으로 돌아가야 하는 시간을 어기고 말았어요. 땅의 신은 약속을 어긴 요정들을 앙증맞은 봄맞이 꽃으로 만들어 버렸대요. 꽃말은 호기심이에요.

까치수영 *Lysimachia barystachys* 까치수염, 꽃꼬리풀, 개꼬리풀
속씨식물 〉 쌍떡잎식물 〉 앵초과   여러해살이풀

← 까치수영

↑↑까치수영 꽃
↑큰까치수영

🐾 **특징** 높이 50~100cm. 땅속줄기가 퍼지고 전체에 잔털이 있다. 잎자루가 없고 긴 타원형의 잎이 어긋난다. 씨나 포기나누기로 번식한다.

✿ **꽃** 6~8월. 타원형의 흰색 꽃이 강아지 꼬리처럼 구부러진 꽃대에 촘촘히 모여 핀다. 통꽃. 꽃잎 5갈래. 수술 5개, 암술 1개.

🥚 **열매** 9~10월. 둥글고 붉은갈색이다.

🪣 **자라는 곳** 낮은 지대의 습기 있는 풀밭에서 자란다.

☀ **쓰임** 관상용. 어린잎을 먹는다.

이야기마당 🐾 꽃이 모여 핀 모습이 개의 꼬리를 닮아서 '개꼬리풀'이라고도 해요. 꽃말은 동심, 성실, 신뢰예요.

봄구슬붕이 *Gentiana thunbergii*
속씨식물 〉 쌍떡잎식물 〉 용담과　두해살이풀

↑봄구슬붕이 꽃

←봄구슬붕이

- 🐾 **특징** 높이 5~15cm. 밑에서 가지가 갈라져 곧게 자란다. 뿌리에서 나는 잎은 방석처럼 퍼지고 달걀 모양 또는 세모진 달걀 모양이다. 줄기에서는 좁은 잎이 마주난다. 씨로 번식한다.
- ✿ **꽃** 4~5월. 깔때기 모양의 연한 자주색 꽃이 줄기 끝에서 위를 향해 핀다. 통꽃. 수술 5개, 암술 1개.
- 💊 **열매** 7~8월. 방망이 모양이고 2갈래로 갈라진다. 씨는 물방울 모양이며 희미한 무늬가 있다.
- 🪣 **자라는 곳** 햇볕이 잘 드는 습지나 풀밭에서 자란다.
- ☀ **쓰임** 관상용.

용담 *Gentiana scabra var. buergeri*
속씨식물 〉 쌍떡잎식물 〉 용담과　여러해살이풀

↑칼잎용담

←용담 꽃

- 🐾 **특징** 높이 40~60cm. 줄기는 곧게 서며 가는 줄이 4개 있다. 작은 칼 모양의 잎이 2개씩 마주난다. 굵은 수염뿌리가 사방으로 퍼진다. 씨로 번식한다.
- ✿ **꽃** 8~10월. 보라색 꽃이 줄기 끝이나 잎겨드랑이에 여러 송이 핀다. 통꽃. 꽃잎 5갈래. 꽃받침은 종 모양이다. 수술 5개, 암술 1개.
- 💊 **열매** 10~11월. 좁고 길며 씨의 양 끝에 날개가 있다.
- 🪣 **자라는 곳** 산이나 들의 햇볕이 잘 드는 곳에서 자란다.
- ☀ **쓰임** 관상용. 어린순과 잎을 먹고 뿌리는 한약재로 쓴다.

이야기마당 🌙 뿌리가 용의 쓸개처럼 매우 쓰다고 하여 용담이라는 이름을 얻었어요. 꽃말은 슬픈 추억이에요.

박주가리 *Metaplexis japonica*

속씨식물 〉 쌍떡잎식물 〉 박주가릿과   덩굴성 여러해살이풀

↑박주가리

←← 가까이에서
본 꽃
← 박주가리 열매

- 🐾 **특징** 길이 3m 정도. 땅속줄기가 길게 뻗고 심장 모양의 잎이 마주난다. 잎은 두껍고 반질반질하며 뒷면이 뿌옇다. 줄기나 잎을 자르면 흰색 즙이 나온다. 씨나 땅속줄기를 이용한 포기나누기로 번식한다.
- ✿ **꽃** 7~8월. 종 모양의 연한 자주색 또는 흰색 꽃이 핀다. 꽃잎 끝이 5갈래로 갈라져서 뒤로 말리며 안쪽에 흰색 털이 많다. 총상꽃차례. 통꽃. 수술 5개, 암술 1개.
- 💊 **열매** 10월. 길이 5~8cm. 불룩한 주머니 모양이고 사마귀가 난 것처럼 겉이 오톨도톨하다. 한쪽이 세로로 쪼개지면 흰색 솜털이 달린 씨가 나와 바람에 날려 퍼진다.
- 🪣 **자라는 곳** 햇볕이 잘 드는 들에서 자란다.
- ☀ **쓰임** 어린순과 열매를 먹고 전체를 말려서 해독제로 쓴다. 씨에 달린 털로 도장밥이나 바늘쌈지를 만들기도 한다.

꽃마리 *Trigonotis peduncularis* 꽃말이, 잣냉이, 부지채

속씨식물 〉 쌍떡잎식물 〉 지칫과   두해살이풀

↑꽃마리

←← 가까이에서
본 꽃
← 꽃마리의 어린잎

- 🐾 **특징** 높이 10~30cm. 전체에 흰색 털이 많다. 첫해에는 잎자루가 긴 주걱 모양의 잎이 뿌리에서 뭉쳐나고 이듬해에 여러 개의 줄기가 밑부분에서 갈라져 나온다. 줄기에 나는 잎은 잎자루가 없고 어긋난다. 씨로 번식한다.
- ✿ **꽃** 4~7월. 꽃줄기가 태엽처럼 말려 있다가 밑부분부터 차례로 풀리면서 연한 자주색 또는 연한 하늘색 꽃이 핀다. 통꽃. 꽃잎 5갈래. 수술 5개, 암술 1개.
- 💊 **열매** 7~8월. 삼각형이다.
- 🪣 **자라는 곳** 햇볕이 잘 드는 길가나 빈터에서 자란다.
- ☀ **쓰임** 어린순을 나물로 먹고 늑막염, 감기, 근육 마비 등에 약으로 쓴다.

메꽃 *Calystegia japonica* 메
속씨식물 〉 쌍떡잎식물 〉 메꽃과　덩굴성 여러해살이풀

↑가까이에서 본 꽃

←메꽃

- 🐾 **특징** 길이 2m 정도. 덩굴이 물체를 감고 올라간다. 희고 긴 뿌리줄기에서 순이 나와 자란다. 긴 화살촉 모양의 잎이 줄기에서 어긋난다. 포기나누기로 번식한다.
- ✿ **꽃** 6~8월. 깔때기 모양의 분홍색 꽃이 잎겨드랑이에서 나온 긴 꽃대 끝에 1송이씩 핀다. 통꽃. 수술 5개, 암술 1개. 나팔꽃과 비슷하나 메꽃은 한낮에 피고 나팔꽃은 아침에만 핀다.
- 🥚 **열매** 9~10월. 보통 맺지 않는다.
- 🪣 **자라는 곳** 길가나 들에서 자란다.
- ☀ **쓰임** 어린순과 뿌리줄기를 먹고 전체는 방광염, 당뇨병, 고혈압 등에 약으로 쓴다.

이야기마당 🌙 뿌리줄기를 '메'라고 하는데, 밥을 지을 때 함께 넣어 먹으면 고구마처럼 달콤하고 맛있어요. 꽃말은 속박, 충성, 수줍음이에요.

새삼 *Cuscuta japonica* 무근초, 토사자
속씨식물 〉 쌍떡잎식물 〉 메꽃과　덩굴성 한해살이풀

↑새삼 줄기

←새삼 꽃
←새삼 열매

- 🐾 **특징** 길이 50~100cm. 줄기가 다른 식물에 달라붙어 그 식물의 영양분을 흡수하는 기생식물이다. 잎이 없으며 줄기는 붉은빛을 띤다. 씨로 번식하며 번식력이 강하다.
- ✿ **꽃** 8~9월. 흰색 꽃이 작은 포도송이처럼 줄기 위에 모여 핀다. 통꽃. 꽃잎 5갈래. 꽃받침 5갈래. 수술 5개, 암술 1개.
- 🥚 **열매** 9~10월. 갈색 달걀 모양이고 익으면 뚜껑이 열려 검은 씨가 나온다.
- 🪣 **자라는 곳** 햇볕이 잘 드는 풀밭에서 자란다.
- ☀ **쓰임** 씨와 말린 줄기를 약으로 쓴다.

이야기마당 🌙 새삼도 원래는 다른 식물처럼 뿌리와 잎이 있었어요. 그런데 욕심이 많아 다른 식물의 양분과 햇볕을 모두 독차지하자 꽃의 여신이 새삼의 잎과 뿌리를 없애 버렸어요. 그래도 욕심을 버리지 못한 새삼은 아직도 다른 식물의 양분을 빼앗아 살아가고 있어요. 꽃말은 미녀의 머리카락이에요.

독말풀 *Datura stramonium* 독말, 양독말풀, 취심화, 대마자, 만타라엽
속씨식물 〉 쌍떡잎식물 〉 가짓과 한해살이풀

↑독말풀

←←독말풀 열매
←흰독말풀

* 🐾 **특징** 높이 1~2m. 줄기가 곧고 진한 자줏빛을 띤다. 잎자루가 길고 달걀 모양의 잎이 어긋나며 잎 가장자리는 불규칙한 톱니 모양이다. 독이 있고 씨로 번식한다.
* ✿ **꽃** 7~9월. 깔때기 모양의 연한 분홍색 또는 흰색 꽃이 줄기 끝이나 잎겨드랑이에 핀다. 꽃잎 끝이 바늘처럼 뾰족하다. 통꽃. 수술 5개, 암술 1개.
* 🝙 **열매** 10~11월. 초록색 달걀 모양이며 가시가 있고 익으면 4갈래로 갈라진다. 씨는 검은색이다.
* 🪣 **자라는 곳** 길가나 빈터에서 자라거나 밭에 심어 기른다. 원산지는 열대 아메리카이다.
* ☀ **쓰임** 씨와 잎을 기침이나 가래에 약으로 쓴다.

이야기마당 🐚 중국의 이름난 의사 화타는 기원전 200년에 마취약인 마비산을 최초로 만들어 썼는데, 이 마비산의 주성분이 독말풀이었답니다.

까마중 *Solanum nigrum* 가마중, 까마종이, 깜뚜라지
속씨식물 〉 쌍떡잎식물 〉 가짓과 한해살이풀

↑까마중

←←가까이에서
본 꽃
←까마중 열매

* 🐾 **특징** 높이 20~90cm. 줄기는 약간 모나고 가지가 옆으로 많이 퍼진다. 잎자루가 길고 달걀 모양의 잎이 어긋나며 잎 가장자리는 물결 모양이거나 밋밋하다. 씨로 번식한다.
* ✿ **꽃** 5~9월. 흰색 꽃이 긴 꽃대 끝에 3~8송이씩 핀다. 산형꽃차례. 통꽃. 꽃잎과 꽃받침은 5갈래로 갈라진다. 수술 5개, 암술 1개.
* 🝙 **열매** 7~10월. 둥글고 까맣게 익으며 단맛이 난다. 독이 약간 있다.
* 🪣 **자라는 곳** 길가나 밭에서 자란다.
* ☀ **쓰임** 어린순과 열매를 먹고 줄기와 잎은 짓찧어서 상처나 종기를 치료하는 데 쓴다.

이야기마당 🐚 까맣게 익은 열매가 박박 깎은 스님의 머리를 닮았다 하여 까마중이라 불러요. 꽃말은 동심, 단 하나의 진실이에요.

꽃며느리밥풀 *Melampyrum roseum* 새애기풀, 꽃새애기풀
속씨식물 〉 쌍떡잎식물 〉 현삼과　반기생 한해살이풀

↑수염며느리밥풀

↤꽃며느리밥풀

- 🐾 **특징** 높이 30~50cm. 줄기는 네모꼴로 곧게 서며 가지가 많이 갈라진다. 잎은 마주나고 좁은 달걀 모양이거나 긴 타원형이다. 씨로 번식한다.
- ❀ **꽃** 7~9월. 붉은자주색 꽃이 잎겨드랑이에 핀다. 꽃잎 안쪽에 하얀 밥풀 같은 무늬가 2개 있다. 통꽃. 수술 4개, 암술 1개.
- 🫒 **열매** 10월. 납작한 타원형이고 검다.
- 🪣 **자라는 곳** 햇볕이 잘 드는 숲 가장자리나 길가에서 자란다.
- ☀ **쓰임** 관상용.

이야기마당 🌙 옛날에 한 심술궂은 시어머니가 밥이 되었는지 살피려고 며느리가 밥알 몇 개를 집어 먹는 것을 보고 어른보다 먼저 음식을 먹는다고 화를 내며 며느리를 집 밖으로 내쫓았어요. 끝내 집으로 돌아가지 못하고 길가에서 억울하게 죽은 며느리는 밥풀 두 개를 달고 꽃으로 피었대요. 꽃말은 성실, 순종이에요.

꼭두서니 *Rubia akane* 꼭두선이, 가삼자리, 갈퀴잎
속씨식물 〉 쌍떡잎식물 〉 꼭두서닛과　덩굴성 여러해살이풀

↑↑꼭두서니 꽃
↑꼭두서니 열매

↤꼭두서니

- 🐾 **특징** 길이 1m 정도. 줄기는 네모꼴로 가지가 갈라지며 짧은 가시가 밑을 향해 나 있다. 잎자루가 길고 잎은 심장 또는 긴 달걀 모양이며 한 마디에 4개씩 돌려난다. 뿌리는 굵은 수염뿌리이며 누르스름한 붉은색이다. 씨나 포기나누기로 번식한다.
- ❀ **꽃** 6~8월. 연한 노란색 꽃이 모여 핀다. 원추꽃차례. 통꽃. 꽃잎은 심장 모양이고 5갈래로 갈라진다. 수술 5개, 암술 1개.
- 🫒 **열매** 9월. 둥근 모양으로 2개씩 달리고 검게 익는다.
- 🪣 **자라는 곳** 숲 가장자리에서 자란다.
- ☀ **쓰임** 어린순을 먹고 뿌리는 염색 원료로 쓰거나 암 치료에 쓴다.

이야기마당 🌙 꼭두서니 뿌리는 약으로 흔히 쓰는데, 많이 먹으면 오줌과 젖이 빨갛게 나오고 나중에는 뼈까지 빨개진대요. 그래도 건강에는 지장이 없다고 해요.

마타리 *Patrinia scabiosaefolia* 가양취
속씨식물 〉 쌍떡잎식물 〉 마타릿과　여러해살이풀

↑마타리 꽃

←마타리

🐾 **특징** 높이 60~150cm. 원줄기가 곧게 서며 윗부분에서 가지가 갈라지고 밑부분에는 약간의 털이 있다. 뿌리줄기가 굵고 잎은 줄기에 2개씩 마주나며 위로 올라갈수록 잎자루가 짧아진다. 깃꼴겹잎. 씨나 포기나누기로 번식한다.

✿ **꽃** 7~9월. 자잘한 노란색 꽃이 가지와 줄기 끝에 우산 모양을 이루며 모여 핀다. 통꽃. 꽃잎 5갈래. 수술 4개, 암술 1개.

💊 **열매** 9~10월. 납작한 타원형이며 세로줄이 나 있다.

🪣 **자라는 곳** 햇볕이 잘 드는 산과 들에서 자란다.

☀ **쓰임** 어린순을 먹고 전체는 소염제로 쓴다.

이야기마당 🌙 마타리 꽃은 사랑을 잃고 스스로 목숨을 버린 한 처녀의 가냘픈 넋이 피어난 거래요. 꽃말은 친절, 유혹, 미인, 덧없는 사랑이에요.

수염가래꽃 *Lobelia chinensis* 수염풀, 세미초, 과인초
속씨식물 〉 쌍떡잎식물 〉 숫잔댓과　여러해살이풀

↑수염가래꽃

←가까이에서 본 꽃

🐾 **특징** 높이 3~15cm. 가지가 옆으로 뻗으며 마디에서 뿌리가 내리고 비스듬히 선다. 긴 타원형의 잎이 어긋나며 잎 가장자리는 둔한 톱니 모양이다. 씨나 포기나누기로 번식한다.

✿ **꽃** 5~8월. 늘어진 수염 모양의 흰색 꽃이 잎겨드랑이에 1송이씩 핀다. 통꽃. 꽃잎 5갈래. 수술 5개, 암술 1개. 수술이 암술을 둘러싸고 있다.

💊 **열매** 9월. 타원형이고 씨는 붉은갈색이다.

🪣 **자라는 곳** 습기가 많은 곳에서 자란다.

☀ **쓰임** 벌레나 뱀에 물렸을 때 해독제로 쓴다.

이야기마당 🌙 귀여운 손자가 독사에 물리자 할아버지는 급히 약초를 찾아 나섰어요. 하지만 할아버지가 간신히 약초를 구해 왔을 때는 이미 손자가 죽은 뒤였어요. 그날부터 할아버지는 시름시름 앓다가 세상을 떠났는데 무덤에서 할아버지의 수염을 닮은 꽃이 피었대요. 그리고 그 꽃에는 손자에게 주려고 했던 해독 성분이 들어 있었대요.

초롱꽃 *Campanula punctata*
속씨식물 〉 쌍떡잎식물 〉 초롱꽃과   여러해살이풀

↑초롱꽃

←←자주섬초롱꽃
←금강초롱

🐾 **특징** 높이 40~100cm. 줄기는 곧고 전체에 거친 털이 있다. 뿌리에서 나는 잎은 잎자루가 길고 심장 모양이며 줄기에 나는 잎은 세모진 달걀 모양이다. 잎 가장자리는 불규칙한 톱니 모양이고 씨나 포기나누기로 번식한다.

✿ **꽃** 6~8월. 종 모양의 흰색 꽃이 긴 꽃대 끝에서 밑을 향해 핀다. 통꽃. 꽃잎 5갈래. 꽃받침 5개. 수술 5개, 암술 1개.

🥚 **열매** 9~10월. 달걀 모양이다.

🪣 **자라는 곳** 산기슭이나 풀밭에서 자란다.

☀ **쓰임** 관상용. 어린순은 먹는다.

이야기마당 🌙 옛날에 자신이 치는 종소리에 맞춰 생활하는 사람들을 보며 보람을 느끼는 종지기 노인이 있었어요. 그런데 어느 날 새로 온 원님이 종 치는 일을 못 하게 하자, 실망한 노인은 종각에서 뛰어내려 스스로 목숨을 끊고 말았어요. 세월이 흐른 뒤, 종지기 노인의 무덤에서는 종 모양의 초롱꽃이 피어났대요. 꽃말은 충실, 정의예요.

잔대 *Adenophora* 딱주
속씨식물 〉 쌍떡잎식물 〉 초롱꽃과   여러해살이풀

↑잔대 꽃

←←당잔대
←두메잔대

🐾 **특징** 높이 40~120cm. 전체에 잔털이 있고 줄기나 잎을 자르면 흰 즙이 나온다. 뿌리에서 잎자루가 길고 둥근 잎이 나와 꽃이 필 때 말라 버린다. 줄기에 나는 잎은 가장자리가 톱니 모양이며 돌려난다. 뿌리는 굵고 희며 번식력이 강하다. 씨로 번식한다.

✿ **꽃** 7~9월. 종 모양의 연한 보라색 꽃이 줄기 윗부분에 모여 핀다. 원추꽃차례. 통꽃. 수술 5개, 암술 1개.

🥚 **열매** 10월. 술잔 모양이다.

🪣 **자라는 곳** 산과 들에서 자란다. 원산지는 우리나라이다.

☀ **쓰임** 어린잎을 나물로 먹고 뿌리는 먹거나 가래삭임에 쓴다.

이야기마당 🌙 잔대는 산삼과 함께 오래 사는 식물 중의 하나로 여러 가지 독을 없애는 데 효과가 좋대요.

민들레 *Taraxacum mongolicum* 아진뱅이, 안질방이, 들레, 문들레
속씨식물 〉 쌍떡잎식물 〉 국화과 　여러해살이풀

↑ 민들레

↑ 서양민들레

↑ 흰민들레

↑ 씨가 날리는 모습

🐾 **특징** 높이 20~30cm. 뿌리에서 잎이 뭉쳐나와 방석처럼 둥글게 퍼진다. 잎에 털이 약간 있으며 가장자리는 깊이 팬 톱니 모양이다. 뿌리가 깊게 뻗고 잔뿌리가 많으며 잎이나 꽃줄기를 자르면 흰색 즙이 나온다. 씨로 번식한다. 흔히 볼 수 있는 것은 서양민들레이다.

🌸 **꽃** 4~5월. 노란색, 흰색 꽃이 꽃대 끝에 핀다. 두상꽃차례. 통꽃. 수술 5개, 암술 1개.

🫛 **열매** 6~7월. 씨는 갈색 타원형이며 흰색 털이 바람에 날려 퍼진다.

🪣 **자라는 곳** 길가나 공원, 들판에서 자란다.

☀ **쓰임** 어린잎을 나물로 먹고 뿌리는 가래삭임이나 기침에 약으로 쓴다.

이야기마당 🌙 평생 동안 단 한 번만 명령을 내릴 수 있게 만든 별을 원망한 한 임금이 "별들이여, 하늘에서 떨어져 꽃으로 피어나라."고 명령을 내리자, 별들이 모두 떨어져 민들레 꽃으로 피어났대요. 꽃말은 이별, 내 사랑 그대에게예요.

지칭개 *Hemistepta lyrata* 지치광이
속씨식물 〉 쌍떡잎식물 〉 국화과 　두해살이풀

↙ 지칭개

↑ 지칭개 꽃

🐾 **특징** 높이 60~80cm. 전체에 흰빛이 돈다. 첫해에는 잎이 뿌리에서 뭉쳐나와 땅 위로 퍼지고 이듬해에 줄기가 자라난다. 줄기는 속이 비어 있고 골이 패며 긴 타원형 잎이 어긋난다. 잎은 깃꼴로 깊게 갈라지고 끝이 세모꼴이며 뒷면에 흰색 털이 많다. 씨로 번식한다.

🌸 **꽃** 5~7월. 자주색 꽃이 줄기와 가지 끝에 핀다. 두상꽃차례. 통꽃. 수술 5개, 암술 1개.

🫛 **열매** 6~9월. 갈색의 긴 타원형이고 흰색 털이 있다.

🪣 **자라는 곳** 밭이나 들, 길가에서 자란다.

☀ **쓰임** 어린순과 잎을 먹고 잎과 줄기는 종기 등에 약으로 쓴다.

솜다리 *Leontopodium coreanum* 에델바이스
속씨식물 〉 쌍떡잎식물 〉 국화과 　여러해살이풀

↑ 가까이에서 본 꽃

↞ 솜다리

- 🐾 **특징** 높이 15~25cm. 전체에 솜털이 빽빽이 나며 잎은 길쭉하고 양 끝이 좁다. 씨나 포기나누기로 번식한다.
- ✿ **꽃** 6~7월. 흰색 꽃이 줄기 끝에 피고 안쪽에 노란색 꽃이 8~16송이씩 핀다. 두상꽃차례. 통꽃. 수술 5개, 암술 1개.
- 🌰 **열매** 10월. 긴 타원형이고 짧은 솜털이 있으며 잿빛을 띠는 흰색이다.
- 🗑 **자라는 곳** 높은 산의 바위 틈에서 자란다.
- ☀ **쓰임** 관상용. 어린잎을 먹는다.

이야기마당 🌙 높고 험한 산꼭대기에 아름다운 처녀가 살고 있었어요. 사람들은 처녀를 보려고 눈이 오나 비가 오나 산을 올랐어요. 그러다 보니 사고로 목숨을 잃고 다치는 사람들이 많았어요. 처녀는 자기 때문에 목숨을 잃고 다치는 사람들을 보다못해 자기를 작은 꽃이 되게 해 달라고 신령님께 빌어서 솜다리가 되었어요. 그래서 솜다리는 험한 산에서만 볼 수 있지요. 꽃말은 소중한 추억이에요.

솜방망이 *Senecio integrifolius var. spathulatus* 풀솜나물, 구설초
속씨식물 〉 쌍떡잎식물 〉 국화과 　여러해살이풀

↑↑ 솜방망이 꽃
↑ 솜방망이의 어린잎

↞ 솜방망이

- 🐾 **특징** 높이 20~50cm. 전체에 거미줄 같은 흰색 털이 있고 땅속줄기가 짧다. 뿌리에서 잎자루가 없는 긴 타원형의 잎이 나와 방석처럼 퍼지며, 잎 가장자리는 밋밋하거나 둔한 톱니 모양이다. 줄기에서는 칼 모양의 잎이 어긋난다. 씨로 번식한다.
- ✿ **꽃** 5~6월. 노란색 꽃이 줄기에서 갈라진 가지마다 핀다. 흰색 털로 덮여 있다. 두상꽃차례. 통꽃. 수술 5개, 암술 1개.
- 🌰 **열매** 7~8월. 원통형이며 흰색 털이 있다.
- 🗑 **자라는 곳** 건조하고 햇볕이 잘 드는 산기슭이나 풀밭 또는 밭둑에서 자란다.
- ☀ **쓰임** 어린잎을 먹고 꽃은 가래삭임에 쓴다.

이야기마당 🌙 거미는 수가 많은 개미와의 힘겨루기에서 매번 지자, 풀숲에 거미줄을 쳐서 수가 많은 것처럼 보이게 해서 개미를 이겼어요. 솜방망이에 털이 많은 것은 그때 거미가 친 거미줄을 그냥 입고 살기 때문이래요.

엉겅퀴 *Cirsium maackii* 엉거시, 가시나물, 항가시

속씨식물 〉 쌍떡잎식물 〉 국화과　여러해살이풀

↟↟ 가까이에서 본 꽃
↟ 엉겅퀴의 로제트

↞ 엉겅퀴

- 🐾 **특징** 높이 50~100cm. 줄기는 곧게 서고 전체에 거미줄 같은 흰색 털이 있다. 뿌리에서 나는 잎은 뻣뻣하고 가시와 털이 있다. 줄기에 나는 잎은 긴 타원형이며 깃꼴로 깊게 갈라진다. 씨나 포기나누기로 번식한다.
- ✾ **꽃** 6~8월. 자주색 또는 보라색 꽃이 줄기와 가지 끝에 핀다. 두상꽃차례. 통꽃. 수술 5개, 암술 1개.
- 🫘 **열매** 10월. 긴 타원형이며 흰색 털이 있다.
- 🪣 **자라는 곳** 낮은 산이나 들에서 자란다.
- ☀ **쓰임** 잎과 줄기를 나물로 먹는다.

이야기마당 🌙 옛날 스코틀랜드에 바이킹이 침입해 밤에 성을 몰래 공격하려고 했어요. 그런데 앞서 가던 한 병사가 엉겅퀴 가시에 찔려 비명을 질렀고 스코틀랜드 군사들은 이 소리를 듣고 깨어나 용감하게 싸워 바이킹을 물리쳤어요. 그 후 나라를 지키게 한 엉겅퀴는 스코틀랜드의 국화가 되었지요. 꽃말은 독립, 권위, 엄격함, 복수예요.

뽀리뱅이 *Youngia japonica* 보리뺑이, 박조가리나물

속씨식물 〉 쌍떡잎식물 〉 국화과　두해살이풀

↟↟ 뽀리뱅이 꽃
↟ 뽀리뱅이의 로제트

↞ 뽀리뱅이

- 🐾 **특징** 높이 15~100cm. 줄기는 곧게 자라고 속이 비어 있으며 전체에 가늘고 부드러운 털이 있다. 뿌리에서 잎이 뭉쳐나고 깃꼴로 갈라지며 잎 가장자리는 불규칙한 톱니 모양이다. 줄기에서는 잎이 어긋나며 위로 갈수록 작아진다. 씨로 번식한다.
- ✾ **꽃** 5~6월. 노란색 꽃이 줄기나 가지 끝에 많이 피는데, 해를 보면 꽃잎이 열리고 해가 지면 오므라든다. 두상꽃차례. 통꽃. 수술 5개, 암술 1개.
- 🫘 **열매** 7월. 갈색의 긴 타원형이고 흰색 털이 있다.
- 🪣 **자라는 곳** 그늘진 들이나 풀밭에서 자란다.
- ☀ **쓰임** 어린잎을 먹는다.

이야기마당 🌙 번식력이 강해 담장 밑이나 길가에서 쉽게 볼 수 있어요. 꽃말은 순박, 성실이에요.

씀바귀

Ixeris dentata 씸베나물, 씀바구, 고채

속씨식물 〉 쌍떡잎식물 〉 국화과   여러해살이풀

↑씀바귀

↞↞좀씀바귀 꽃
↞선씀바귀 꽃

- **특징** 높이 25~50cm. 줄기 윗부분에서 가지가 갈라지고 줄기나 잎을 자르면 흰색 즙이 나온다. 뿌리에서는 잎이 뭉쳐나고 줄기에서는 긴 타원형의 잎이 어긋나며 잎 가장자리는 톱니 모양이다. 전체에서 쓴맛이 난다. 씨나 포기나누기로 번식한다.
- **꽃** 5~7월. 노란색 또는 흰색 꽃이 가지나 줄기 끝에 핀다. 두상꽃차례. 통꽃. 수술 5개, 암술 1개. 수술이 암술대를 감싼다.
- **열매** 6월. 검은색이며 10개의 세로줄이 나 있고 낙하산 모양의 흰색 털이 있다.
- **자라는 곳** 산이나 들 또는 밭에서 자란다.
- **쓰임** 어린순과 뿌리를 나물이나 김치로 먹고 전체는 진정제로 쓴다.

이야기마당 🌙 동의보감에 씀바귀는 춘곤증을 풀어 주고 정신을 맑게 해 주며 감기에도 좋은 식물이라고 나와 있어요. 꽃말은 헌신, 순박함이에요.

고들빼기

Youngia sonchifolia 씬나물

속씨식물 〉 쌍떡잎식물 〉 국화과   두해살이풀

↑↑고들빼기의 로제트
↑왕고들빼기

↞고들빼기

- **특징** 높이 80cm 정도. 줄기는 곧고 가지가 많이 갈라지며 자줏빛을 띤다. 뿌리에서 나는 잎은 잎자루가 없고 타원형이며 가장자리가 빗살 모양으로 갈라진다. 줄기에 나는 잎은 작고 끝이 뾰족한 달걀 모양이며 어긋난다. 줄기나 잎을 자르면 흰색 즙이 나오며 쓴맛이 난다.
- **꽃** 5~7월. 노란색 꽃이 가지나 줄기 끝에 핀다. 두상꽃차례. 통꽃. 수술 5개, 암술 1개. 수술이 암술대를 감싼다.
- **열매** 8~9월. 씨는 검고 납작하며 낙하산 모양의 흰색 털이 있다.
- **자라는 곳** 들이나 밭 근처에서 자라고 심어 기르기도 한다.
- **쓰임** 어린잎과 뿌리를 나물이나 김치로 먹고 전체는 소화제로 쓴다.

방가지똥
Sonchus oleraceus 방가지풀

속씨식물 〉 쌍떡잎식물 〉 국화과　한두해살이풀

↑사데풀

↩방가지똥

- 🐾 **특징**　높이 30～100cm. 줄기는 곧게 자라고 속이 비어 있다. 뿌리에서 나는 잎은 일찍 시든다. 줄기에서는 잎 밑부분이 줄기를 감싸며 어긋나고 깃꼴로 갈라진다. 씨로 번식한다. 방가지똥과 비슷한 사데풀은 바닷가나 햇볕이 잘 드는 곳에서 자라고 잎 뒷면이 연한 녹색이다.
- 🌸 **꽃**　5～9월. 노란색 또는 흰색 꽃이 가지 끝이나 잎겨드랑이에 핀다. 통꽃. 수술 5개, 암술 1개. 수술이 암술대를 감싼다.
- 🫧 **열매**　10월. 갈색이고 3개의 홈과 흰색 털이 있다.
- 🪣 **자라는 곳**　들이나 빈터에서 자란다. 원산지는 유럽이다.
- ☀️ **쓰임**　어린잎을 나물로 먹는다.

돼지풀
Ambrosia artemisiifolia var. elatior 쑥잎풀

속씨식물 〉 쌍떡잎식물 〉 국화과　한해살이풀

↑단풍잎돼지풀

↩돼지풀

- 🐾 **특징**　높이 1～2m. 줄기는 곧게 자라고 가지가 많이 갈라지며 전체에 솜털이 있다. 잎은 깃꼴로 2～3회 깊게 갈라지고 뒷면에 흰빛이 돈다. 씨로 번식한다. 단풍잎돼지풀은 잎이 크고 3～5갈래로 깊게 갈라진다.
- 🌸 **꽃**　8～9월. 단성화. 이삭 모양의 연한 노란색 수꽃이 가지 끝에 피고 수꽃 밑의 겨드랑이에 녹색 암꽃이 핀다. 통꽃. 수술 5개, 암술 1개.
- 🫧 **열매**　9～10월. 왕관 모양이다.
- 🪣 **자라는 곳**　들이나 산, 빈터, 길가에서 자란다. 원산지는 미국이다.

이야기마당 🍃 번식력이 강해서 농작물에 많은 피해를 주고, 특히 꽃가루가 알레르기성 질병을 일으키는 해로운 풀이에요.

개망초 *Erigeron annuus* 계란꽃, 개망풀, 왜풀
속씨식물 〉 쌍떡잎식물 〉 국화과   두해살이풀

↙ 개망초

↑↑ 가까이에서 본 꽃
↑ 개망초의 로제트

🐾 **특징** 높이 30~100cm. 전체에 길고 거센 털이 있고 가지가 많이 갈라진다. 첫해에는 뿌리에서 주걱 모양의 잎이 뭉쳐나고 이듬해에 줄기가 나와 자란다. 줄기에서는 달걀 모양의 잎이 어긋나며 가장자리는 뾰족한 톱니 모양이다. 씨로 번식한다.

✿ **꽃** 6~8월. 가장자리는 흰색, 가운데는 노란색인 달걀부침 모양의 꽃이 가지와 줄기 끝에서 위를 향해 핀다. 두상꽃차례. 통꽃. 수술 5개, 암술 1개.

💊 **열매** 8~9월. 연한 갈색이고 낙하산 모양의 흰색 털이 있다.

🪣 **자라는 곳** 들이나 길가의 빈터에서 자란다. 원산지는 북아메리카이다.

☀ **쓰임** 어린잎을 먹거나 가축의 사료로 쓴다.

이야기마당 🌙 꽃송이의 모양이 달걀부침과 비슷해서 '계란꽃'이라고도 해요.

뚱딴지 *Helianthus tuberosus* 돼지감자, 뚝감자
속씨식물 〉 쌍떡잎식물 〉 국화과   여러해살이풀

↙ 뚱딴지

↑↑ 가까이에서 본 꽃
↑ 뚱딴지의 덩이줄기

🐾 **특징** 높이 1.5~3m. 전체에 짧은 털이 있고 줄기는 곧게 자라며 가지가 갈라진다. 잎자루에 날개가 있고 긴 타원형의 잎이 줄기 밑부분에서는 마주나고 윗부분에서는 어긋난다. 땅속줄기 끝이 굵어져 감자처럼 된다. 덩이줄기로 번식한다.

✿ **꽃** 8~10월. 노란색 꽃이 줄기와 가지 끝에 1송이씩 핀다. 두상꽃차례. 통꽃. 수술 5개, 암술 1개.

💊 **열매** 10월. 긴 타원형이다.

🪣 **자라는 곳** 빈터에서 자라고 심어 기르기도 한다. 원산지는 북아메리카이다.

☀ **쓰임** 관상용. 덩이줄기를 먹거나 사료로 쓴다.

이야기마당 🌙 뚱딴지가 우리나라에 처음 들어왔을 때에는 맛이 이상해서 주로 돼지 먹이로 썼대요. 그래서 뚱딴지를 '돼지감자'라고도 하지요.

금불초 *Inula britannica* ssp. *japonica* 옷풀, 하국(여름국화)

속씨식물 〉 쌍떡잎식물 〉 국화과   여러해살이풀

↑ 가까이에서 본 꽃

← 금불초

🐾 **특징** 높이 30~60cm. 전체에 털이 있고 줄기가 곧게 무리지어 자란다. 긴 타원형의 잎이 줄기에서 어긋난다. 잎 양면에 털이 있으며 줄기 밑부분의 잎은 꽃이 필 때 시든다. 씨와 뿌리줄기로 번식한다.

✿ **꽃** 7~9월. 가지나 줄기 끝에 노란색 꽃이 핀다. 통꽃. 수술 5개, 암술 1개.

💊 **열매** 10월. 타원형이고 낙하산 모양의 흰색 털이 있다.

🪣 **자라는 곳** 습기 있는 풀밭에서 자라고 높은 지대에서도 자란다.

☀ **쓰임** 어린순을 먹고 꽃과 뿌리는 이뇨제로 쓴다.

이야기마당 🌙 불심이 깊은 한 신자가 산속에 황금 불상을 모셔 놓고 열심히 불공을 드리며 살았어요. 어느 날 도둑이 불상을 훔쳐갔는데 불상이 있던 자리에 황금색 꽃이 피어났어요. 신자는 불상이 황금색 꽃이 된 것으로 믿고 계속 불공을 드렸는데 그 꽃이 금불초래요.

구절초 *Chrysanthemum zawadskii* ssp. *latilobum* 들국화, 구일초, 선모초, 고뽕

속씨식물 〉 쌍떡잎식물 〉 국화과   여러해살이풀

↑ 바위구절초

← 구절초

🐾 **특징** 높이 50~100cm. 전체에 흰빛이 돌고 줄기는 곧게 자란다. 긴 타원형의 잎이 어긋나며 가장자리는 깃꼴로 깊게 갈라진다. 땅속줄기가 옆으로 길게 뻗는다. 씨나 꺾꽂이로 번식한다.

✿ **꽃** 9~11월. 흰색 또는 연한 분홍색 꽃이 줄기 끝에 핀다. 통꽃. 수술 5개, 암술 1개.

💊 **열매** 10~11월. 긴 타원형이며 5개의 줄이 있다.

🪣 **자라는 곳** 산에서 자라며 심어 기르기도 한다.

☀ **쓰임** 관상용. 식욕을 돋우며 위장병이나 신경통 등에 약으로 쓴다.

이야기마당 🌙 한약재로 많이 쓰는데, 음력 9월 9일에 꺾은 꽃줄기의 약효가 가장 좋아서 구절초라고 해요. 꽃말은 들녘의 향기예요.

벌개미취 *Aster koraiensis* 별개미취
속씨식물 〉 쌍떡잎식물 〉 국화과　여러해살이풀

↑↑ 가까이에서 본 꽃
↑ 벌개미취 열매

← 벌개미취

🐾 **특징**　높이 50~60cm. 줄기는 곧게 자라고 세로로 골이 팬다. 뿌리에서 나는 잎은 꽃이 질 때 시들며 줄기에서는 길고 끝이 뾰족한 잎이 어긋난다. 잎은 위로 갈수록 작아지고 가장자리는 잔톱니 모양이다. 씨나 꺾꽂이, 포기나누기로 번식한다.

✿ **꽃**　6~10월. 연한 자주색 또는 연한 보라색 꽃이 줄기나 가지 끝에 1송이씩 핀다. 통꽃. 수술 5개, 암술 1개.

💊 **열매**　11월. 긴 타원형이다.

🪣 **자라는 곳**　산과 들의 습기가 많은 곳에서 자라고 꽃밭에 심어 기르기도 한다.

☀ **쓰임**　관상용. 어린순을 나물로 먹는다.

이야기마당 🌿　번식력이 좋아 메마른 땅에서도 잘 자라기 때문에 도로 가 화단을 장식하는 데 많이 써요. 꽃말은 추상 이에요.

쑥부쟁이 *Aster yomena* 쑥부장이, 권영초, 왜쑥부쟁이
속씨식물 〉 쌍떡잎식물 〉 국화과　여러해살이풀

↑ 쑥부쟁이 열매

← 쑥부쟁이 꽃

🐾 **특징**　높이 30~100cm. 줄기는 붉은빛을 띠다가 자주색이 된다. 뿌리에서 나는 잎은 꽃이 필 때 지고 줄기에서는 긴 타원형의 잎이 어긋나며 가장자리는 굵은 톱니 모양이다. 뿌리줄기가 옆으로 길게 뻗고 씨나 꺾꽂이로 번식한다.

✿ **꽃**　7~10월. 연한 보라색 꽃이 가지와 줄기 끝에 1송이씩 핀다. 통꽃. 수술 5개, 암술 1개.

💊 **열매**　10~11월. 달걀 모양이고 짧은 털이 있다.

🪣 **자라는 곳**　개울이나 골짜기 등 습기가 약간 있는 곳에서 자란다.

☀ **쓰임**　어린순을 나물로 먹는다.

이야기마당 🌿　대장장이의 딸이 동생들을 위해 쑥을 캐러 다녀서 별명이 쑥부쟁이였는데, 어느 날 쑥을 캐다 낭떠러지에서 떨어져 꽃이 되었대요. 꽃말은 인내, 청초함이에요.

쑥 *Artemisia princeps* 뜸쑥, 모기태쑥, 약쑥
속씨식물 〉 쌍떡잎식물 〉 국화과   여러해살이풀

↑↑ 쑥 꽃
↑ 어린 쑥

← 쑥

🐾 **특징** 높이 60~120cm. 줄기는 곧게 자라며 세로줄이 있고 가지가 갈라진다. 전체에 흰색 털이 많고 독특한 향이 난다. 잎은 어긋나고 깊게 갈라지며 뒷면에 털이 많아 희게 보인다. 뿌리줄기가 옆으로 뻗으며 싹이 뭉쳐 나고 씨나 꺾꽂이, 포기나누기로 번식한다.

✳ **꽃** 7~9월. 연한 자주색 꽃이 한쪽으로 치우쳐 핀다. 원추꽃차례. 통꽃.

🫐 **열매** 10월. 달걀 모양이며 진한 회색이다.

🪣 **자라는 곳** 햇볕이 잘 드는 풀밭에서 자란다.

☀ **쓰임** 어린순으로 나물, 떡, 찌개 등을 만들고 잎은 말려서 지혈제나 진통제로 쓴다.

이야기마당 🌙 우리나라의 시조인 단군의 어머니 웅녀는 100일 동안 쑥과 마늘을 먹고 굴 속에서 견뎌 사람이 되었대요. 꽃말은 평온함, 부부애, 인내예요.

떡쑥 *Gnaphalium affine* 솜쑥, 괴쑥
속씨식물 〉 쌍떡잎식물 〉 국화과   두해살이풀

↑ 가까이에서 본 꽃

← 떡쑥

🐾 **특징** 높이 15~40cm. 흰색 솜털로 덮여 있어 전체에 흰빛이 돌고 줄기는 곧게 자라며 밑부분에서 갈라진다. 뿌리에서 나온 잎은 꽃이 필 때 시들고 줄기에서는 좁은 주걱 모양의 잎이 어긋난다. 씨로 번식한다.

✳ **꽃** 5~7월. 줄기 끝에 연한 노란색 꽃이 빽빽이 모여 핀다. 산방꽃차례.

🫐 **열매** 8월. 누르스름한 갈색의 긴 타원형이고 낙하산 모양의 털이 있다.

🪣 **자라는 곳** 건조한 풀밭에서 자란다.

☀ **쓰임** 어린순을 먹고 전체는 말려서 기침약, 모기약 등으로 쓴다.

이야기마당 🌙 떡에 섞어서 쪄 먹기 때문에 떡쑥이라고 해요.

산국 *Chrysanthemum boreale* 황국, 들국화, 개국화
속씨식물 〉 쌍떡잎식물 〉 국화과   여러해살이풀

↑산국

←감국

🐾 **특징** 높이 1~1.5cm. 줄기는 모여나와 곧게 자라며 가지가 많이 갈라지고 흰색 털이 있다. 뿌리에서 나는 잎은 꽃이 필 때 시들고 줄기에서는 깊게 갈라진 타원형의 잎이 어긋나며 잎 가장자리는 톱니 모양이다. 뿌리줄기가 길게 뻗고 씨나 꺾꽂이 또는 포기나누기로 번식한다. 감국은 산국보다 꽃 지름이 2배 정도 크다.

✿ **꽃** 9~10월. 매우 작은 노란색 꽃이 줄기나 가지 끝에 피며 향기가 진하다. 통꽃. 수술 5개, 암술 1개.

🥚 **열매** 10~11월. 긴 타원형이다.

🪣 **자라는 곳** 들이나 산에서 자란다.

☀ **쓰임** 관상용. 어린순을 나물로 먹고 꽃은 술을 담그거나 두통약으로 쓴다.

이야기마당 🌱 꽃말은 순수한 사랑이에요.

삽주 *Atractylodes japonica* 화창출
속씨식물 〉 쌍떡잎식물 〉 국화과   여러해살이풀

←삽주

↑가까이에서 본 꽃

🐾 **특징** 높이 30~100cm. 줄기는 곧게 서며 윗부분에서 가지가 몇 개 갈라진다. 뿌리줄기는 굵고 길며 마디가 있다. 뿌리에서 나는 잎은 꽃이 필 때 시들고 줄기에서는 잎이 어긋난다. 줄기 밑부분의 잎은 깃꼴로 깊게 갈라지고 윗부분의 잎은 갈라지지 않으며 잎자루가 거의 없다. 잎과 줄기가 뻣뻣하여 작은 나무처럼 보인다. 씨나 포기나누기로 번식한다.

✿ **꽃** 7~10월. 흰색 또는 연한 분홍색 꽃이 줄기 끝에 1송이씩 핀다. 암수딴그루.

🥚 **열매** 10~11월. 긴 타원형이며 갈색 털이 있다.

🪣 **자라는 곳** 산이나 들의 건조한 곳에서 자란다.

☀ **쓰임** 어린잎을 나물로 먹고 뿌리는 진통제, 위장약 등 한약재로 쓴다.

우산나물 *Syneilesis palmata* 삿갓나물
속씨식물 〉 쌍떡잎식물 〉 국화과   여러해살이풀

⬆⬆ 우산나물 열매
⬆ 우산나물의 어린순

⬅ 우산나물

🐾 **특징** 높이 50~100cm. 줄기는 곧고 어린순은 털이 많지만 자라면서 없어진다. 5~9갈래로 깊게 갈라진 잎이 우산살 모양으로 돌려난다. 잎 가장자리는 날카로운 톱니 모양이며 뒷면은 흰색이다. 씨나 포기나누기로 번식한다.

✿ **꽃** 6~9월. 줄기 윗부분이 잔가지로 갈라져 흰색 꽃이 핀다. 통꽃. 수술 5개, 암술 1개.

◔ **열매** 10~11월. 연한 갈색이고 낙하산 모양의 흰색 털이 있다.

🪣 **자라는 곳** 깊은 산속 나무 그늘에서 자란다.

☀ **쓰임** 관상용. 어린순을 나물로 먹는다.

이야기마당 🌙 돋아나는 어린순이 접어 놓은 우산 모양이어서 우산나물이라고 해요.

참취 *Aster scaber* 나물취
속씨식물 〉 쌍떡잎식물 〉 국화과   여러해살이풀

⬆⬆ 가까이에서 본 꽃
⬆ 참취의 어린잎

⬅ 참취

🐾 **특징** 높이 1~1.5m. 전체에 거친 털이 있고 윗부분에서 가지가 갈라진다. 잎자루가 길고 심장 모양의 잎이 어긋난다. 잎 가장자리는 톱니 모양이며 뒷면은 흰색이고 꽃이삭 밑의 잎은 타원형 또는 긴 달걀 모양이다. 씨로 번식한다.

✿ **꽃** 8~10월. 흰색 꽃이 줄기나 가지 끝에 핀다. 산방꽃차례. 통꽃. 수술 5개, 암술 1개.

◔ **열매** 11월. 긴 타원형이고 낙하산 모양의 회색 털이 있다.

🪣 **자라는 곳** 산과 들의 풀밭에서 자라고 밭에 심어 기르기도 한다.

☀ **쓰임** 어린잎을 취나물이라 하여 먹는다.

이야기마당 🌙 꽃말은 이별이에요.

도꼬마리

Xanthium strumarium 되꼬리, 되꼬마리, 도깨비열매, 도둑놈까시

속씨식물 〉쌍떡잎식물 〉국화과　한해살이풀

↑ 도꼬마리 열매

← 도꼬마리

🐾 **특징** 높이 1~1.5m. 전체에 억센 털이 있고 줄기가 곧게 선다. 넓은 세모꼴 잎이 줄기에서 어긋나며 잎자루가 길다. 잎은 얕게 3갈래로 갈라지며 가장자리는 거친 톱니 모양이고 뒷면에 3개의 잎맥이 뚜렷하다. 씨로 번식한다.

✿ **꽃** 8~9월. 통꽃. 단성화. 수꽃은 노란색으로 가지 끝에 많이 피고 암꽃은 녹색으로 잎 겨드랑이에 2~3송이씩 피며 가시가 2개 있다. 수술 5개, 암술 2개.

💊 **열매** 9~10월. 타원형이며 씨가 2개 들어 있다. 열매 겉에 갈고리 모양의 가시가 많아서 다른 물체에 잘 달라붙는다.

🪣 **자라는 곳** 들이나 길가에서 자란다.

☀ **쓰임** 어린순을 먹고 열매는 축농증과 비염 등에 약으로 쓴다.

가막사리

Bidens tripartita 넓적닥사리

속씨식물 〉쌍떡잎식물 〉국화과　한해살이풀

↑↑ 미국가막사리 꽃
↑ 미국가막사리 열매

← 가막사리

🐾 **특징** 높이 20~150cm. 줄기는 연녹색이고 긴 타원형의 잎이 마주나며 잎 가장자리는 톱니 모양이다. 잎은 3~5갈래로 갈라지며 윗부분으로 갈수록 작고 좁아진다. 씨로 번식한다. 미국가막사리는 줄기가 검은빛이 도는 자주색이며 원산지는 북아메리카이다.

✿ **꽃** 8~9월. 줄기나 가지 끝에 노란색 꽃이 1송이씩 핀다. 양성화. 통꽃.

💊 **열매** 10~11월. 검은갈색이며 씨는 도깨비바늘의 씨와 비슷하지만 더 짧고 넓적하다. 씨 끝에 2개의 갈고리가 있어 옷이나 동물의 털에 잘 달라붙는다.

🪣 **자라는 곳** 밭둑이나 물가의 습기 있는 곳에서 자란다.

☀ **쓰임** 어린순을 먹고 결핵 등에 약으로 쓴다.

도깨비바늘

Bidens bipinnata 참귀사리, 바늘닥사리

속씨식물 〉 쌍떡잎식물 〉 국화과　한해살이풀

↑↑도깨비바늘 열매
↑옷에 붙은 열매

← 도깨비바늘

🐾 **특징** 높이 25~85cm. 줄기를 자른 면은 사각형이다. 잎은 마주나고 양면에 털이 있으며 2회 깃꼴로 갈라진다. 잎 가장자리는 톱니 모양이다. 씨로 번식한다.

✾ **꽃** 8월. 노란색 꽃이 가지나 줄기 끝에 핀다. 통꽃. 수술 5개, 암술 1개.

🌰 **열매** 9~10월. 바늘 모양이다. 씨 끝에 3~4개의 가시가 있고 안쪽에 아래를 향한 까끄라기가 있어 옷이나 털에 잘 붙는다.

🪣 **자라는 곳** 산이나 밭 근처에서 자란다.

☀ **쓰임** 어린순을 먹고 즙을 내어 벌레 물린 데 바른다.

이야기마당 🌙 숲길을 가다 보면, 바늘 같은 긴 열매가 언제 어디서 붙었는지 모르게 옷에 달라붙어 있어서 도깨비바늘이라고 해요. 꽃말은 흥분이에요.

진득찰

Siegesbeckia glabrescens 진둥찰

속씨식물 〉 쌍떡잎식물 〉 국화과　한해살이풀

↑↑가까이에서 본 꽃
↑진득찰 열매

← 진득찰

🐾 **특징** 높이 35~100cm. 전체에 짧은 흰색 털이 있고 줄기는 곧게 선다. 긴 달걀 모양의 잎이 마주나며 가장자리는 톱니 모양이다. 줄기 위로 올라갈수록 잎자루가 짧아지고 잎도 작아진다. 씨로 번식한다.

✾ **꽃** 8~9월. 윗부분의 잎겨드랑이에서 가지가 갈라지고 가지 끝에 노란색 꽃이 핀다. 통꽃. 꽃과 꽃받침에 끈적끈적한 액체가 나오는 털이 있고 꽃받침은 긴 주걱 모양이다. 꽃받침 5장.

🌰 **열매** 10월. 굽은 타원형이고 끈끈한 털이 있어 옷이나 물체에 잘 붙는다.

🪣 **자라는 곳** 들이나 길가에서 자란다.

☀ **쓰임** 열매를 중풍, 고혈압, 관절염 등에 약으로 쓴다.

벌레잡이통풀 *Nepenthes alata* 네펜데스
속씨식물 〉 쌍떡잎식물 〉 벌레잡이통풀과   늘푸른 덩굴성 여러해살이풀

- 🐾 **특징** 땅 위로 줄기를 뻗거나 나무에 엉겨 붙는다. 잎 끝부분이 길쭉한 주머니 모양으로 변하며 미끌미끌한 주머니 안에 벌레가 빠지면 뚜껑이 닫히고 소화액이 나와 벌레를 녹여 흡수한다. 씨나 꺾꽂이로 번식한다.
- ✿ **꽃** 가지 끝에 진한 보라색 꽃이 핀다. 암수 딴그루. 지름 8mm 정도.
- 🪣 **자라는 곳** 온실에서 기른다. 원산지는 보르네오를 중심으로 한 열대 아시아이다.
- ☀ **쓰임** 관상용. 벌레잡이 식물 학습 자료.

끈끈이주걱 *Drosera rotundifolia*
속씨식물 〉 쌍떡잎식물 〉 끈끈이귀갯과   여러해살이풀

↑ 끈끈이주걱

← 벌레를 잡는 끈끈이주걱

- 🐾 **특징** 꽃줄기 높이 6~30cm. 잎이 뭉쳐나고 잎자루는 긴 주걱 모양이다. 잎과 잎자루에 끈끈한 액이 나오는 털이 있어 벌레를 잡는다. 씨나 포기나누기, 뿌리꽂이로 번식한다.
- ✿ **꽃** 7월. 긴 꽃줄기 끝에 흰색 꽃 10여 송이가 한쪽에만 핀다. 꽃잎 5장. 수술 5개, 암술대 3개.
- 🫛 **열매** 9월. 익으면 3갈래로 갈라진다. 씨의 양 끝에 꼬리 같은 돌기가 있다.
- 🪣 **자라는 곳** 햇볕이 잘 들고 습한 산에서 자란다.
- ☀ **쓰임** 호흡기 질병에 약으로 쓴다.

파리지옥 *Dionaea muscipula*
속씨식물 〉 쌍떡잎식물 〉 끈끈이귀갯과   여러해살이풀

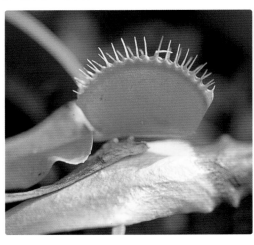

↑ 파리지옥

← 가까이에서 본 파리지옥

- 🐾 **특징** 높이 25cm 정도. 줄기가 곧고 4~8개의 잎이 뿌리에서 나온다. 잎 가장자리에 가시 같은 긴 털이 있는데, 벌레가 앉거나 닿으면 재빨리 잎을 오므리고 소화액을 분비해 벌레를 녹여 흡수한다. 씨나 포기나누기, 잎꺾꽂이로 번식한다.
- ✿ **꽃** 6월. 흰색 꽃이 10여 송이 핀다.
- 🪣 **자라는 곳** 북아메리카 습지에서 자라고 온실에서 기른다. 원산지는 미국이다.
- ☀ **쓰임** 관상용. 벌레잡이 식물 학습 자료.

통발 *Utricularia japonica*
속씨식물 〉 쌍떡잎식물 〉 통발과   여러해살이풀

↑ 통발의 벌레잡이통

← 통발

- 🐾 **특징** 길이 20~30cm. 뿌리가 없고 줄기는 가늘고 길다. 잎이 깃털처럼 가늘게 갈라지고 일부는 주머니 모양의 벌레잡이통이 된다. 포기나누기로 번식한다.
- ✿ **꽃** 7~9월. 잎 사이에서 꽃줄기가 길게 올라와 물 밖에서 노란색 꽃이 핀다. 통꽃. 꽃받침 2갈래. 수술 2개, 암술 1개.
- 🥚 **열매** 맺지 않는다.
- 🪣 **자라는 곳** 연못이나 늪의 물속에서 자란다.
- ☀ **쓰임** 관상용.

땅귀개 *Utricularia bifida* 땅귀이개
속씨식물 〉 쌍떡잎식물 〉 통발과   여러해살이풀

- 🐾 **특징** 높이 7~15cm. 실처럼 희고 가는 땅속줄기가 옆으로 뻗고 벌레잡이주머니가 군데군데 달린다. 달걀 모양의 비늘잎이 어긋난다. 씨로 번식한다.
- ✿ **꽃** 8~10월. 입술 모양의 노란색 꽃이 2~7 송이씩 핀다. 통꽃. 수술 2개, 암술 1개.
- 🥚 **열매** 10~11월. 둥글고 씨에 줄이 비스듬히 달린다.
- 🪣 **자라는 곳** 습지에서 자란다.
- ☀ **쓰임** 관상용.

이삭귀개 *Utricularia racemosa* 이삭귀이개
속씨식물 〉 쌍떡잎식물 〉 통발과   여러해살이풀

- 🐾 **특징** 높이 10~30cm. 실처럼 생긴 땅속줄기가 옆으로 뻗고 작은 벌레잡이통이 달린다. 잎은 주걱 모양이다. 씨로 번식한다.
- ✿ **꽃** 8~9월. 입술 모양의 보라색 꽃이 4~10 송이씩 드문드문 핀다. 통꽃. 수술 2개, 암술 1개. 긴 꿀주머니가 있다.
- 🥚 **열매** 11월. 둥근 모양이다.
- 🪣 **자라는 곳** 습지에서 자란다.
- ☀ **쓰임** 관상용.

부들 *Typha latifolia*
속씨식물 〉 외떡잎식물 〉 부들과   여러해살이풀

↑애기부들

↙부들

🐾 **특징** 높이 1~1.5m. 단단한 뿌리줄기가 길게 옆으로 뻗으며 흰색 수염뿌리를 내린다. 줄기는 가느다란 원기둥 모양이며 길고 납작한 줄 모양의 잎이 줄기를 감싸며 어긋난다. 포기나누기로 번식한다. 애기부들은 암꽃 이삭과 수꽃 이삭 사이가 떨어져 있다.

✿ **꽃** 7월. 암꽃은 붉은갈색 원기둥 모양이며 윗부분에 녹색 수꽃 이삭이 달린다.

🥟 **열매** 10월. 긴 타원형의 붉은갈색이다. 이삭 길이 10cm 정도.

🗑 **자라는 곳** 연못가나 강가에서 자란다.

☀ **쓰임** 잎으로 방석 등 민속 공예품을 만들고 꽃가루는 지혈제로 쓴다.

이야기마당 🌙 꽃말은 순종이에요.

벗풀 *Sagittaria trifolia*
속씨식물 〉 외떡잎식물 〉 택사과   여러해살이풀

↑벗풀 꽃

↙벗풀

🐾 **특징** 높이 60cm 정도. 옆으로 뻗는 가지 끝에 작은 덩이줄기가 달린다. 잎은 밑부분이 줄기를 감싸며 뭉쳐나고 잎자루가 길며 화살촉 모양으로 깊게 갈라진다. 씨로 번식한다.

✿ **꽃** 8~10월. 흰색 꽃이 층층으로 돌려 핀다. 원추꽃차례. 암수한그루. 꽃잎 3장. 수꽃은 윗부분에, 암꽃은 밑부분에 달린다. 수술과 암술이 많다.

🥟 **열매** 10월. 연두색이며 양쪽에 넓은 날개가 있다.

🗑 **자라는 곳** 얕은 연못이나 습지, 논에서 자란다.

☀ **쓰임** 관상용.

이야기마당 🌙 벗풀 열매의 날개에는 공기가 들어 있어 씨앗이 물에 떠서 멀리까지 이동할 수 있어요. 꽃말은 신뢰, 결백이에요.

가래 *Potamogeton distinctus*
속씨식물 〉 외떡잎식물 〉 가랫과   여러해살이풀

↑가래 꽃

←←가래
←네가래

- 🐾 **특징** 높이 10~60cm. 줄기는 가늘고 길다. 물 위에 뜨는 잎은 긴 타원형이며 반질반질한 녹색이다. 물속에 잠기는 잎은 얇고 잎자루가 짧다. 땅속줄기가 물속의 땅에서 옆으로 뻗으면서 번식한다. 우리나라에서 자라는 가래는 모두 12종이다. 네가래는 잎이 네잎클로버와 비슷하고 물 위에 떠 있다.
- ✿ **꽃** 7~8월. 푸르스름한 노란색 꽃이 잎겨드랑이에서 나온 꽃대에 핀다. 이삭꽃차례. 꽃잎 4장. 수술 4개, 암술 1개.
- 🥚 **열매** 9월. 넓은 달걀 모양이다.
- 🪣 **자라는 곳** 물이 덜 오염된 논이나 연못에서 무리지어 자란다.
- ☀ **쓰임** 관상용. 식중독에 약으로 쓴다.

이야기마당 🌙 꽃말은 청순함이에요.

말즘 *Potamogeton crispus*
속씨식물 〉 외떡잎식물 〉 가랫과   여러해살이풀

↑말즘

←말즘 꽃

- 🐾 **특징** 길이 70cm 정도. 초록빛을 띠는 갈색이며 땅속줄기가 옆으로 뻗는다. 가지가 많으며 물속에 잠겨 있는 줄기에서 잎이 어긋난다. 잎은 줄 모양으로 중앙맥이 선명하며 가장자리는 주름진 톱니 모양이다. 씨로 번식한다.
- ✿ **꽃** 6~9월. 연한 노란색 꽃이삭이 물 위로 올라온 꽃대 끝에 달린다. 수술 4개, 암술 4개.
- 🥚 **열매** 8~10월. 넓은 달걀 모양이며 단단한 껍질에 싸여 있다.
- 🪣 **자라는 곳** 저수지나 흐르는 개울물 속에서 무리지어 자란다.
- ☀ **쓰임** 나물로 먹는다.

이야기마당 🌙 수조에 말즘을 심어 햇볕이 잘 드는 곳에 두면 공기 방울이 생기는 것을 볼 수 있어요. 공기 방울은 말즘이 만들어 내는 산소인데, 말즘은 이렇게 산소를 내뿜어서 물을 깨끗하게 만들어요.

검정말 *Hydrilla verticillata*

속씨식물 〉 외떡잎식물 〉 자라풀과　여러해살이풀

↑↑검정말의 수꽃
↑붕어마름

←검정말

🐾 **특징** 길이 30~60cm. 줄기는 긴 원기둥 모양으로 모여나며 가지가 갈라지고 마디가 많다. 마디마다 3~8개의 잎이 돌려나며 잎 끝이 뾰족하고 가장자리는 잔톱니 모양이다. 씨로 번식한다. 붕어마름은 잎이 5~12개씩 돌려나고 7~8월에 붉은 꽃이 핀다.

❀ **꽃** 8~10월. 연한 자주색 꽃이 잎겨드랑이에 핀다. 단성화. 암수딴그루. 통꽃. 꽃잎 3갈래. 암꽃의 씨방이 물 위로 길게 나온다.

🥚 **열매** 9~10월. 바늘 모양이며 씨가 1~3개씩 들어 있다.

🪣 **자라는 곳** 연못이나 개울에서 무리지어 자란다.

☀ **쓰임** 어항 장식용. 광합성 작용 실험 재료.

이야기마당 🌙 검정말을 어항에 심고 빛을 비추면 공기 방울이 생겨요. 이것은 검정말 잎의 광합성으로 만들어진 산소인데 빛이 강할수록 많이 생겨요.

나사말 *Vallisneria asiatica*

속씨식물 〉 외떡잎식물 〉 자라풀과　여러해살이풀

↑나사말

←나사말 꽃

🐾 **특징** 길이 50~70cm. 흰색 땅속줄기가 길게 뻗고 마디에서 수염뿌리가 나온다. 잎은 가는 줄 모양의 반투명한 녹색이며 땅속줄기에서 모여난다. 씨로 번식한다.

❀ **꽃** 8~9월. 암수딴그루. 나사 모양으로 꼬부라진 암꽃이 물 위에 뜨고, 수꽃은 물속의 짧은 꽃대 끝에 핀다. 암꽃 꽃받침은 흰색이고 3장이다. 수술 1~3개, 암술대 3개.

🥚 **열매** 9~10월. 길이 20cm 정도의 줄 모양이다. 씨는 길이 3mm 정도의 물방울 모양이다.

🪣 **자라는 곳** 연못이나 개울, 강가의 물속에서 자란다.

☀ **쓰임** 어항 장식용.

이야기마당 🌙 나사말의 암꽃은 물 위에 피는데, 비가 많이 와 물이 불어나면 나사처럼 말려 있던 꽃줄기가 쭉 펴지면서 길어져 물 위로 올라가요.

줄 *Zizania latifolia* 줄풀
속씨식물 〉 외떡잎식물 〉 벼과   여러해살이풀

↑줄 꽃

←줄

* 🐾 **특징** 높이 1~2m. 짧고 굵은 뿌리줄기가 진흙 속으로 뻗고 뿌리에서 잎이 여러 개 뭉쳐난다. 잎은 흰빛이 도는 녹색으로 좁고 길며 억세다. 씨나 포기나누기 또는 꺾꽂이로 번식한다.
* ✽ **꽃** 8~9월. 꽃이삭 길이 30~50cm. 연한 노란색이며 암꽃 이삭은 윗부분에, 수꽃 이삭은 밑부분에 달린다. 원추꽃차례. 수술 6개, 암술 1개.
* 🥚 **열매** 10월. 타원형이며 털이 달려 있어 바람에 날려 퍼진다.
* 🪣 **자라는 곳** 얕은 저수지나 연못, 냇가 등의 습기 있는 곳에서 자란다.
* ☀ **쓰임** 씨를 먹고 줄기로 돗자리를 만들며 잎은 화장품 원료로 쓴다.

갈대 *Phragmites communis*
속씨식물 〉 외떡잎식물 〉 벼과   여러해살이풀

↑갈대

←갈대꽃

* 🐾 **특징** 높이 1~3m. 땅속줄기가 길게 뻗고 마디에서 수염뿌리가 난다. 줄기는 곧고 단단하며 속이 비어 있다. 줄기에 마디가 있고 끝이 뾰족한 칼 모양의 잎이 어긋난다. 씨나 땅속줄기로 번식한다.
* ✽ **꽃** 8~9월. 자주색 꽃이삭이 점차 갈색으로 변한다. 원추꽃차례. 수술 3개, 암술 1개.
* 🥚 **열매** 10월. 누르스름한 갈색이고 씨에 털이 있어 바람에 날려 퍼진다.
* 🪣 **자라는 곳** 냇가나 습지에서 무리지어 자란다.
* ☀ **쓰임** 땅속의 어린순을 먹고 뿌리는 홍역에 약으로 쓴다. 줄기로 발, 돗자리, 갈삿갓, 붓대롱 등을 만들고, 줄기 속의 얇은 막은 갈대청이라 하여 대금의 소리 내는 부분에 쓰며, 잎으로 종이와 그물을 만든다.

이야기마당 🎵 꽃말은 고요함, 우수, 생각이에요.

물옥잠 *Monochoria korsakowii*
속씨식물 〉 외떡잎식물 〉 물옥잠과　　한해살이풀

↑물옥잠

←←가까이에서
본 꽃
←흰색 꽃

- 🐾 **특징**　높이 20~40cm. 줄기와 잎자루 속이 스펀지처럼 구멍이 나 있어서 물 위에 잘 뜬다. 잎은 끝이 뾰족한 심장 모양이며 반질반질하고 가장자리는 밋밋하다. 씨로 번식한다.
- ✽ **꽃**　7~9월. 푸른빛을 띤 자주색 또는 흰색 꽃이 옆을 향해 핀다. 꽃잎 6갈래. 수술 6개, 암술 1개. 암술은 가늘고 길다.
- 🥚 **열매**　9월. 긴 타원형이다.
- 🗑 **자라는 곳**　논이나 연못의 얕은 물속에서 자란다.
- ☀ **쓰임**　관상용. 천식에 약으로 쓴다.

이야기마당 🌙 꽃말은 승리예요.

부레옥잠 *Eichhornia crassipes*　풍선란, 봉안련
속씨식물 〉 외떡잎식물 〉 물옥잠과　　한해살이풀

↑부레옥잠

←←가까이에서
본 꽃
←잎자루가 나온
부레옥잠

- 🐾 **특징**　높이 30cm 정도. 자잘한 수염뿌리가 물과 양분을 흡수하고 몸을 지탱하는 일을 한다. 물속에 잠긴 뿌리에서 반질반질하고 둥근 잎이 모여난다. 잎자루 가운데가 공처럼 둥글게 부풀고 속이 스펀지처럼 되어 있어 물 위에 잘 뜬다. 원산지에서는 여러해살이풀이다. 씨나 포기나누기로 번식한다.
- ✽ **꽃**　8~9월. 연한 보라색이고 위쪽 꽃잎 1개가 특히 크다. 꽃잎 6갈래. 수술 6개, 암술 1개.
- 🥚 **열매**　9~10월.
- 🗑 **자라는 곳**　저수지나 연못에서 자라고 어항에 심어 기르기도 한다. 원산지는 열대 아메리카이다.
- ☀ **쓰임**　관상용. 오염된 물을 깨끗하게 만든다.

이야기마당 🌙 꽃잎에 있는 보라색과 노란색 반점이 상상의 새인 봉황의 눈동자 같다고 '봉안련'이라고도 해요.

창포 *Acorus calamus* 쟁피

속씨식물 〉 외떡잎식물 〉 천남성과　여러해살이풀

↑ 창포

↑ 창포 꽃

↑ 꽃창포

↑ 노랑꽃창포

🐾 **특징** 높이 70~100cm. 땅속줄기는 붉은갈색으로 두껍고 마디가 많으며 옆으로 길게 자란다. 전체에서 독특한 향기가 나며 긴 칼 모양의 잎이 뿌리에서 뭉쳐난다. 씨나 포기나누기로 번식한다. 붓꽃과인 꽃창포나 노랑꽃창포는 잎 모양은 창포와 비슷하지만 꽃은 붓꽃과 비슷하다.

🌸 **꽃** 5~6월. 누르스름한 녹색 꽃이삭이 꽃대 끝에 달린다. 육수꽃차례. 꽃잎 6갈래. 꽃밥은 노란색이다. 수술 6개, 암술 1개.

🥚 **열매** 7~8월. 긴 타원형이며 붉은색이다.

🪣 **자라는 곳** 연못가나 개울가에서 자란다.

☀ **쓰임** 뿌리를 약으로 쓴다.

이야기마당 🐾 우리 조상들은 음력 5월 5일, 단오에 창포를 삶아 그 물로 목욕을 하거나 머리를 감으면 잡귀를 쫓고 질병을 막을 수 있다고 믿었어요. 꽃말은 단념, 인내, 당신을 믿는다예요.

연꽃 *Nelumbo nucifera* 연
속씨식물 〉 쌍떡잎식물 〉 수련과   여러해살이풀

↑무리지어 핀 연꽃

↑가까이에서 본 연꽃

↑개연꽃

↑연밥(연꽃 열매)

↑연근(연꽃의 뿌리줄기)

↑↑노랑어리연꽃
↑가시연꽃

🐾 **특징** 굵고 긴 원기둥 모양의 뿌리줄기가 땅 속으로 뻗고 마디에서 뿌리를 내린다. 뿌리줄기 속에 구멍이 여러 개 있다. 물 위로 나온 크고 둥근 잎은 흰빛이 돌고 긴 잎자루가 붙어 있는 가운데 부분이 움푹 들어간다. 잎자루와 꽃줄기에 가시가 많다. 씨나 포기나누기로 번식한다. 연못이나 늪에서 자라는 노랑어리연꽃은 노란색 꽃이 피고, 가시연꽃은 한해살이물풀로 전체에 가시가 있고 보라색 꽃이 핀다.

🌼 **꽃** 7~8월. 분홍색 또는 흰색 꽃이 꽃대 끝에 1송이씩 핀다. 갈래꽃. 수술과 암술이 많다.

💊 **열매** 10월. 벌집 모양이고 구멍마다 단단한 타원형의 검은색 씨가 들어 있다.

🪣 **자라는 곳** 연못에서 자란다. 원산지는 열대 아시아이다.

☀ **쓰임** 관상용. 뿌리줄기를 먹고 열매를 약으로 쓴다.

이야기마당 🐾 부처님의 탄생을 알린 연꽃은 불교를 상징하는 꽃이에요. 또 뿌리는 진흙 속에 있지만 물 밖으로 웅장한 잎과 깨끗한 꽃을 내밀기 때문에 세상의 유혹에 물들지 않는 순수하고 고결한 정신을 나타내기도 하지요. 꽃말은 순결, 군자예요.

수련 *Nymphaea tetragona*

속씨식물 〉 쌍떡잎식물 〉 수련과　여러해살이풀

↑수련

◀◀붉은색 꽃
◀빅토리아수련

- 🐾 **특징** 높이 1m 정도. 짧고 굵은 땅속줄기에서 긴 잎자루가 무더기로 나오고 둥근 잎이 물 위에 뜬다. 잎 뒷면은 자주색이다. 씨나 포기나누기로 번식한다.
- ✿ **꽃** 7~8월. 흰색, 붉은색 등의 꽃이 긴 꽃대 끝에 1송이씩 핀다. 갈래꽃. 꽃잎 8~15장. 꽃받침 4장. 수술과 암술이 많다.
- 🥚 **열매** 9~10월. 둥글고 물속에서 썩으면 씨앗이 나온다.
- 🗑 **자라는 곳** 연못이나 저수지에서 기른다.
- ☀ **쓰임** 관상용. 꽃을 지혈제로 쓴다.

이야기마당 🌙 낮에 피어 있다가 저녁이 되면 오므라들기 때문에 잠자는 연꽃이라는 뜻으로 수련이라 불러요. 꽃말은 신비, 청순한 마음, 꿈이에요.

골풀 *Juncus effusus var. decipiens* 꿰미풀, 등심초

속씨식물 〉 외떡잎식물 〉 골풀과　여러해살이풀

←골풀

↑골풀 꽃

- 🐾 **특징** 높이 50~100cm. 뿌리줄기는 옆으로 뻗고 마디가 많으며 마디에서 줄기가 나온다. 매끄러운 원기둥 모양의 녹색 줄기가 뭉쳐나며 잎은 밑동에서 나와 줄기를 감싼다. 씨나 포기나누기로 번식한다.
- ✿ **꽃** 5~6월. 녹색을 띤 갈색 꽃이삭이 달린다.
- 🥚 **열매** 9~10월. 세모진 달걀 모양이며 갈색이다. 씨는 길이 0.5mm 정도로 매우 작다.
- 🗑 **자라는 곳** 논두렁이나 냇가 등 습지에서 자란다.
- ☀ **쓰임** 줄기로 방석, 돗자리 등을 만들거나 지혈제, 진통제로 쓴다.

이야기마당 🌙 옛날에 골풀 속을 등잔 심지로 사용했기 때문에 '등심초'라고도 해요. 꽃말은 온순함이에요.

고마리 *Persicaria thunbergii* 고만이
속씨식물 〉 쌍떡잎식물 〉 마디풀과   덩굴성 한해살이풀

↑고마리

←←가까이에서
본 꽃
←흰색 꽃

- 🐾 **특징** 높이 1m 정도. 줄기는 모나고 갈고리 처럼 생긴 작은 가시가 많이 있어 다른 물체에 잘 달라붙는다. 화살촉 모양의 잎이 어긋나며 표면에 진한 얼룩무늬가 있다. 잎자루에 날개가 있으며 뒷면의 잎맥 위에 잔가시가 있다. 씨로 번식한다.
- ✿ **꽃** 8~9월. 연한 분홍색 또는 흰색 꽃이 가지 끝에 모여 피며 꽃잎은 없다. 꽃받침 5장. 수술 8개, 암술대 3개.
- 🔵 **열매** 10~11월. 길이 3mm 정도. 세모진 달걀 모양이며 누르스름한 갈색이다.
- 🪣 **자라는 곳** 햇볕이 잘 드는 냇가나 개울가에서 무리지어 자란다.
- ☀ **쓰임** 어린잎과 줄기를 먹고 지혈제로 쓴다.

마름 *Trapa japonica* 물밤, 말밤
속씨식물 〉 쌍떡잎식물 〉 마름과   한해살이물풀

↑마름

←←마름 꽃
←마름 열매

- 🐾 **특징** 뿌리는 진흙 속에 있고 줄기는 길게 자라 물 위로 올라오며 줄기 끝에서 세모꼴 잎이 사방으로 퍼져 수면을 덮는다. 잎자루에 공기주머니가 있어 물 위에 뜬다. 잎 앞면은 반질반질하고 가장자리는 톱니 모양이며 뒷면의 잎맥에 털이 많다. 씨로 번식한다.
- ✿ **꽃** 7~8월. 흰색 또는 약간 붉은빛이 도는 작은 꽃이 잎겨드랑이에 핀다. 암수한그루. 갈래꽃. 꽃잎 4장. 수술 4개, 암술 1개.
- 🔵 **열매** 8~9월. 역삼각형이며 검고 딱딱하다. 양 끝에 침 같은 가시가 있고 씨는 1개이다.
- 🪣 **자라는 곳** 늪이나 연못에서 자란다.
- ☀ **쓰임** 열매를 먹거나 해독제로 쓴다 .

이야기마당 🐚 마름 열매를 '물밤' 또는 '말밤' 이라고 하는데 삶아 먹으면 맛이 밤과 비슷해요. 옛날에는 죽을 끓여 먹기도 했대요.

물수세미 *Myriophyllum verticillatum*

속씨식물 〉 쌍떡잎식물 〉 개미탑과　여러해살이풀

↑물수세미의 잎과 꽃

←어항에 심은 물수세미

- 🐾 **특징**　높이 30~60cm. 땅속줄기가 진흙 속에서 옆으로 뻗고 마디에서 수염뿌리가 난다. 줄기 마디마다 잎이 4개씩 돌려나며 깃꼴로 갈라진다. 물속의 잎은 길고 초록빛이 도는 갈색이며, 물 위의 잎은 짧고 흰빛이 도는 녹색이다. 씨나 포기나누기로 번식한다.
- ✿ **꽃**　7~8월. 연한 노란색 꽃이 물 위로 올라온 줄기의 잎겨드랑이에 1송이씩 피어 탑 모양을 이룬다. 수꽃은 윗부분에, 암꽃은 밑부분에 핀다. 갈래꽃. 꽃잎 4장. 수술 8개, 암술 4개.
- 🥚 **열매**　9~10월. 둥글다.
- 🪣 **자라는 곳**　우리나라 중부 이북 지방의 연못이나 호수에서 무리지어 자란다.
- ☀ **쓰임**　어항 장식용.

개구리밥 *Spirodela polyrhiza*　부평초

속씨식물 〉 외떡잎식물 〉 개구리밥과　여러해살이풀

↑↑개구리밥 잎
↑좀개구리밥

⬆ 개구리밥
← 개구리밥 뿌리

- 🐾 **특징**　잎과 줄기의 구별이 없다. 편평하고 가운데가 잘록하며 물 위에 뜬다. 앞면은 매끈매끈한 녹색이고 뒷면은 보랏빛을 띤다. 뒷면 가운데에서 수염 같은 뿌리가 나온다. 겨울에는 물속에 가라앉는다. 좀개구리밥은 크기가 작고 뿌리가 1개이다.
- ✿ **꽃**　7~8월. 잎 뒷면에 흰색 꽃이 피지만 너무 작아서 보기 어렵다. 수술 1개, 암술 1개.
- 🥚 **열매**　10월. 병 모양이다.
- 🪣 **자라는 곳**　논이나 연못의 물 위에 떠서 산다.
- ☀ **용도**　관상용. 당뇨병이나 화상 등에 약으로 쓰고 해열제로도 쓴다.

이야기마당 🐸 논이나 웅덩이 등 개구리가 사는 곳에 많이 자라기 때문에 개구리밥이라고 해요. 꽃말은 위험한 사랑이에요.

지채 *Triglochin maritimum*

속씨식물 〉 외떡잎식물 〉 지채과　여러해살이풀

- 🐾 **특징**　높이 10~35cm. 뿌리에서 줄기가 모여 나와 옆으로 뻗는다. 잎은 가늘고 길며 뿌리에서 뭉쳐난다. 씨나 포기나누기로 번식한다.
- ✿ **꽃**　8~9월. 자줏빛을 띠는 녹색 꽃이 곧은 꽃대 끝에 두 겹으로 핀다. 꽃잎 6갈래. 수술 6개, 암술머리 6개.
- 🍶 **열매**　8~10월. 긴 타원형이다.
- 🪣 **자라는 곳**　갯벌이나 바닷가에서 자란다.
- ☀ **쓰임**　연한 잎을 나물로 먹는다.

해홍나물 *Suaeda maritima*

속씨식물 〉 쌍떡잎식물 〉 명아줏과　한해살이풀

⬅해홍나물 군락

⬆해홍나물

- 🐾 **특징**　높이 30~50cm. 줄기는 곧고 가지가 많이 갈라진다. 잎은 어긋나고 끝이 뾰족하며 잎자루가 없다. 씨로 번식한다.
- ✿ **꽃**　7~8월. 잎겨드랑이에 푸른빛을 띠는 노란색 꽃이 3~5송이씩 피며 꽃잎이 없다. 꽃받침 5장. 수술 5개, 암술 1개.
- 🍶 **열매**　10월. 동글납작하고 씨는 지름 1mm의 바둑돌 모양이며 검은색이다.
- 🪣 **자라는 곳**　갯벌이나 바닷가에서 자란다.
- ☀ **쓰임**　어린순을 나물로 먹는다.

갯능쟁이 *Atriplex subcordata* 갯능장이

속씨식물 〉 쌍떡잎식물 〉 명아줏과　한해살이풀

- 🐾 **특징**　높이 40~60cm. 줄기가 곧게 서며 가지는 비스듬히 퍼진다. 잎은 어긋나고 좁은 세모꼴이며 끝이 길고 뾰족하다. 잎 앞면은 녹색이고 뒷면은 흰색이며 가장자리는 불규칙한 톱니 모양이다. 씨로 번식한다.
- ✿ **꽃**　7~8월. 연한 녹색 꽃이 피며 꽃잎이 없다. 단성화. 수술 5개, 암술 1개.
- 🍶 **열매**　10월. 씨는 동글납작하며 갈색이다.
- 🪣 **자라는 곳**　갯벌에서 자란다.
- ☀ **쓰임**　어린순을 나물로 먹는다.

칠면초 *Suaeda japonica* 실면초
속씨식물 〉 쌍떡잎식물 〉 명아줏과　한해살이풀

↙칠면초

↑칠면초 꽃

- 🐾 **특징** 높이 15~50cm. 줄기는 곧고 딱딱하며 윗부분에서 가지가 많이 갈라진다. 잎자루가 없고 잎은 두꺼운 몽둥이 모양이며 어긋난다. 처음에는 녹색이지만 점차 붉은색으로 변한다. 씨로 번식한다.
- ✺ **꽃** 8~9월. 수꽃과 암꽃이 잎겨드랑이에 2~10송이씩 모여 핀다. 꽃잎은 없고 꽃받침이 통통하며 둥글게 5갈래로 갈라진다. 수술 5개, 암술 1개.
- 🥚 **열매** 10월. 지름 1.5~2mm인 렌즈 모양의 씨가 1개 있다.
- 🪣 **자라는 곳** 갯벌에서 무리지어 자란다.
- ☀ **쓰임** 어린순을 나물로 먹고 열을 내리는 약으로도 쓴다.

이야기마당 🌙 꽃말은 정열이에요.

퉁퉁마디 *Salicornia europaea*
속씨식물 〉 쌍떡잎식물 〉 명아줏과　한해살이풀

↘퉁퉁마디

- 🐾 **특징** 높이 10~30cm. 두꺼운 줄기에 가지가 마주나며 마디가 퉁퉁하게 튀어나온다. 전체가 녹색이며 가을이 되면 붉은빛을 띠는 자주색이 되고 짠맛이 난다. 씨로 번식한다.
- ✺ **꽃** 8~9월. 작은 녹색 꽃이 마디 사이의 오목한 곳에 3송이씩 핀다. 수술 2개, 암술 1개.
- 🥚 **열매** 10월. 납작한 달걀 모양이고 씨는 검은색이다.
- 🪣 **자라는 곳** 염전이나 갯벌에서 자란다.
- ☀ **쓰임** 어린순을 나물로 먹는다.

이야기마당 🌙 꽃말은 부끄러움이에요.

나문재 *Suaeda asparagoides* 바다새
속씨식물 〉 쌍떡잎식물 〉 명아줏과　한해살이풀

↑나문재

←←나문재 열매
←가을에 붉게 변한
나문재

- 🐾 **특징** 높이 50~100cm. 줄기는 원기둥 모양으로 곧게 자라고 가지가 많이 갈라진다. 통통한 바늘 모양의 잎이 빽빽이 모여나고 잎은 회색빛을 띤 녹색이며 가을이 되면 붉게 변한다. 씨로 번식한다.
- ✿ **꽃** 7~8월. 푸르스름한 노란색 꽃이 잎겨드랑이에 빽빽이 피며 꽃잎이 없다. 꽃받침 5갈래. 수술 5개, 암술대 2개.
- 💊 **열매** 10월. 두꺼운 렌즈 모양의 검은색 씨가 1개씩 들어 있다.
- 🪣 **자라는 곳** 서해안의 갯벌이나 제주도 바닷가에서 자란다.
- ☀ **쓰임** 어린잎과 줄기를 나물로 먹는다.

문주란 *Crinum asiaticum var. japonicum* 문주화
속씨식물 〉 외떡잎식물 〉 수선화과　늘푸른 여러해살이풀

문주란

- 🐾 **특징** 높이 30~50cm. 줄기가 짧고 잎은 넓고 긴 칼 모양으로, 두껍고 반질반질하며 끝부분이 뒤로 젖혀진다. 뿌리는 굵은 수염뿌리이다.
- ✿ **꽃** 7~9월. 흰색 꽃이 잎 사이에서 나온 긴 꽃대에 모여 핀다. 꽃잎 6갈래. 수술 6개, 암술 1개. 독특한 향기가 난다.
- 💊 **열매** 8~9월. 지름 2~2.5cm. 둥글고 붉은색으로 익는다.
- 🪣 **자라는 곳** 따뜻한 바닷가 모래땅에서 자라며 화분에 심어 기르기도 한다.
- ☀ **쓰임** 관상용. 진통제나 해열제로 쓴다.

이야기마당 🐾 우리나라의 제주도 토끼섬에서 자생하는 문주란은 천연기념물 19호로 지정되어 보호받고 있어요. 꽃말은 어딘가 멀리예요.

통보리사초 *Carex kobomugi* 큰보리대가리
속씨식물 〉 외떡잎식물 〉 사초과   여러해살이풀

- 🐾 **특징** 높이 10~20cm. 땅속줄기가 나무처럼 단단하고 갈색 섬유에 싸여 있다. 줄기는 삼각기둥 모양이고 거칠다. 잎은 3~4개로, 길고 반질반질하며 가장자리가 거칠다. 씨나 포기나누기로 번식한다.
- ✳️ **꽃** 6~8월. 보리 이삭 모양의 연한 노란색 꽃이삭이 달린다. 암술 1개.
- 🥚 **열매** 9월. 길이 6cm 정도. 긴 타원형이다.
- 🪣 **자라는 곳** 바닷가 모래땅에서 자란다.
- ☀️ **쓰임** 관상용. 가축 사료로 쓴다.

갯완두 *Lathyrus japonicus* 개완두, 일본향완두
속씨식물 〉 쌍떡잎식물 〉 콩과   여러해살이풀

- 🐾 **특징** 높이 60cm 정도. 줄기는 모나고 비스듬히 자란다. 잎은 어긋나며 끝에 덩굴손이 있다. 씨로 번식한다.
- ✳️ **꽃** 5~6월. 나비 모양의 붉은자주색 꽃이 잎겨드랑이에 핀다. 갈래꽃. 꽃잎 4장. 꽃받침 5갈래. 수술 10개, 암술 1개.
- 🥚 **열매** 6~7월. 꼬투리 속에 둥근 갈색 씨가 들어 있다.
- 🪣 **자라는 곳** 바닷가 모래땅에서 자란다.
- ☀️ **쓰임** 관상용. 어린순을 이뇨제나 해열제로 쓴다.

갯방풍 *Glehnia littoralis* 해방풍, 빈방풍, 해사삼
속씨식물 〉 쌍떡잎식물 〉 미나릿과   여러해살이풀

- 🐾 **특징** 높이 5~20cm. 전체에 희고 긴 털이 많다. 잎자루가 길고 잎은 세모꼴이며 깃꼴로 깊게 갈라진다. 노란색 뿌리가 땅속 깊이 뻗는다. 씨나 포기나누기로 번식한다.
- ✳️ **꽃** 6~7월. 자잘한 흰색 꽃이 줄기 끝에 우산 모양을 이루며 모여 핀다. 갈래꽃. 꽃잎 5장. 꽃받침 5장. 수술 5개, 암술 1개.
- 🥚 **열매** 9~10월. 달걀 모양이며 긴 털로 덮여 있다.
- 🪣 **자라는 곳** 바닷가 모래땅에서 자란다.
- ☀️ **쓰임** 잎자루를 먹고 뿌리는 약으로 쓴다.

갯메꽃 *Calystegia soldanella* 개메꽃
속씨식물 〉 쌍떡잎식물 〉 메꽃과　덩굴성 여러해살이풀

↑ 갯메꽃

↙ 갯메꽃 열매

🐾 **특징** 희고 긴 땅속줄기가 옆으로 뻗고 줄기는 모래 위를 기거나 다른 물체를 감고 올라간다. 잎자루가 길고 콩팥 모양의 잎이 어긋나며 두껍고 반질반질하다. 씨나 포기나누기로 번식한다.

✿ **꽃** 5~6월. 깔때기 모양의 분홍색 꽃이 잎겨드랑이에서 길게 나온 꽃대 끝에 핀다. 통꽃. 수술 5개, 암술 1개.

💊 **열매** 8~9월. 둥글고 씨는 검다.

🪣 **자라는 곳** 바닷가 모래땅에서 자란다.

☀ **쓰임** 관상용. 어린순과 땅속줄기를 먹는다.

이야기마당 🌙 바다 한가운데에 있는 외로운 섬은 늘 육지로 가고 싶었어요. 섬은 자신의 일부를 떼어내어 바닷물에 실어 보냈는데, 그 일부가 바로 조약돌들이었어요. 힘들게 육지에 닿은 조약돌들은 모두 지쳐 쓰러졌고, 시간이 흐른 뒤 갯메꽃으로 태어났대요. 꽃말은 사모함, 그리움이에요.

갯씀바귀 *Ixeris repens*
속씨식물 〉 쌍떡잎식물 〉 국화과　여러해살이풀

갯씀바귀

🐾 **특징** 뿌리줄기는 옆으로 길게 뻗고 가지가 갈라진다. 잎은 깊게 3~5갈래 갈라진 손바닥 모양이며 땅속줄기에서 어긋난다. 씨나 포기나누기로 번식한다.

✿ **꽃** 6~7월. 노란색 꽃이 잎겨드랑이에서 나온 꽃대 끝에 2~5송이 핀다. 통꽃. 수술 5개, 암술 1개.

💊 **열매** 7~8월. 물방울 모양이며 흰색 털이 있다.

🪣 **자라는 곳** 바닷가 모래땅에서 자란다.

☀ **쓰임** 어린순을 먹는다.

이야기마당 🌙 고기잡이를 나간 후 소식이 끊긴 아버지를 한없이 기다리다 모래에 몸이 묻힌 한 소년이 꽃으로 피어났는데, 그 꽃이 바로 갯씀바귀랍니다.

파인애플 *Ananas comosus*
속씨식물 〉 쌍떡잎식물 〉 파인애플과 늘푸른 여러해살이풀

🐾 **특징** 높이 50~120cm. 잎은 짧은 줄기 위에서 뭉쳐나며 거칠고 뻣뻣하다. 잎 가장자리는 날카로운 톱니 모양이고 뒷면은 흰빛을 띤다. 열매 위에 달린 잎을 심거나 포기나누기로 번식한다.

✿ **꽃** 둥근 원통형의 보라색 꽃이삭이 잎 무더기 사이에서 나온 꽃대 끝에 달린다. 꽃잎 6 갈래. 수술 6개, 암술 1개.

🥚 **열매** 4월, 11월. 커다란 솔방울 모양이고 노랗게 익는다. 비타민 C가 많고 향기가 난다. 씨는 갈색이고 반달 모양이다.

🪣 **자라는 곳** 기후가 따뜻한 제주도나 온실에서 기른다. 원산지는 중앙아메리카와 남아메리카 북부이다.

☀ **쓰임** 열매를 먹는다.

↑파인애플

←←파인애플의 어린 열매
←파인애플 열매의 자른 면

사탕수수 *Saccharum officinarum*
속씨식물 〉 외떡잎식물 〉 벼과 여러해살이풀

🐾 **특징** 높이 2~6m. 줄기는 뿌리에서 모여나고 가지가 갈라지지 않는다. 줄기에는 20~30개의 마디가 있고 줄기 양쪽에서 잎이 어긋난다. 씨로 번식한다.

✿ **꽃** 잿빛을 띠는 흰색 꽃이 줄기 끝에 핀다. 원추꽃차례. 수술 3개, 암술 1개.

🥚 **열매** 원뿔 모양의 이삭이다.

🪣 **자라는 곳** 열대 지방에서 자라기 때문에 우리나라에서는 보기 힘들다. 원산지는 인도이다.

☀ **쓰임** 설탕의 원료로 쓴다.

이야기마당 🌙 설탕을 얻는 풀이며 고대 인도에서 처음으로 심어 길렀대요. 지금은 열대 지방의 여러 나라에서 심어 기르고 있는데 인도와 쿠바에서 가장 많이 나요.

↑사탕수수

←사탕수수 밭

바나나 *Musa paradisiaca var. sapientum*
속씨식물 〉 외떡잎식물 〉 파초과　늘푸른 여러해살이풀

↑바나나 꽃

←바나나

🐾 **특징** 높이 3~10m. 줄기는 원기둥 모양이며 줄기 윗부분에서 잎이 사방으로 퍼진다. 잎은 크고 긴 타원형이며 가운데 잎맥이 굵다. 잎 길이 2m 정도. 포기나누기로 번식한다.

✿ **꽃** 여름. 꽃줄기 밑부분에는 암꽃이, 끝부분에는 수꽃이 핀다. 수술 5개, 암술 1개.

🫛 **열매** 연한 노란색의 굽은 원기둥 모양이고 한 송이에 수십 개가 층층으로 돌려 달린다.

🪣 **자라는 곳** 연평균 기온 10℃ 이상 되는 곳에서 자라고 우리나라 제주도에서 온실에 심어 기른다. 원산지는 열대 아시아이다.

☀ **쓰임** 열매를 먹는다.

이야기마당 🌙 알렉산더 대왕이 인도에서 바나나를 처음 본 후 유럽에 알려졌어요. 하지만 유럽 사람들이 바나나를 먹게 된 것은 19세기 말 영국 사람들이 식민지였던 말레이시아에서 바나나를 가져온 다음부터래요.

극락조화 *Strelitzia reginae* 천당조화
속씨식물 〉 외떡잎식물 〉 파초과　늘푸른 여러해살이풀

극락조화

🐾 **특징** 높이 1~1.5m. 뿌리가 매우 크고 굵으며 묵은 뿌리에서 해마다 싹이 돋는다. 줄기가 짧고 땅속에 있어 곁에서 보면 줄기가 없는 것처럼 보인다. 잎자루가 매우 길고 안쪽에 홈이 있으며 잎은 긴 타원형 또는 달걀 모양이다. 추위에 약하다. 씨나 포기나누기로 번식한다.

✿ **꽃** 진한 하늘색 꽃이 5~6송이씩 피며 꽃받침은 주황색이다. 꽃받침 3장. 꽃이 활짝 핀 모양이 마치 새가 날개를 펼친 것 같다.

🪣 **자라는 곳** 우리나라에서는 온실이나 화분에 심어 기른다. 원산지는 남아프리카이다.

☀ **쓰임** 관상용. 꽃꽂이용.

이야기마당 🌙 꽃 모양이 상상의 새인 극락조가 날개를 활짝 편 것 같다고 생각해서 극락조화라 불러요. 꽃말은 신비, 멋쟁이예요.

소철 *Cycas revoluta* 철수, 피화초, 풍미초
겉씨식물 〉 소철과   늘푸른떨기나무

↑소철

←←소철 열매
←멕시코소철

- 🐾 **특징** 높이 1~4m. 줄기는 하나로 자라거나 밑부분에서 작은 곁가지가 돋는다. 줄기 끝에서 가늘고 긴 깃꼴 잎이 사방으로 퍼지며 뒤로 젖혀진다. 씨나 꺾꽂이로 번식한다. 멕시코소철은 잎이 가죽처럼 뻣뻣하다.
- ✿ **꽃** 6~8월. 노란빛을 띤 갈색 꽃이 줄기 끝에 핀다. 암수딴그루. 수꽃 이삭은 길이 50~60cm인 원기둥 모양이고 암꽃은 둥글게 모여 달린다.
- 🥚 **열매** 10월. 붉은색 달걀 모양이며 씨는 노란색 달걀 모양이다.
- 🪣 **자라는 곳** 온실에서 기르며 제주도에서는 마당에서도 자란다. 원산지는 중국 동남부와 일본 남부 지방이다.
- ☀ **쓰임** 관상용. 씨를 먹거나 중풍, 늑막염 등에 약으로 쓴다.

행운목 *Dracaena fragrans* 드라세나
속씨식물 〉 외떡잎식물 〉 백합과   늘푸른큰키나무

←행운목

↑행운목 싹

- 🐾 **특징** 높이 6m 정도. 잎은 30cm 정도의 길쭉한 타원형이다. 꺾꽂이로 번식한다.
- ✿ **꽃** 6~8월. 노란색의 작은 꽃이삭 다발이 줄기 끝에 달린다. 꽃잎 6갈래.
- 🥚 **열매** 9~10월. 붉고 둥글다.
- 🪣 **자라는 곳** 따뜻하고 물기 있는 곳에서 자라기 때문에 온실이나 화분에 심어 기른다. 원산지는 열대 동남아프리카이다.
- ☀ **쓰임** 관상용.

이야기마당 🌙 접시에 물을 담고 줄기를 올려놓으면 싹이 나기 때문에 키우기가 쉬워요. 나무에 꽃이 피면 행운을 가져다 준다고 행운목이라 불러요. 꽃말은 행운이에요.

관음죽 *Rhapis excelsa* 종죽
속씨식물 〉 외떡잎식물 〉 야자나뭇과   늘푸른떨기나무

↑관음죽

⇇ 관음죽 꽃
⇐ 종려죽 잎

- **특징** 높이 1~2m. 줄기는 잎자루에 싸여 있고 윗부분에서 잎이 돌려난다. 잎은 5~7갈래로 깊게 갈라진 손바닥 모양이며 반질반질하고 딱딱하다. 야자나무류 중에서 가장 작은 식물이며 포기나누기로 번식한다. 관음죽과 비슷한 종려죽은 잎이 깊게 갈라지지만 폭이 좁고 길며 빛깔이 연하다.
- **꽃** 7~8월. 밥풀 모양의 작고 흰 꽃이 핀다.
- **열매** 7~9월. 둥근 모양이며 씨도 둥글다.
- **자라는 곳** 화분이나 온실에 심어 기른다. 원산지는 중국 남부이다.
- **쓰임** 관상용.

이야기마당 종려죽은 관음죽과 비슷한 형제 식물이에요. 관음죽이 딱딱하고 남성적이라면 종려죽은 연하고 여성적이지요.

당종려나무 *Trachycarpus fortunei*
속씨식물 〉 쌍떡잎식물 〉 야자나뭇과   늘푸른큰키나무

↑당종려나무

← 당종려나무 열매

- **특징** 높이 3~10m. 줄기는 검은갈색의 털실 같은 섬유질로 덮여 있고 가지를 뻗지 않는다. 부챗살 모양으로 갈라진 잎이 줄기 끝에 달리며 가죽처럼 뻣뻣하고 반질반질하다. 씨로 번식한다. 일본 규슈 원산인 종려나무는 잎자루가 더 짧고 잎 가장자리가 아래로 쳐진다.
- **꽃** 5~6월. 연한 노란색 꽃이 가지마다 핀다. 암수딴그루. 꽃잎 6갈래. 수술 6개, 암술 1개.
- **열매** 11월. 구슬 모양이고 검게 익는다.
- **자라는 곳** 햇볕이 잘 드는 잔디밭이나 남부 지방의 정원에 심어 기른다. 원산지는 중국이다.
- **쓰임** 가로수용. 정원수용.

파키라 *Pachira aquatica* 물밤나무
속씨식물 〉 쌍떡잎식물 〉 물밤나뭇과   열대성 큰키나무

파키라

- 🐾 **특징** 높이 15~20m. 줄기는 연한 갈색이고 밑으로 갈수록 점점 굵어진다. 어린 가지는 녹색이다. 잎은 어긋나며 작은잎이 둥글게 모여 달려 손바닥 모양을 이룬다. 깃꼴겹잎. 작은잎은 긴 타원형으로 5~7개씩 붙는다. 씨나 꺾꽂이로 번식한다.
- ✿ **꽃** 지름 10~15cm의 크고 긴 꽃이 피며 연한 분홍색, 연한 보라색 등이 있다. 수술이 많다. 암술 1개.
- 🌰 **열매** 길쭉한 달걀 모양이고 씨는 둥글다.
- 🪣 **자라는 곳** 온실이나 화분에 심어 기른다. 원산지는 남아메리카이다.
- ☀ **쓰임** 관상용.

이야기마당 🌙 파키라라는 이름은 남아메리카의 열대 우림 지대 지명에서 유래된 것이에요.

실유카 *Yucca smalliana*
속씨식물 〉 외떡잎식물 〉 용설란과   늘푸른떨기나무

↑ 가까이에서 본 꽃

← 실유카

- 🐾 **특징** 높이 1~2m. 끝이 뾰족한 칼 모양의 잎이 뿌리에서 뭉쳐나와 사방으로 퍼진다. 잎 가장자리가 실이 풀리듯 가늘게 갈라진다. 씨나 포기나누기로 번식한다.
- ✿ **꽃** 7~8월. 종 모양의 흰색 꽃 200여 송이가 꽃대 윗부분에서 밑을 향해 핀다. 원추꽃차례. 수술 6개, 암술 1개.
- 🌰 **열매** 8~9월. 긴 타원형이고 검은색 씨가 여러 개 들어 있다.
- 🪣 **자라는 곳** 정원이나 화단에 심어 기른다. 원산지는 북아메리카이다.
- ☀ **쓰임** 관상용. 잎에서 섬유를 뽑아 쓴다.

이야기마당 🌙 유카의 꽃가루받이는 유카나방에 의해서만 이루어지는데 우리나라에는 유카나방이 없어 열매를 맺지 못해요. 꽃말은 추억이에요.

피라칸타 *Pyracantha angustifolia*
속씨식물 〉 쌍떡잎식물 〉 장미과　늘푸른떨기나무

↑ 피라칸타

↖ 피라칸타 열매

- 🐾 **특징** 높이 1~2m. 날카로운 가시가 있고 가지가 많이 갈라져 엉키면서 자란다. 두껍고 긴 타원형의 잎이 가지에서 어긋나며 뒷면에 잿빛을 띠는 흰색 털이 많다. 씨나 꺾꽂이로 번식한다.
- ✿ **꽃** 5~6월. 흰색 또는 연한 노란색 꽃이 모여 핀다. 산방꽃차례. 갈래꽃. 꽃잎 5장.
- 🌰 **열매** 9~12월. 둥글고 주황색 또는 붉은색으로 익으며 겨울에도 달려 있다.
- 🪣 **자라는 곳** 꽃밭에 심어 기른다. 원산지는 유럽 동남부와 아시아이다.
- ☀ **쓰임** 관상용.

이야기마당 🌙　피라칸타는 그리스 어로 불이라는 뜻의 '피르'와 가시라는 뜻의 '어캔사스'가 합쳐진 말이에요. 풀이하자면 '붉은색 열매가 가시 돋친 줄기에 달린다'는 뜻이지요. 꽃말은 다산이에요.

향나무 *Juniperus chinensis* 노송나무
겉씨식물 〉 측백나뭇과　늘푸른큰키나무

↑↑ 향나무 꽃
↑ 향나무 열매

← 향나무

- 🐾 **특징** 높이 10~20m. 나무껍질은 검은갈색이며 나무에서 독특한 향내가 난다. 어린 가지에는 뾰족하고 짧은 바늘 모양의 잎이 달리고 5년 이상 된 가지에는 비늘잎이 포개져 달린다. 씨나 꺾꽂이로 번식한다.
- ✿ **꽃** 4월. 암수한그루. 긴 타원형의 노란색 수꽃이 가지 끝에 피며 암꽃은 둥글고 누르스름한 녹색이다.
- 🌰 **열매** 꽃이 핀 이듬해 10월. 동그란 열매가 검은자주색으로 익는다. 달걀 모양의 갈색 씨가 1~6개 들어 있다.
- 🪣 **자라는 곳** 산기슭이나 평지에서 자라며 공원이나 정원에 심어 기르기도 한다.
- ☀ **쓰임** 정원수용. 가구나 향을 만들 때 쓴다.

이야기마당 🌙　제사 지낼 때 향을 피우는 것은 깨끗한 마음과 맑은 정신으로 조상을 뵙기 위해서예요. 꽃말은 영원한 향기예요.

측백나무
Thuja orientalis 편송, 지빵, 찝빵나무

겉씨식물 〉측백나뭇과　늘푸른큰키나무

↑↑↑측백나무 꽃
↑↑측백나무 열매
↑측백나무 씨

←측백나무

- 🐾 **특징** 높이 10~20m. 어린 가지는 녹색이고 오래된 나무껍질은 잿빛이 도는 갈색이다. 잎은 비늘 조각 모양이며 앞뒤 구분이 없고 다닥다닥 붙는다. 씨나 꺾꽂이로 번식한다.
- ✿ **꽃** 4월. 암수한그루. 누르스름한 갈색의 수꽃 이삭과 공 모양의 연한 자줏빛을 띠는 갈색 암꽃이 핀다.
- 🥚 **열매** 9~10월. 울퉁불퉁한 타원형이고 갈색으로 익으면 벌어져서 달걀 모양의 검은갈색 씨가 나온다.
- 🪴 **자라는 곳** 산에서 자라며 정원이나 공원에 심어 기른다. 원산지는 중국이다.
- ☀ **쓰임** 관상용. 집 둘레에 울타리로 심고 잎과 씨는 지혈제, 이뇨제, 진정제 등으로 쓴다.

이야기마당 🌙 잎이 옆을 향하여 나기 때문에 측백나무라고 해요. 꽃말은 굳은 우정, 건강이에요.

돈나무
Pittosporum tobira 섬엄나무, 개똥나무

속씨식물 〉쌍떡잎식물 〉돈나뭇과　늘푸른떨기나무

↑돈나무 열매

←돈나무

- 🐾 **특징** 높이 2~3m. 줄기는 검은갈색이고 밑에서 갈라진다. 잎은 길쭉한 타원형이고 반질반질하며 가지 끝에서 돌려난다. 뿌리와 나무껍질에서 역한 냄새가 난다. 씨나 꺾꽂이 또는 접붙이기로 번식한다.
- ✿ **꽃** 5~6월. 흰색 꽃이 가지 끝에 모여 피며 노란색으로 바뀐다. 갈래꽃. 꽃잎 5장. 수술 5개.
- 🥚 **열매** 10~12월. 넓은 타원형이고 익으면 3갈래로 갈라져서 둥글고 붉은 씨가 나온다.
- 🪴 **자라는 곳** 우리나라 남부 지방 바닷가의 산기슭에서 자란다.
- ☀ **쓰임** 관상용.

이야기마당 🌙 제주도에서는 껍질과 뿌리에서 특이한 냄새가 나고 파리가 많이 꾀어 '똥나무'라고 했대요.

벤자민고무나무

Ficus benjamina 벤자민
속씨식물 〉 쌍떡잎식물 〉 뽕나뭇과   늘푸른큰키나무

↑ 벤자민고무나무

↞ 금테벤자민
← 인삼벤자민

- 🐾 **특징** 원산지에서는 높이 20m까지 자란다. 가늘고 긴 가지가 넓게 뻗고 가지치기를 해도 곧 새순이 돋아난다. 잎은 작고 끝이 뾰족한 타원형으로 두껍고 반질반질하며 어긋난다. 꺾꽂이로 번식한다.
- ✿ **꽃** 1~2개의 꽃차례가 잎겨드랑이에 달리며 꽃잎이 없다. 단성화. 수술 1~6개, 암술대 1개.
- 💊 **열매** 공 모양 또는 달걀 모양이고 붉은색으로 익는다.
- 🗑 **자라는 곳** 그늘지고 습한 곳을 좋아하며 추위에 약하기 때문에 온도 10℃ 이상인 온실이나 집 안에서 기른다. 원산지는 인도이다.
- ☀ **쓰임** 관상용. 공기를 깨끗하게 하는 데 쓴다.

인도고무나무

Ficus elastica 고무나무
속씨식물 〉 쌍떡잎식물 〉 뽕나뭇과   늘푸른큰키나무

인도고무나무

- 🐾 **특징** 높이 30m. 잎은 어긋나며 두껍고 반질반질하다. 줄기에 상처를 내면 흰 즙이 나온다. 따뜻한 곳에서 잘 자라고 꺾꽂이로 번식한다.
- ✿ **꽃** 6~7월. 1~2개의 꽃차례가 잎겨드랑이에서 나오며 꽃잎이 없다. 단성화. 수꽃 꽃받침 4장, 수술 1개. 암꽃 꽃받침 4~6장, 암술대 1개.
- 💊 **열매** 9~10월. 누르스름한 녹색의 긴 타원형이고 씨는 갈색이다.
- 🗑 **자라는 곳** 온실이나 집 안에서 기른다. 원산지는 인도이다.
- ☀ **쓰임** 관상용. 나무에서 나오는 흰 즙으로 고무를 만든다.

이야기마당 🌙 꽃말은 영원한 행복이에요.

회양목 *Buxus microphylla var. koreana* 도장목
속씨식물 › 쌍떡잎식물 › 회양목과   늘푸른떨기나무

↑↑↑ 회양목 열매
↑↑ 긴잎회양목
↑ 섬회양목

← 회양목

🐾 **특징** 높이 7m 정도. 가지는 네모꼴로 털이 있으며 많이 갈라진다. 두껍고 작은 타원형 잎이 마주나며 추운 겨울에는 잎이 붉은빛을 띤다. 씨나 꺾꽂이로 번식한다. 긴잎회양목은 잎이 길쭉하고, 섬회양목은 잎자루에 털이 없다.

✿ **꽃** 4~5월. 누르스름한 녹색 꽃이 잎겨드랑이에 모여 피며 꽃잎이 없다. 단성화. 수술 3개, 암술 1개.

💊 **열매** 7~8월. 둥글고 검은갈색이며 익으면 3갈래로 갈라진다. 씨는 검은색 타원형이다.

🪣 **자라는 곳** 산의 석회암 지대에서 자란다.

☀ **쓰임** 관상용. 조경용. 지팡이, 도장 등을 만들거나 조각 재료로 쓴다.

이야기마당 🌙 회양목은 정원을 꾸미는 데 많이 쓰는데 여러 그루가 모여야 비로소 그 가치를 발휘해요. 꽃말은 화합, 협동이에요.

포인세티아 *Euphorbia pulcherrima* 홍성목
속씨식물 › 쌍떡잎식물 › 대극과   늘푸른떨기나무

↑ 가까이에서 본 꽃

← 포인세티아

🐾 **특징** 높이 50~80cm. 줄기와 잎, 뿌리에서 고무진 같은 액체가 나온다. 잎자루가 길고 끝이 뾰족한 넓은 타원형의 잎이 어긋난다. 잎 가장자리는 물결 모양이거나 2~3갈래로 얕게 갈라진다. 꺾꽂이로 번식한다.

✿ **꽃** 7~9월. 가지나 줄기 끝에 꽃잎처럼 보이는 붉은 잎이 촘촘히 돌려나고 그 가운데 누르스름한 녹색 꽃 10여 송이가 모여 핀다.

💊 **열매** 10월.

🪣 **자라는 곳** 온실이나 화분에 심어 기른다. 원산지는 멕시코이다.

☀ **쓰임** 관상용.

이야기마당 🌙 크리스마스 장식용으로 많이 써요. 꽃말은 축복이에요.

사철나무 *Euonymus japonicus*
속씨식물 〉 쌍떡잎식물 〉 노박덩굴과　늘푸른떨기나무

↑↑ 사철나무의 익기 전 열매
↑ 사철나무의 익은 열매

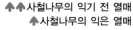
↑ 사철나무 꽃

← 금테사철나무

- 🐾 **특징** 높이 3~6m. 나무껍질은 진한 갈색이고 작은 가지는 녹색이다. 긴 타원형의 잎이 가지에 2개씩 마주나며 두껍고 반질반질하다. 잎 뒷면은 흰빛을 띠며 가장자리는 둔한 톱니 모양이다. 금테사철나무는 잎 가장자리가 노랗다.

- ✿ **꽃** 6~7월. 누르스름한 녹색 꽃이 잎겨드랑이에서 늘어진 꽃대에 모여 핀다. 갈래꽃. 수술 4개, 암술 1개.

- 💊 **열매** 10월. 둥근 공 모양이고 붉은색으로 익는다. 익으면 4갈래로 갈라지며 주황색 씨가 나온다.

- 🪣 **자라는 곳** 중부 이남 지방의 바닷가에서 자라고 꽃밭에 심어 기르기도 한다.

- ☀ **쓰임** 관상용. 울타리용.

이야기마당 🌀 꽃말은 변치 않는 마음이에요.

백량금 *Ardisia crenata*
속씨식물 〉 쌍떡잎식물 〉 자금우과　늘푸른떨기나무

← 백량금

↑ 백량금 꽃

- 🐾 **특징** 높이 1m 정도. 줄기는 하나이지만 윗부분에서 가지가 갈라진다. 긴 타원형의 잎이 어긋나며 잎 가장자리는 물결 모양이다. 잎은 두껍고 질기며 반질반질하다. 씨나 꺾꽂이로 번식한다.

- ✿ **꽃** 6~8월. 검은 점이 있는 자잘한 흰색 꽃이 가지와 줄기 끝에서 밑을 향해 모여 핀다. 통꽃. 꽃받침 5갈래. 수술 5개, 암술 1개.

- 💊 **열매** 9월~이듬해 2월. 둥글고 붉은색으로 익는다.

- 🪣 **자라는 곳** 우리나라 남쪽 섬의 숲 속에서 자라고 집에서도 기른다. 원산지는 우리나라이다.

- ☀ **쓰임** 관상용. 분재용.

동백나무

Camellia japonica 산다화

속씨식물 〉 쌍떡잎식물 〉 차나뭇과   늘푸른큰키나무

↑ 동백나무

↑ 가까이에서 본 꽃

↑ 쪽동백나무

↑ 겹동백나무

↑ 동백나무 열매   ↑ 동백나무 씨

🐾 **특징** 높이 7m 정도. 줄기는 흰빛이 도는 회색이며 밑에서 가지가 많이 갈라진다. 두껍고 반질반질한 타원형의 잎이 어긋나며 잎 가장자리는 물결 같은 톱니 모양이고 뒷면에 흰빛이 돈다. 씨나 꺾꽂이로 번식한다. 쪽동백나무는 5~6월에 흰색 꽃이 밑을 향해 모여 피고 열매는 타원형이다. 겹동백나무는 꽃잎이 여러 겹으로 되어 있다.

✿ **꽃** 1~4월. 붉은색, 분홍색, 흰색 꽃이 가지 끝에 1송이씩 핀다. 갈래꽃. 꽃잎 5~7장. 꽃받침 5장. 수술이 많다. 암술대 3개.

💊 **열매** 10~11월. 공 모양이고 검붉은색으로 익으면 세 갈래로 벌어지면서 진한 갈색 씨가 나온다.

🪣 **자라는 곳** 중부 이남의 바닷가와 섬에서 자란다.

☀ **쓰임** 관상용. 씨로 기름을 짜서 먹거나 머릿기름으로 쓰고, 나무는 악기나 농기구를 만드는 데 쓴다.

이야기마당 🌙 옛날 어느 마을에 사이 좋은 부부가 살고 있었어요. 그런데 어느 날 남편이 부모님을 뵈러 다녀오겠다며 고향인 동백섬으로 떠났어요. 아내는 남편에게 돌아올 때 동백꽃 씨를 가져오라고 부탁했어요. 하지만 몇 달이 지나도 남편이 돌아오지 않자, 아내는 병이 들고 말았어요. 일 년이 지나 남편이 돌아왔을 때는 이미 아내가 숨을 거둔 뒤였지요. 남편은 슬피 울며 아내의 무덤에 동백꽃 씨를 뿌려 주었는데 아내를 닮은 동백꽃이 바다를 향해 피었대요. 꽃말은 겸손한 아름다움이에요.

협죽도

Nerium indicum 불두화, 유도화

속씨식물 〉 쌍떡잎식물 〉 협죽도과   늘푸른떨기나무

← 협죽도

↑↑협죽도 꽃
↑ 풀협죽도

🐾 **특징** 높이 2~3m. 줄기를 자르면 흰색 즙이 나온다. 잎은 두껍고 길쭉한 줄 모양이며 3개씩 돌려난다. 독이 있으며 꺾꽂이, 접목, 휘묻이 등으로 번식한다.

✿ **꽃** 7~8월. 붉은색, 흰색 등의 꽃이 가지 끝에 핀다. 갈래꽃. 꽃잎 5장. 수술 5개, 암술 1개.

🍈 **열매** 10~11월. 가늘고 길며 익으면 세로로 갈라진다. 씨의 양 끝에 털이 있다.

🪣 **자라는 곳** 남해와 제주 지방에서 자라며 주로 화분에 심어 기른다. 원산지는 인도이다.

☀ **쓰임** 관상용. 나무껍질과 뿌리를 한방에서 약으로 쓴다.

이야기마당 🐾 잎이 버들잎과 비슷하고 꽃은 복숭아꽃 같아서 '유도화'라고도 해요. 꽃말은 주의, 위험이에요.

치자나무

Gardenia jasminoides

속씨식물 〉 쌍떡잎식물 〉 꼭두서닛과   늘푸른떨기나무

← 치자나무

↑↑치자나무 열매
↑ 꽃치자나무

🐾 **특징** 높이 1~2m. 어린 가지에 먼지 같은 털이 있다. 긴 타원형의 잎이 가지에 2개씩 마주난다. 씨나 꺾꽂이로 번식한다.

✿ **꽃** 6~7월. 흰색 꽃이 피며 점차 노란색으로 변한다. 단성화. 갈래꽃. 꽃잎과 꽃받침 6~7장. 수술 6~7개, 암술 1개. 꽃치자나무는 겹꽃이다.

🍈 **열매** 9~10월. 열매를 치자라고 한다. 뾰족한 타원형이고 누르스름한 붉은색으로 익는다. 씨는 긴 타원형이며 노란색이다.

🪣 **자라는 곳** 화분이나 꽃밭에 심어 기른다. 원산지는 중국이다.

☀ **쓰임** 관상용. 염색용. 열매를 지혈제, 이뇨제 등으로 쓴다.

이야기마당 🐾 따뜻한 물에 말린 치자를 찧어 담그면 노란 물이 우러나는데, 이 물로 떡이나 옷감 등을 노랗게 물들이지요. 꽃말은 순결, 행복, 청결이에요.

은행나무 *Ginkgo biloba*
겉씨식물 〉 은행나뭇과   갈잎큰키나무

↑은행나무

↑은행나무의 암꽃

↑은행나무의 수꽃

↑은행나무 열매

🐾 **특징** 높이 10~30m. 나무껍질은 회색이며 두껍고 세로로 갈라진다. 암수딴그루. 수그루는 가지를 위로 뻗고 암그루는 가지가 늘어진다. 잎은 긴 가지에서는 어긋나고 짧은 가지에서는 한 곳에서 여러 개가 뭉쳐난다. 부채 모양이며 끝이 두 갈래로 갈라지기도 한다. 씨나 꺾꽂이, 접붙이기로 번식한다.

✿ **꽃** 4~5월. 아주 작은 누르스름한 녹색 꽃이 잎겨드랑이에 핀다. 수꽃 이삭은 포도송이 모양이고 암꽃은 3~6송이씩 모여 달린다. 수술 2~6개, 암술 2갈래.

🥚 **열매** 9~10월. 구슬 모양이고 노란색으로 익는다. 열매껍질에서 고약한 냄새가 나고 만지면 두드러기가 나기도 한다. 씨는 흰색 타원형이다.

🪣 **자라는 곳** 집 주변이나 공원, 길가에 심어 기른다. 원산지는 중국이다.

☀ **쓰임** 가로수용. 가구 재료로 쓰고 열매는 기침 가래약으로, 잎은 혈액 순환을 돕는 데 쓴다.

이야기마당 🌙 경기도 용문산의 용문사에 있는 은행나무는 나이가 무려 1100여 년으로 동양에서 가장 크고 오래된 나무예요. 신라의 마의태자가 심었다고 전해져 오는 이 은행나무는 나라에 좋은 일이나 좋지 않은 일이 있을 때면 그것을 미리 알리기라도 하듯 밤마다 윙윙 소리를 내며 운다고 해요. 꽃말은 장수, 정숙, 장엄함이에요.

가죽나무 *Ailanthus altissima* 가중나무
속씨식물 〉 쌍떡잎식물 〉 소태나뭇과 갈잎큰키나무

↑ 가죽나무

←← 가죽나무 꽃
← 가죽나무 열매

- 🐾 **특징** 높이 20~25m. 나무껍질은 잿빛을 띤 갈색이고 오래되면 검은갈색으로 변하며 세로로 갈라진다. 잎은 어긋나고 작은잎이 13~25개 달린다. 깃꼴겹잎. 작은잎은 끝이 뾰족하고 잎 가장자리가 밋밋하거나 물결 모양이다. 씨나 꺾꽂이로 번식한다.
- ✿ **꽃** 6~8월. 녹색을 띠는 흰색 꽃이 가지 끝에 많이 모여 핀다. 암수딴그루. 원추꽃차례. 갈래꽃. 꽃잎 5장. 수술 10개, 암술 1개.
- 💊 **열매** 9~10월. 날개 모양의 연한 갈색 열매가 3~5개씩 모여 달린다. 날개의 얇은 막 가운데 씨가 1개 들어 있다.
- 🪣 **자라는 곳** 집이나 학교 주변에 심어 기른다. 원산지는 중국이다.
- ☀ **쓰임** 정원수용. 어린잎은 먹고 나무는 가구 재료로 쓰며 뿌리와 나무껍질은 설사, 위궤양 등에 약으로 쓴다.

느티나무 *Zelkova serrata* 정자나무
속씨식물 〉 쌍떡잎식물 〉 느릅나뭇과 갈잎큰키나무

↑ 느티나무

←← 느티나무 꽃
← 느티나무 열매

- 🐾 **특징** 높이 20~30m. 나무가 단단하고 결이 고우며 가지가 많이 갈라진다. 나무껍질은 붉은갈색인데 늙으면 비늘처럼 벗겨진다. 긴 타원형의 잎이 어긋나며 잎 가장자리는 톱니 모양이다. 씨로 번식한다.
- ✿ **꽃** 5월. 연한 노란색이며 꽃잎이 없다. 암수한그루. 수꽃은 어린 가지의 밑부분 잎겨드랑이에 모여 달리고, 암꽃은 윗부분 잎겨드랑이에 1송이씩 달린다. 수술 4~6개, 암술 1개.
- 💊 **열매** 10월. 일그러진 타원형이며 딱딱하고 검은갈색으로 익는다.
- 🪣 **자라는 곳** 공원이나 마을 입구에 심어 기른다.
- ☀ **쓰임** 가로수용. 가구나 건축재로 쓴다.

이야기마당 🌙 날마다 마을 입구에서 전쟁터에 나간 손자를 기다리던 할머니가 쓰러져 느티나무가 되었대요. 꽃말은 기다림이에요.

무화과나무 *Ficus carica*
속씨식물 〉 쌍떡잎식물 〉 뽕나뭇과　갈잎떨기나무

↑무화과나무

←무화과나무 열매

- 🐾 **특징** 높이 2~4m. 가지가 굵고 많이 갈라지며 나무껍질은 잿빛이 도는 갈색이다. 손바닥 모양으로 깊게 갈라진 잎이 어긋나고 가장자리는 톱니 모양이다. 줄기와 잎을 자르면 흰색 즙이 나온다. 꺾꽂이로 번식한다.
- ✿ **꽃** 5~7월. 암수한그루. 잎겨드랑이에 열매같이 생긴 꽃받침이 달리고 그 안에 작은 꽃이 많이 핀다. 수꽃은 꽃잎이 없고 암꽃은 꽃잎이 3갈래이다. 수술 4개, 암술 1개.
- 🫚 **열매** 8~10월. 달걀 모양이며 검은자주색으로 익는다.
- 🪣 **자라는 곳** 우리나라 남쪽 지방에서 심어 기른다. 원산지는 서아시아 및 지중해 연안이다.
- ☀ **쓰임** 관상용. 열매를 먹는다.

이야기마당 🐾 선악과를 먹은 아담과 이브가 처음으로 부끄러움을 느끼고 몸을 가리기 위해 사용한 것이 무화과나무 잎이래요. 꽃말은 은밀한 사랑이에요.

계수나무 *Cercidiphyllum japonicum*
속씨식물 〉 쌍떡잎식물 〉 계수나뭇과　갈잎큰키나무

↑↑계수나무 잎
↑계수나무 열매

←계수나무

- 🐾 **특징** 높이 20~30m. 나무껍질은 잿빛을 띤 갈색이며 세로로 얇게 갈라진다. 심장 모양의 잎이 마주나며 가장자리는 둔한 톱니 모양이고 뒷면은 흰빛을 띤다. 씨나 포기나누기로 번식한다.
- ✿ **꽃** 4~5월. 붉은색 꽃이 잎보다 먼저 잎겨드랑이에 1송이씩 핀다. 암수딴그루. 꽃잎이 없다. 수술이 많다. 암술 3~5개.
- 🫚 **열매** 7~8월. 바나나 모양이고 3~5개씩 달린다. 씨는 납작하며 한쪽에 날개가 있다.
- 🪣 **자라는 곳** 집 근처나 정원에 심어 기른다. 원산지는 일본이다.
- ☀ **쓰임** 관상용. 나무껍질을 계피라 하여 향료나 약재로 쓴다.

목련 *Magnolia kobus*

속씨식물 〉 쌍떡잎식물 〉 목련과   갈잎큰키나무

↑ 백목련의 겨울눈
↑ 일본목련 열매

← 목련

↑ 목련 열매

↑ 별목련 꽃

↑ 백목련 꽃

↑ 함박꽃나무 꽃

🐾 **특징** 높이 8m 정도. 줄기는 연한 잿빛이고 가지가 많이 갈라진다. 넓은 타원형의 잎이 어긋난다. 씨나 꺾꽂이, 포기나누기, 접붙이기로 번식한다. 백목련 꽃은 꽃잎이 타원형이고 아래쪽이 살짝 포개진다. 자목련 꽃은 바깥쪽이 진한 자주색이고 안쪽은 연한 자주색이다. 일본목련은 잎이 매우 크고 열매가 긴 달걀 모양으로 곧게 선다. 함박꽃나무는 잎이 나온 다음에 연한 노란색 꽃이 핀다. 별목련은 줄기가 곧게 서고 어린 가지에 털이 많다.

✿ **꽃** 3~4월. 흰색 꽃이 잎보다 먼저 가지 끝에 1송이씩 핀다. 갈래꽃. 꽃잎 6~9장. 꽃잎은 주걱 모양이며 활짝 벌어진다. 수술과 암술이 많다.

🫐 **열매** 9~10월. 울퉁불퉁한 자루 모양이며 붉은색이다. 씨는 주황색 타원형이다.

🪣 **자라는 곳** 정원에 심어 기른다. 원산지는 중국이다.

☀ **쓰임** 관상용. 나무껍질을 구충제로 쓴다.

이야기마당 🌙 옥황상제의 예쁜 딸이 북쪽 바다의 신을 좋아했어요. 하지만 북쪽 바다의 신에게는 이미 아내가 있다는 것을 알고, 공주는 바닷물에 뛰어들어 죽고 말았어요. 북쪽 바다의 신은 햇볕이 잘 드는 곳에 공주를 묻어 주었는데 그 무덤에서 목련이 자라 아름다운 꽃을 피웠대요. 꽃말은 우정, 우애, 자연스러운 사랑이에요.

↑ 자목련

튤립나무

Liriodendron tulipifera 백합나무, 옐로포플러

속씨식물 〉 쌍떡잎식물 〉 목련과   갈잎큰키나무

← 튤립나무

↑ 가까이에서 본 꽃

🐾 **특징** 높이 20~40m. 줄기는 회색이고 세로로 깊은 골이 나 있다. 둥근 달걀 모양의 잎이 어긋난다. 씨나 포기나누기, 꺾꽂이로 번식한다.

✿ **꽃** 5~6월. 튤립과 비슷한 누르스름한 녹색 꽃이 가지 끝에 1송이씩 핀다. 갈래꽃. 꽃잎 6장. 수술과 암술이 많다.

💊 **열매** 10~11월. 날개가 있고 연한 갈색의 둥근 모양이며 여러 개가 모여 달린다.

🪣 **자라는 곳** 공원이나 길가에 심어 기른다. 원산지는 북아메리카이다.

☀ **쓰임** 정원이나 길가에 심고 공업용 목재로도 쓴다.

이야기마당 🌿 꽃이 튤립과 비슷하여 튤립나무라 부르는데, 포플러처럼 빨리 자라 '옐로포플러'라고도 하고, 백합과 닮아서 '백합나무'라고도 해요. 꽃말은 전원 생활의 기쁨이에요.

오미자나무

Schizandra chinensis

속씨식물 〉 쌍떡잎식물 〉 목련과   갈잎덩굴나무

← 오미자

↑↑ 오미자 꽃
↑ 오미자 열매

🐾 **특징** 길이 5m 정도. 줄기가 다른 물체를 감고 올라가고 어린 가지는 붉은빛을 띤다. 타원형의 잎이 가지에서 어긋나며 잎 가장자리는 톱니 모양이다. 씨나 꺾꽂이, 포기나누기로 번식한다.

✿ **꽃** 6~7월. 흰색 또는 붉은빛이 도는 연한 노란색 꽃이 핀다. 암수딴그루. 꽃잎 6~9장. 수술 5개. 암술이 많다.

💊 **열매** 8~9월. 작은 포도송이 모양이며 붉은색으로 익는다. 1~2개의 씨가 들어 있다.

🪣 **자라는 곳** 산기슭에서 자란다.

☀ **쓰임** 관상용. 어린순을 나물로 먹고 열매는 차를 만들어 마시거나 기침약으로 쓴다.

이야기마당 🌿 열매에서 단맛, 신맛, 짠맛, 매운맛, 쓴맛의 다섯 가지 맛이 나서 오미자라고 해요. 그중 신맛이 제일 강해요. 꽃말은 다시 만나요예요.

모란 *Paeonia suffruticosa* 목단
속씨식물 〉 쌍떡잎식물 〉 미나리아재빗과   갈잎떨기나무

↑ 모란

↑ 흰색 꽃

↑ 모란 열매

↑ 모란의 어린순

- **특징** 높이 1m 정도. 가지는 굵고 털이 없으며 많이 갈라진다. 잎은 어긋나고 3개의 작은잎이 달린다. 작은잎은 3~5갈래로 갈라지며 뒷면에 잔털이 있다. 씨나 포기나누기로 번식한다.
- **꽃** 5월. 붉은색, 연한 분홍색 등의 커다란 꽃이 가지 끝에 1송이씩 핀다. 갈래꽃. 수술이 많다. 암술 2~6개.
- **열매** 7~8월. 긴 타원형이고 잔털이 많으며 푸르스름한 갈색이다. 씨는 검고 둥글다.
- **자라는 곳** 꽃밭에 심어 기른다. 원산지는 중국이다.
- **쓰임** 관상용. 열을 내리는 약으로 쓴다.

이야기마당 🌙 신라의 선덕 여왕은 어려서부터 지혜가 뛰어났어요. 당나라에서 보내 온 모란꽃 그림에 나비가 없는 것을 보고 모란꽃이 향기가 나지 않는다는 사실을 알아챘을 정도였대요. 꽃말은 부귀, 장엄함, 성실, 화려함이에요.

매자나무 *Berberis koreana* 삼동나무
속씨식물 〉 쌍떡잎식물 〉 매자나뭇과   갈잎떨기나무

↑ 매자나무

←← 당매자나무 열매
← 당매자나무 꽃

- **특징** 높이 1~2m. 가지는 붉은색 또는 갈색이고 가시가 있다. 가지의 마디마다 타원형 잎이 모여나며 잎 가장자리는 날카로운 톱니 모양이다. 씨나 꺾꽂이, 포기나누기로 번식한다.
- **꽃** 5월. 노란색 꽃 여러 송이가 포도송이처럼 밑을 향해 달린다. 총상꽃차례. 갈래꽃. 꽃잎 5장.
- **열매** 9월. 둥글고 붉은색이다. 당매자나무의 열매는 타원형이다.
- **자라는 곳** 햇볕이 잘 드는 산기슭에서 자라고 꽃밭에 심어 기른다.
- **쓰임** 생울타리용. 뿌리껍질과 가지와 잎을 위를 튼튼하게 하는 데 쓴다.

이야기마당 🌙 꽃말은 까다로움, 불쾌한 기분이에요.

수국

Hydrangea macrophylla for. otaksa 사발꽃, 자양화

속씨식물 〉 쌍떡잎식물 〉 범의귓과　갈잎떨기나무

↑ 수국

← 가까이에서
　본 꽃
← 산수국

- 🐾 **특징** 높이 1m 정도. 줄기는 무더기로 모여 나고 윗부분은 겨울에 말라죽는다. 넓은 달걀 모양의 잎이 가지에 2개씩 마주나며 반질반질하고 가장자리는 톱니 모양이다. 꺾꽂이나 포기나누기로 번식한다.
- ✳️ **꽃** 6~7월. 연한 자주색 꽃이 가지 끝에 피는데 하늘색이 되었다가 다시 연한 분홍색으로 바뀐다. 열매를 맺지 못하는 무성화이며 꽃받침이 꽃잎처럼 보인다.
- 🫐 **열매** 맺지 않는다.
- 🪣 **자라는 곳** 절이나 꽃밭 또는 화분에 심어 기른다.
- ☀️ **쓰임** 관상용.

이야기마당 🌙 중국 당나라 때 시인 백락천이 어느 절에 갔을 때 주지 스님이 꽃을 가리키며 무슨 꽃인지를 물었어요. 백락천은 꽃 이름을 몰랐으나 꽃이 마치 신선의 세계에서 온 것 같아 '자양화'라 하고 시를 읊었는데 그 꽃이 바로 수국이었대요. 꽃말은 냉담, 변덕스러움, 무정함, 변절이에요.

까마귀밥여름나무

Ribes fasciculatum var. chinense

속씨식물 〉 쌍떡잎식물 〉 범의귓과　갈잎떨기나무

↑ 까마귀밥여름나무

← 까마귀밥여름나무 꽃

- 🐾 **특징** 높이 1~1.5m. 3~5갈래로 갈라진 둥근 잎이 가지에 어긋난다. 잎 가장자리는 둔한 톱니 모양이고 잎자루와 뒷면에 짧은 털이 있다. 씨나 포기나누기로 번식한다.
- ✳️ **꽃** 4~5월. 노란색 꽃이 잎겨드랑이에 몇 송이씩 핀다. 암수딴그루. 수꽃은 꽃자루가 길다. 갈래꽃. 꽃잎과 꽃받침 5장. 수술 5개, 암술 1개.
- 🫐 **열매** 10월. 둥글고 붉은색으로 익으며 쓴맛이 난다. 씨는 연한 노란색 달걀 모양이다.
- 🪣 **자라는 곳** 산기슭이나 산골짜기에서 자란다.
- ☀️ **쓰임** 관상용. 정원수용. 열매와 어린잎을 먹거나 위장약으로 쓴다.

장미 *Rosa hybrida*
속씨식물 › 쌍떡잎식물 › 장미과   갈잎떨기나무

↑ 장미

🐾 **특징** 높이 1~2m. 줄기 모양에 따라 덩굴장미와 나무장미로 나눈다. 줄기는 녹색을 띠며 줄기와 가지에 날카로운 가시가 많다. 잎은 어긋나며 작은잎이 5~7개 달린다. 깃꼴겹잎. 작은잎은 타원형이고 가장자리는 톱니 모양이다. 씨나 꺾꽂이로 번식한다.

✿ **꽃** 5~6월. 붉은색, 노란색, 흰색 등의 꽃이 가지 끝에 1송이나 여러 송이 핀다. 갈래꽃. 수술과 암술이 많다. 향이 진하며 품종에 따라 꽃이 피는 시기, 기간, 색깔이 다르다.

💊 **열매** 10월. 긴 타원형이며 누르스름한 갈색이다.

🪣 **자라는 곳** 꽃밭이나 온실에 심어 기른다.

☀ **쓰임** 관상용.

이야기마당 🍃 장미는 기원전 3000년 전부터 중국이나 서아시아, 아프리카 등에서 심어 길렀고 꽃잎을 의약품으로 사용했어요. 장미를 관상용으로 키운 것은 1500년 무렵부터예요. 꽃말은 붉은색이 애정, 정열, 열렬한 사랑, 흰색이 순결, 존경, 노란색이 질투, 분홍색이 감명이에요.

↑ 붉은색 꽃

←← 분홍색 꽃
← 장미 열매

↑ 노란색 꽃

↑ 덩굴장미

벚나무 *Prunus serrulata var. spontanea*

속씨식물 〉 쌍떡잎식물 〉 장미과   갈잎큰키나무

↑ 벚나무 꽃길

←← 벚꽃
← 버찌

- 🐾 **특징** 높이 10~20m. 나무껍질은 진한 갈색이며 옆으로 벗겨진다. 끝이 뾰족한 달걀 모양의 잎이 어긋나며 잎 가장자리는 잔톱니 모양이다. 씨로 번식한다.
- ❀ **꽃** 4~5월. 연한 분홍색 또는 흰색 꽃이 잎보다 먼저 2~5송이씩 모여 핀다. 산방꽃차례. 갈래꽃. 꽃잎 5장. 수술이 많다. 암술 1개.
- 🫐 **열매** 6~7월. 콩알만 한 둥근 열매를 버찌라고 하며 검은색으로 익는다.
- 🗑 **자라는 곳** 공원이나 길가에 심어 기른다. 원산지는 우리나라, 중국, 일본이다.
- ☀ **쓰임** 관상용. 가로수용. 열매를 먹고 나무껍질은 약재로 쓴다.

이야기마당 🌙 조선 16대 왕인 인조는 병자호란을 겪은 후 국방을 튼튼히 하기 위해 군사를 기르는 한편 벚나무를 많이 심게 했어요. 단단한 벚나무를 창과 칼자루로 쓰기 위해서였지요. 꽃말은 결백, 순결이에요.

병아리꽃나무 *Rhodotypos scandens*   대대추나무

속씨식물 〉 쌍떡잎식물 〉 장미과   갈잎떨기나무

↑ 병아리꽃나무 꽃

← 병아리꽃나무 열매

- 🐾 **특징** 높이 2m 정도. 가지 끝이 아래로 처지고 달걀 모양의 잎이 마주난다. 잎은 진한 녹색이며 주름이 있고 가장자리는 겹톱니 모양이다. 뒷면은 연한 녹색이고 흰색 털이 있다. 턱잎은 가늘고 일찍 떨어진다. 씨나 포기나누기로 번식한다.
- ❀ **꽃** 5월. 흰색 꽃이 햇가지 끝에 1송이씩 핀다. 꽃잎 4장. 수술이 많다. 암술 4개.
- 🫐 **열매** 8~9월. 검고 반질반질한 타원형이며 꽃 하나에 4개씩 달린다.
- 🗑 **자라는 곳** 낮은 산이나 산기슭에서 자란다.
- ☀ **쓰임** 관상용.

이야기마당 🌙 잎 사이로 핀 흰색 꽃이 마치 봄날 어미닭을 따라다니는 귀여운 병아리 같아서 병아리꽃나무라고 불러요. 꽃말은 환희예요.

쉬땅나무

Sorbaria sorbifolia var. stellipila 밥쉬나무, 개쉬땅나무, 부지깽이나무

속씨식물 〉 쌍떡잎식물 〉 장미과   갈잎떨기나무

↑ 쉬땅나무

← 쉬땅나무 꽃

🐾 **특징** 높이 2~3m. 줄기가 모여나며 끝이 아래로 처진다. 잎자루에 털이 있고 잎은 어긋나며 작은잎이 13~25개 달린다. 깃꼴겹잎. 작은잎 끝이 뾰족하고 뒷면에 털이 있으며 가장자리는 겹톱니 모양이다. 씨나 포기나누기로 번식한다.

✿ **꽃** 6~7월. 흰색 꽃이 모여 핀다. 꽃잎 5장. 수술이 꽃잎보다 길다. 수술 40~50개, 암술 5개.

🥚 **열매** 9월. 타원형이고 5갈래로 갈라진다.

🪣 **자라는 곳** 산골짜기나 습기가 많은 곳에서 자란다.

☀ **쓰임** 관상용. 어린순과 잎을 나물로 먹고 꽃은 구충제, 진통제 등의 약재로 쓴다.

이야기마당 🌙 불에 잘 타지 않아 아궁이에 불을 땔 때 부지깽이로 많이 썼대요.

황매화

Kerria japonica

속씨식물 〉 쌍떡잎식물 〉 장미과   갈잎떨기나무

↑ 황매화

←← 황매화 꽃
← 겹황매화

🐾 **특징** 높이 1~2m. 뿌리에서 가지가 무더기로 나와 갈라지고 줄기는 가늘며 녹색을 띤다. 긴 달걀 모양의 잎이 어긋나며 가장자리는 겹톱니 모양이다. 씨나 꺾꽂이, 포기나누기로 번식한다. 겹꽃이 피는 것을 겹황매화 또는 죽단화라고 하는데 열매는 맺지 않는다.

✿ **꽃** 4~5월. 진한 노란색 꽃이 가지 끝에 1송이씩 핀다. 갈래꽃. 꽃잎 5장. 수술이 많다. 암술 5개.

🥚 **열매** 8~9월. 타원형이며 검은갈색이다.

🪣 **자라는 곳** 습기 있는 곳에서 무성하게 자라며 화단이나 정원에 심어 기른다.

☀ **쓰임** 관상용.

이야기마당 🌙 옛날에 서로를 몹시 사랑하는 남녀가 뜻하지 않은 일로 헤어지게 되었어요. 헤어지던 날 둘은 서로의 모습을 거울에 비추고 그 거울을 땅에 묻었는데 그곳에서 황매화가 돋아났대요. 꽃말은 번영, 고상함이에요.

명자나무

Chaenomeles speciosa 명자꽃, 산당화, 아가씨꽃, 애기씨꽃

속씨식물 〉 쌍떡잎식물 〉 장미과 갈잎떨기나무

⬆⬆⬆ 가까이에서 본 꽃
⬆⬆ 흰색 꽃
⬆ 명자나무 열매

⬅ 명자나무

- 🐾 **특징** 높이 2m 정도. 줄기가 곧게 자라고 가지를 많이 친다. 잔가지는 날카로운 가시로 변한다. 타원형의 잎이 어긋나며 잎 가장자리는 날카로운 잔톱니 모양이다. 씨나 꺾꽂이, 포기나누기로 번식한다.
- ✿ **꽃** 4월. 붉은색 또는 흰색 꽃이 가지 끝에 여러 송이 뭉쳐 핀다. 갈래꽃. 꽃잎 5장. 수술 30~50개, 암술대 5개.
- 🫛 **열매** 7~8월. 타원형이며 노란색으로 익는다. 독특한 향기가 난다.
- 🪣 **자라는 곳** 꽃밭이나 공원에 심어 기른다. 원산지는 중국이다.
- ☀ **쓰임** 관상용. 열매를 먹거나 기침약으로 쓴다.

이야기마당 🌙 경기도에서는 '아가씨꽃', '애기씨꽃', 전라도에서는 '산당화'라 불러요. 꽃말은 조숙, 열정이에요.

플라타너스

Platanus orientalis 버즘나무

속씨식물 〉 쌍떡잎식물 〉 버즘나뭇과 갈잎큰키나무

⬆⬆ 플라타너스의 암꽃
⬆ 플라타너스의 잎과 열매

⬅ 플라타너스

- 🐾 **특징** 높이 20~30m. 나무껍질이 큰 조각으로 떨어지고 줄기가 흰색과 연두색을 띤다. 잎은 크고 넓적한 손바닥 모양이며 5~7갈래로 갈라진다. 잎 가장자리는 깊고 불규칙한 톱니 모양이다. 씨나 꺾꽂이로 번식한다.
- ✿ **꽃** 5월. 방울 모양의 꽃이 피는데 수꽃은 검붉은색이고 암꽃은 연두색이다. 암수한그루. 두상꽃차례. 수술 3~6개, 암술 2~9개.
- 🫛 **열매** 10~11월. 갈색 방울 모양이고 단단하며 3~4개가 이어서 달린다.
- 🪣 **자라는 곳** 길가나 공원에 심어 기른다. 원산지는 유럽 및 서아시아이다.
- ☀ **쓰임** 가로수용. 목재로 쓴다.

이야기마당 🌙 나무껍질이 벗겨진 모양이 버즘이 핀 것 같아서 '버즘나무'라고도 해요.

골담초 *Caragana sinica*
속씨식물 〉 쌍떡잎식물 〉 콩과　갈잎떨기나무

↑골담초

←←가까이에서
본 꽃
←꽃 색깔이 변하는
모습

🐾 **특징** 높이 2m 정도. 줄기는 무더기로 자라고 가지가 많이 갈라진다. 줄기에 날카로운 가시가 많다. 잎은 어긋나고 타원형의 작은 잎이 4개 달린다. 깃꼴겹잎. 씨나 꺾꽂이, 포기나누기, 휘묻이로 번식한다.

✺ **꽃** 5월. 노란색 꽃이 잎겨드랑이에 1~2송이씩 피었다가 연한 주황색으로 변한다. 갈래꽃. 꽃잎 4장. 수술 10개, 암술 1개.

🌰 **열매** 9월. 길이 3~3.5cm의 꼬투리이다.

🪣 **자라는 곳** 산기슭이나 밭둑에서 자라고 꽃밭에 심어 기르기도 한다. 원산지는 중국이다.

☀ **쓰임** 관상용. 뿌리를 신경통에 약으로 쓴다.

이야기마당 🌙 옛날 한 효자가 병든 아버지를 위해 호랑이를 약으로 쓰고 그 뼈를 담 밑에 묻었는데, 호랑이 발톱처럼 날카로운 가시와 눈동자처럼 노란 꽃을 지닌 나무가 자랐어요. 이것이 골담초래요.

박태기나무 *Cercis chinensis* 구슬꽃나무
속씨식물 〉 쌍떡잎식물 〉 콩과　갈잎떨기나무

↑박태기나무

←←가까이에서
본 꽃
←박태기나무
열매

🐾 **특징** 높이 3~5m. 가지에 흰빛이 돈다. 넓은 심장 모양의 잎이 어긋나며 앞면이 반질반질하다. 씨나 꺾꽂이로 번식한다.

✺ **꽃** 4월. 붉은보라색 꽃이 잎보다 먼저 잎겨드랑이에 여러 송이 모여 핀다. 갈래꽃. 꽃잎 5장. 수술 10개, 암술 1개.

🌰 **열매** 9~10월. 검은 꼬투리 모양이다. 씨는 납작한 타원형이며 누르스름한 녹색이다.

🪣 **자라는 곳** 공원이나 정원에 심어 기른다. 원산지는 중국이다.

☀ **쓰임** 관상용. 중풍에 약으로 쓴다.

이야기마당 🌙 한 젊은이가 여인에게 사랑을 고백했다가 거절당하자, 여인이 자신의 마음을 받아 줄 때까지 그 자리에 있겠다고 했어요. 몇 년 뒤 그곳에 가 본 여인은 검게 말라 버린 나무 한 그루를 보았어요. 그제야 젊은이의 사랑을 깨달은 여인은 눈물을 흘렸는데, 그 눈물이 나무에 떨어지자 분홍색 꽃이 피어났대요. 꽃말은 영원한 사랑이에요.

자귀나무

Albizzia julibrissin 소쌀밥나무, 소쌀나무, 합혼수

속씨식물 〉 쌍떡잎식물 〉 콩과　갈잎큰키나무

↑ 자귀나무

←← 자귀나무 꽃
← 자귀나무 열매

- 🐾 **특징**　높이 6~9m. 줄기가 약간 드러눕는다. 잎은 어긋나고 2회 깃꼴로 갈라지며 가장자리가 밋밋하다. 낮 동안 활짝 벌어져 있다가 저녁때면 잠을 자는 것처럼 잎을 접는다. 씨로 번식한다.
- ✿ **꽃**　6~7월. 20여 송이의 꽃이 가지 끝이나 잎겨드랑이에 모여 핀다. 산형꽃차례. 양성화. 통꽃. 꽃잎 5갈래. 수술은 윗부분이 붉고 밑부분이 희다. 수술 25개, 암술 1개.
- 🫧 **열매**　9~10월. 길이 10~15cm의 갈색 꼬투리 속에 씨가 5~6개 들어 있다.
- 🪣 **자라는 곳**　공원에 심어 기른다.
- ☀ **쓰임**　관상용. 껍질을 종기나 타박상에 약으로 쓴다.

이야기마당 🌙 중국에서는 자귀나무를 뜰 안에 심으면 집 안이 화목해진다는 말이 있어요. 꽃말은 사랑이에요.

회화나무

Sophora japonica 학자수

속씨식물 〉 쌍떡잎식물 〉 콩과　갈잎큰키나무

↑↑ 가까이에서 본 꽃
↑ 회화나무 열매

← 회화나무

- 🐾 **특징**　높이 15~25m. 나무껍질은 회색이고 세로로 깊게 갈라진다. 잎은 어긋나며 달걀 모양의 작은잎이 7~15개 달린다. 깃꼴겹잎. 씨나 뿌리꺾꽂이로 번식한다.
- ✿ **꽃**　7~8월. 나비 모양의 연한 노란색 꽃이 가지 끝에 모여 핀다. 원추꽃차례. 갈래꽃. 꽃잎 4장. 수술 10개, 암술 1개.
- 🫧 **열매**　10월. 염주 모양의 꼬투리가 달리며 누르스름한 갈색으로 익는다. 씨는 편평하고 갈색이다.
- 🪣 **자라는 곳**　집 근처나 공원에 심어 기른다. 원산지는 중국이다.
- ☀ **쓰임**　관상용. 꽃은 노란색 물을 들이는 데 쓰거나 혈압약으로 쓴다.

이야기마당 🌙 중국 선비들이 가지가 시원하게 뻗는 회화나무를 좋아해서 '학자수'라고도 불렀대요. 꽃말은 정의예요.

등나무 *Wisteria floribunda* 등, 참등
속씨식물 〉 쌍떡잎식물 〉 콩과 갈잎덩굴나무

↑등나무

←←가까이에서 본 꽃
←등나무 열매

🐾 **특징** 길이 10~15m. 줄기가 다른 물체를 오른쪽으로 감으면서 뻗는다. 잎은 어긋나고 작은잎이 11~19개 달린다. 깃꼴겹잎. 작은잎은 끝이 뾰족한 타원형이며 봄에 잎과 꽃이 함께 싹튼다. 씨나 꺾꽂이, 휘묻이, 접붙이기로 번식한다.

❀ **꽃** 5월. 나비 모양의 연한 보라색 또는 흰색 꽃이 모여 피어 포도송이처럼 달린다. 총상꽃차례. 갈래꽃. 꽃잎 4장. 수술 10개, 암술 1개.

🥔 **열매** 9~10월. 부드러운 털로 덮인 갈색 꼬투리이며 씨는 검은 바둑돌 모양이다.

🪣 **자라는 곳** 공원이나 학교에 심어 기른다.

☀ **쓰임** 관상용. 줄기로 공예품을 만든다.

이야기마당 🌙 갈등은 칡을 뜻하는 한자 '갈'과 등나무의 '등'이 합쳐진 말로, 두 나무가 서로 물체를 반대로 감고 올라가며 복잡하게 얽히는 모양을 나타내지요. 꽃말은 당신을 환영한다예요.

영산홍 *Rhododendron indicum* 오월철쭉
속씨식물 〉 쌍떡잎식물 〉 진달랫과 늘푸른떨기나무

↑영산홍

←←가까이에서 본 꽃
←분홍색 꽃

🐾 **특징** 높이 15~90cm. 가지가 많이 갈라지고 전체에 갈색 털이 있다. 잎은 어긋나지만 가지 끝에서는 모여난다. 씨나 포기나누기, 꺾꽂이로 번식한다.

❀ **꽃** 4~6월. 붉은색, 흰색, 주황색 등의 꽃이 가지 끝에 1~2송이씩 핀다. 갈래꽃. 수술 5개, 암술 1개.

🥔 **열매** 9월. 긴 타원형이고 거친 털이 있다.

🪣 **자라는 곳** 꽃밭이나 화분에 심어 기른다. 원산지는 일본이다.

☀ **쓰임** 관상용. 위장을 튼튼하게 하는 데 쓴다.

이야기마당 🌙 꽃말은 절제, 극기예요.

탱자나무 *Poncirus trifoliata*
속씨식물 〉 쌍떡잎식물 〉 운향과   갈잎떨기나무

▲탱자나무 열매

◀◀탱자나무 꽃
◀탱자나무 가시

- 🐾 **특징** 높이 3~4m. 가지가 많고 가지가 변해 생긴 날카로운 가시가 어긋난다. 잎자루에 날개가 있고 잎은 어긋나며 작은잎이 3개씩 달린다. 겹잎. 작은잎은 반질반질한 타원형이며 가장자리는 둔한 톱니 모양이다. 씨나 꺾꽂이로 번식한다.
- ✿ **꽃** 4~5월. 흰색 꽃이 잎보다 먼저 피고 향기가 진하다. 갈래꽃. 꽃잎 5장. 꽃받침 5장. 수술이 많다. 암술 1개.
- 💊 **열매** 9~10월. 노랗고 둥글며 향이 진하다. 신맛이 나고 씨는 희고 납작한 타원형이다.
- 🪣 **자라는 곳** 남부 지방에서 자라며 집 주변에 심어 기른다. 원산지는 중국이다.
- ☀ **쓰임** 생울타리용. 열매를 약재로 쓴다.

이야기마당 🌙 탱자나무 울타리는 귀신도 뚫지 못한다는 말이 있을 정도로 가시가 단단하고 날카로워요. 꽃말은 추억이에요.

칠엽수 *Aesculus turbinata* 마로니에
속씨식물 〉 쌍떡잎식물 〉 칠엽수과   갈잎큰키나무

◀칠엽수

▲▲칠엽수 꽃
▲칠엽수 열매

- 🐾 **특징** 높이 20~30m. 굵은 가지가 사방으로 퍼진다. 잎은 마주나고 긴 잎자루에 타원형의 작은잎이 7개 모여 달려 손바닥을 펼친 것처럼 보인다. 겹잎. 작은잎 가장자리는 겹톱니 모양이며 뒷면에 붉은갈색 털이 있다. 씨나 꺾꽂이로 번식한다.
- ✿ **꽃** 5~6월. 분홍색 점이 있는 흰색 꽃이 잎겨드랑이에 여러 송이 모여 핀다. 갈래꽃. 꽃잎 4장. 수술 7개, 암술 1개.
- 💊 **열매** 9~10월. 둥글고 갈색이며 익으면 3갈래로 갈라진다. 씨는 밤처럼 생겼다.
- 🪣 **자라는 곳** 길가나 공원에 심어 기른다. 원산지는 일본이다.
- ☀ **쓰임** 관상용. 가로수용.

이야기마당 🌙 칠엽수를 '마로니에'라고도 하는데, 대학로의 마로니에 공원은 1929년에 심은 마로니에의 이름을 따서 붙인 거예요.

담쟁이덩굴 *Parthenocissus tricuspidata* 담쟁이
속씨식물 〉 쌍떡잎식물 〉 포도과　갈잎덩굴나무

↑단풍이 든 담쟁이덩굴

↑나무를 감고 올라간 담쟁이덩굴

↑↑담쟁이덩굴의 부착뿌리
↑담쟁이덩굴 열매

←담쟁이덩굴 꽃

🐾 **특징**　길이 8~10m. 가지가 많이 갈라지고 덩굴손이 잎과 마주난다. 덩굴손에서 부착뿌리가 나와 바위나 나무, 담, 벽 등에 달라붙는다. 잎은 어긋나고 끝이 2~3갈래 갈라진 넓은 달걀 모양이며 반질반질하다. 잎 뒷면의 잎맥에 잔털이 있고 가장자리는 불규칙한 톱니 모양이다. 씨나 꺾꽂이, 포기나누기로 번식한다.

✿ **꽃**　6~7월. 누르스름한 녹색 꽃이 가지 끝에 모여 핀다. 양성화. 갈래꽃. 꽃잎 5장. 수술 5개, 암술 1개.

🫛 **열매**　8~10월. 포도알처럼 검고 둥글며 흰색 가루로 덮여 있다.

🪣 **자라는 곳**　담이나 바위, 나무에 붙어 자란다.

☀ **쓰임**　관상용. 줄기와 잎은 약으로 쓰고 열매를 먹기도 한다.

이야기마당 🍃 건물 틈이나 담 밑에 뿌리를 내려 쉽게 자라고 금세 담이나 벽을 뒤덮기 때문에 '담쟁이'라고 불러요. 꽃말은 영원한 사랑, 우정이에요.

벽오동 *Firmiana simplex*
속씨식물 〉쌍떡잎식물 〉벽오동과   갈잎큰키나무

← 벽오동

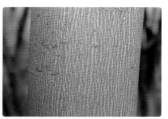

↑↑ 벽오동 줄기
↑ 벽오동 열매

🐾 **특징** 높이 15m 정도. 줄기와 가지는 밝은 초록색이며 곧게 자란다. 잎은 어긋나며 잎자루가 길고 가장자리가 3~5갈래로 둔하게 갈라진다. 씨나 꺾꽂이로 번식한다.

✿ **꽃** 6~7월. 연한 노란색 꽃이 가지 끝에 모여 피며 꽃잎이 없다. 단성화. 암수한그루. 수술 10~15개, 암술 1개.

🥚 **열매** 10월. 익기 전에 5갈래로 벌어지며 껍질 가장자리에 콩 같은 씨가 붙어 있다.

🪣 **자라는 곳** 우리나라 중부 이남 지역에서 심어 기른다. 원산지는 중국이다.

☀ **쓰임** 가구나 악기를 만드는 데 쓴다.

이야기마당 🌙 옛날에 문 도령이 이웃 마을 아가씨를 사랑했는데, 사랑을 이루지 못하고 세상을 떠났어요. 그 뒤 문 도령의 무덤에서 벽오동이 자랐는데, 이것은 자신의 사랑을 벽오동 씨에 담아 전하려는 문 도령의 마음이래요.

오동나무 *Paulownia coreana* 오동
속씨식물 〉쌍떡잎식물 〉현삼과   갈잎큰키나무

← 오동나무

↑↑ 오동나무 꽃
↑ 오동나무 열매

🐾 **특징** 높이 15m 정도. 잎은 크고 오각형에 가까운 달걀 모양이며 가지에 2개씩 마주난다. 잎자루가 길고 뒷면에 갈색 털이 있다. 씨나 꺾꽂이로 번식한다.

✿ **꽃** 5~6월. 종 모양의 연한 보라색 꽃이 가지 끝에 모여 핀다. 통꽃. 수술 4개, 암술 1개.

🥚 **열매** 10월. 달걀 모양이고 검은갈색으로 익으면 벌어진다.

🪣 **자라는 곳** 산기슭이나 마을 근처에 심어 기른다. 원산지는 울릉도이다.

☀ **쓰임** 가야금, 거문고 같은 악기나 가구를 만드는 데 쓴다.

이야기마당 🌙 옛날에는 딸이 태어나면 오동나무를 심었어요. 딸이 커서 결혼을 할 때 가볍고 단단한 오동나무로 장롱을 만들어 주기 위해서였대요.

무궁화 *Hibiscus syriacus* 목근화

속씨식물 〉 쌍떡잎식물 〉 아욱과　갈잎떨기나무

↑ 무궁화

- 🐾 **특징** 높이 3~4m. 가지가 많이 갈라지고 어린 가지에 털이 있으나 자라면서 점차 없어지고 회색을 띤다. 잎은 어긋나며 3갈래로 얕게 갈라진다. 잎 가장자리는 거친 톱니 모양이고 뒷면의 잎맥에 털이 있다. 주로 꺾꽂이로 번식한다.

- ✿ **꽃** 7~9월. 분홍색, 흰색, 보라색 등의 꽃이 잎겨드랑이에 1송이씩 핀다. 여름부터 가을까지 새로 나온 가지의 밑부분에서 위로 올라가며 차례로 핀다. 아침에 꽃이 활짝 피었다가 저녁에 진다. 홑꽃과 여러 가지 형태의 겹꽃이 있는데 홑꽃 꽃잎은 5장이고 밑부분이 붙어 있다. 수술이 많다. 암술머리 5개.

- 💊 **열매** 10월. 타원형이고 갈색으로 익으면 5갈래로 벌어진다. 씨는 황갈색이고 납작하며 털이 있다.

- 🪣 **자라는 곳** 학교나 공원 등에 심어 기른다. 원산지는 중국과 인도이다.

- ☀ **쓰임** 관상용. 어린잎을 먹고 열매와 뿌리껍질은 이뇨제, 해열제, 지혈제, 설사약 등으로 쓴다.

이야기마당 🌙 무궁화는 아침에 꽃이 피었다가 저녁이 되면 시들어 떨어지고 다음 날 다시 새 꽃이 피어요. 이렇게 여름부터 가을까지 꽃이 계속해서 피고 지기 때문에 무궁화라는 이름을 얻었어요. 이러한 무궁화의 끈기 있는 모습이 반만년 역사를 꿋꿋이 이어 온 우리 민족의 정신과 닮았다고 하여 우리나라 국화로 정했지요. 일제강점기 때에는 일제가 우리 땅의 무궁화를 모두 없애려고 했지만, 한서 남궁억 선생은 온갖 방해를 무릅쓰고 동지들과 함께 무궁화를 널리 전하며 지키려고 노력했어요. 지금은 전 세계에서 많은 품종이 개발되고 있어요. 꽃말은 신념, 일편단심, 섬세한 아름다움이에요.

↑ 가까이에서 본 꽃

←← 무궁화 열매
← 무궁화 씨

여러 가지 무궁화

↑다이아나　　↑난파　　↑아사달

↑아덴스무궁화　　↑백란　　↑하와이무궁화

부용 *Hibiscus mutabilis*
속씨식물 〉 쌍떡잎식물 〉 아욱과　갈잎떨기나무

↑부용

◀◀분홍색 꽃
◀부용 열매

🐾 **특징** 높이 1~3m. 가지가 많이 갈라지고 작은 가지는 겨울에 말라 죽는다. 잎은 어긋나며 가장자리는 둔한 톱니 모양이다. 씨나 포기나누기로 번식한다.

✽ **꽃** 7~10월. 분홍색 또는 흰색 꽃이 잎겨드랑이에 1송이씩 핀다. 무궁화 꽃과 비슷하다. 꽃잎 5장. 암술대에 많은 수술이 있다.

🍶 **열매** 10~11월. 타원형이고 갈색으로 익으면 5갈래로 갈라진다. 씨가 많다.

🪣 **자라는 곳** 정원이나 길가에 심어 기른다. 원산지는 중국이다.

☀ **쓰임** 관상용. 뿌리를 해독제로 쓴다.

이야기마당 🌙 중국에서는 중국 제일의 미인인 양귀비를 부용에 비유했어요. 그래서인지 송나라 맹준 왕은 궁궐 안에 온통 부용을 심게 했대요. 꽃말은 섬세한 아름다움, 우아한 연인이에요.

능소화 *Campsis grandiflora* 금등화, 양반꽃
속씨식물 〉 쌍떡잎식물 〉 능소화과　갈잎덩굴나무

↑ **가까이에서 본 꽃**
↑ **능소화의 부착뿌리**
← **능소화**

- 🐾 **특징** 길이 10m 정도. 담이나 다른 나무에 붙어서 자란다. 잎은 마주나고 작은잎이 7~9개 달린다. 깃꼴겹잎. 작은잎 가장자리는 톱니 모양이고 털이 있다. 꺾꽂이나 포기나누기로 번식한다.
- ✿ **꽃** 7~9월. 깔때기 모양의 주황색 꽃이 가지 끝에 5~15송이씩 핀다. 통꽃. 꽃잎 5갈래. 수술 4개, 암술 1개.
- 🥚 **열매** 9~10월. 네모지고 익으면 2갈래로 갈라진다.
- 🗑 **자라는 곳** 절이나 집 근처에서 자란다. 원산지는 중국이다.
- ☀ **쓰임** 관상용. 줄기와 잎을 진정제로 쓴다.

이야기마당 🌙 옛날에는 절이나 양반집에서만 심어 길렀다고 '양반꽃'이라고도 해요. 꽃가루에 갈고리 모양의 돌기가 있어 눈병을 일으킬 수 있어요. 꽃말은 여성, 명성이에요.

산수유 *Cornus officinalis*
속씨식물 〉 쌍떡잎식물 〉 층층나뭇과　갈잎큰키나무

↑ **산수유**

←← **가까이에서 본 꽃**
← **산수유 열매**

- 🐾 **특징** 높이 4~7m. 나무껍질이 세로로 벗겨지고 작은 가지는 흰빛이 돈다. 끝이 뾰족한 달걀 모양의 잎이 마주나며 반질반질하고 뒷면에 털이 많다. 씨로 번식한다.
- ✿ **꽃** 3~4월. 노란색 꽃이 잎보다 먼저 20~30송이씩 모여 핀다. 양성화. 갈래꽃. 꽃잎 4장. 수술 4개, 암술 1개.
- 🥚 **열매** 9~11월. 긴 타원형이고 붉게 익으며 새콤달콤한 맛이 난다. 씨는 긴 타원형이다.
- 🗑 **자라는 곳** 남쪽 지방의 산기슭이나 집 근처에 심어 기른다.
- ☀ **쓰임** 관상용. 열매는 차를 끓여 마시거나 한약재로 쓴다.

이야기마당 🌙 산수유 세 그루만 있으면 자식을 대학까지 보낼 수 있다고 할 정도로 산수유 열매는 귀한 약재랍니다. 이른 봄에 꽃이 피면 경기도 양평, 전라남도 남원 등 여러 곳에서 산수유 축제가 열리지요. 꽃말은 고고한 기품이에요.

개나리 *Forsythia koreana*
속씨식물 〉 쌍떡잎식물 〉 물푸레나뭇과　갈잎떨기나무

⬆ 개나리

⬆ 가까이에서 본 꽃

⬆ 개나리 잎

⬆ 영춘화

⬆ 산개나리

🐾 **특징** 높이 2~3m. 줄기가 모여나고 가지는 많이 갈라져 빽빽하게 자라며 끝이 밑으로 처진다. 어린 가지는 녹색이지만 점차 잿빛이 도는 갈색이 된다. 타원형의 잎이 마주나며 잎 가장자리는 톱니 모양이거나 밋밋하다. 씨나 꺾꽂이, 포기나누기로 번식한다. 산개나리는 개나리에 비해 꽃이 작고 1송이씩 핀다. 영춘화는 꽃잎이 개나리보다 얕게 6갈래로 갈라진다.

🌸 **꽃** 3~4월. 노란색 꽃이 잎보다 먼저 잎겨드랑이에 1~3송이씩 핀다. 암수딴그루. 통꽃. 꽃잎 4갈래. 수술 2개, 암술 1개.

🥚 **열매** 9~10월. 갈색 달걀 모양이다. 씨는 갈색이고 날개가 있다.

🪣 **자라는 곳** 집 근처나 햇볕이 잘 드는 산기슭에서 자란다. 원산지는 우리나라다.

☀ **쓰임** 관상용. 생울타리용. 열매를 치질이나 결핵에 약으로 쓴다.

이야기마당 🌙 옛날 인도의 한 공주가 새를 무척 좋아하여 세계 각국의 예쁘고 귀여운 새들을 모아 길렀어요. 어느 날 한 노인이 매우 예쁜 새를 가져와 공주는 그 새에게 사랑을 듬뿍 쏟았는데 웬일인지 날이 갈수록 새의 모습이 미워졌어요. 알고 보니 그 새는 털에 화려한 색을 칠하고 목에 은방울을 달아 예쁘게 꾸민 까마귀였지요. 놀란 공주는 그만 충격으로 죽었는데, 공주의 무덤에서 한 그루의 나무가 자라 노란 개나리가 피었대요. 꽃말은 이루어진 희망이에요.

라일락
Syringa vulgaris 개똥나무, 서양수수꽃다리, 정향나무
속씨식물 〉 쌍떡잎식물 〉 물푸레나뭇과   갈잎떨기나무

↑↑ 흰색 꽃
↑ 라일락 열매

← 라일락

🐾 **특징** 높이 2~3m. 뿌리에서 줄기가 여러 개 모여나며 어린 가지는 잿빛을 띤 갈색이다. 끝이 뾰족한 달걀 모양의 잎이 2개씩 마주난다. 씨나 꺾꽂이, 접붙이기로 번식한다.

✿ **꽃** 4~5월. 긴 나팔 모양의 흰색 또는 연한 자주색 꽃이 모여 피어 원뿔 모양을 이룬다. 통꽃. 꽃잎 4갈래. 수술 2개, 암술 1개. 향기가 매우 진하다.

🝑 **열매** 9월. 흑갈색의 긴 타원형이다.

🪣 **자라는 곳** 공원이나 정원에 심어 기른다. 원산지는 유럽 동남부이다.

☀ **쓰임** 관상용. 조경용.

이야기마당 🌙 영국의 한 아가씨가 사랑하는 남자와 헤어지자 병으로 세상을 떠났어요. 남자는 슬픔을 상징하는 보라색 꽃을 아가씨의 무덤에 바쳤는데, 다음 날 무덤에 가 보니 깨끗한 흰색 꽃을 활짝 피운 라일락 나무가 자라 있었대요. 꽃말은 첫사랑의 감격, 청춘의 기쁨, 젊은 날의 추억이에요.

쥐똥나무
Ligustrum obtusifolium 싸리버들
속씨식물 〉 쌍떡잎식물 〉 물푸레나뭇과   갈잎떨기나무

↑ 쥐똥나무

←← 쥐똥나무 꽃
← 왕쥐똥나무 열매

🐾 **특징** 높이 2~4m. 가지가 많이 갈라지고 잔털이 있으나 2년이 지나면 없어진다. 긴 타원형의 잎이 마주나며 잎 뒷면의 맥에 털이 있다. 씨나 꺾꽂이로 번식한다. 왕쥐똥나무는 주로 남쪽 바닷가에서 자라며 잎이 두껍고 끝이 뾰족하다.

✿ **꽃** 5월. 깔때기 모양의 흰색 꽃이 줄기나 가지 끝에 모여 핀다. 통꽃. 꽃잎 4갈래. 수술 2개, 암술 1개.

🝑 **열매** 10월. 타원형이며 검은색으로 익는다.

🪣 **자라는 곳** 산과 들의 골짜기에서 자라고 도로 주변에 심어 기른다.

☀ **쓰임** 조경용. 생울타리용. 열매는 진정제로 쓴다.

이야기마당 🌙 가지 끝에 달리는 열매가 쥐똥처럼 까맣고 동글동글해서 쥐똥나무라고 불러요.

미선나무

Abeliophyllum distichum 흰개나리

속씨식물 〉 쌍떡잎식물 〉 물푸레나뭇과   갈잎떨기나무

↟↟ 미선나무 꽃
↟ 미선나무 열매

← 미선나무

- 🐾 **특징** 높이 1~2m. 가지는 끝이 처지고 자줏빛을 띠며 작은 가지를 자른 면이 네모지다. 달걀 모양의 잎이 마주난다. 씨나 꺾꽂이로 번식한다.
- ✿ **꽃** 3~4월. 흰색 또는 연한 분홍색 꽃이 잎보다 먼저 핀다. 총상꽃차례. 통꽃. 꽃잎 4갈래. 수술 2개, 암술 1개. 개나리와 비슷하다.
- 🥚 **열매** 9~10월. 미선이라고 하는 둥근 부채와 비슷한 모양으로 둥글넓적하고 끝이 오목하며 날개가 있다. 갈색 열매 속에 씨가 2개 들어 있다.
- 🪣 **자라는 곳** 햇볕이 잘 드는 산기슭에서 자란다.
- ☀ **쓰임** 조경용.

이야기마당 🌿 세계에 1종밖에 없는 우리나라 특산 식물이어서 천연기념물로 보호하고 있어요. 충북 괴산군과 전북 부안군 등에서 자랐으나 지금은 여러 곳에서 심어 기르고 있어요.

배롱나무

Lagerstroemia indica 나무백일홍, 백일홍나무, 간지럼나무

속씨식물 〉 쌍떡잎식물 〉 부처꽃과   갈잎큰키나무

↑ 배롱나무

←← 배롱나무 꽃
← 배롱나무 열매

- 🐾 **특징** 높이 3~7m. 줄기는 연한 갈색이며 껍질이 얇아 미끄럽고 어린 가지는 네모꼴이다. 잎은 마주나거나 어긋나며 반질반질한 타원형이다. 씨나 꺾꽂이로 번식한다.
- ✿ **꽃** 7~9월. 붉은색 또는 흰색 꽃이 가지 끝에 모여 핀다. 원추꽃차례. 양성화. 갈래꽃. 꽃잎 6장. 꽃잎에 주름이 많이 져 있다. 수술 30~40개, 암술 1개.
- 🥚 **열매** 10월. 넓은 타원형이고 익으면 6갈래로 갈라진다. 씨에 날개가 있다.
- 🪣 **자라는 곳** 정원이나 밭둑에 심어 기른다. 원산지는 중국이다.
- ☀ **쓰임** 정원수용.

이야기마당 🌿 여름 내내 꽃이 피기 때문에 '백일홍나무'라고 해요. 또 나무의 일부분만 만져도 간지럼을 타는 듯 나무 전체가 가늘게 떨리기 때문에 '간지럼나무'라고도 해요. 꽃말은 떠난 님을 그린다, 웅변이에요.

구기자나무 *Lycium chinense*
속씨식물 〉 쌍떡잎식물 〉 가짓과   갈잎떨기나무

↑구기자나무

←구기자나무 열매

- 🐾 **특징** 높이 1~2m. 줄기는 가늘고 무리지어 퍼지며 짧은 가지는 가시로 변한다. 잎은 긴 달걀 모양이며 긴 가지에서는 어긋나고 짧은 가지에서는 몇 개씩 모여난다. 씨나 꺾꽂이, 포기나누기로 번식한다.
- ✻ **꽃** 8~10월. 종 모양의 자주색 꽃이 핀다. 통꽃. 꽃잎 5갈래. 수술 5개, 암술 1개.
- 💊 **열매** 9~11월. 타원형이고 붉은색으로 익는다. 열매를 구기자라고 한다.
- 🪣 **자라는 곳** 집 근처나 길가에서 자라고 밭에 심어 기르기도 한다.
- ☀ **쓰임** 어린잎을 나물로 먹고 열매는 차를 끓여 먹거나 한약재로 쓴다.

이야기마당 🌙 옛날 중국의 한 할아버지가 산에서 나무를 하다가 쓰러졌는데 구기자를 먹고 기운을 차렸대요. 게다가 다시 검은 머리가 나고 젊은이 못지않게 튼튼해져서 사람들이 구기자를 신비의 약으로 여기게 되었어요.

석류나무 *Punica granatum*
속씨식물 〉 쌍떡잎식물 〉 석류나뭇과   갈잎큰키나무

↑석류

←가까이에서 본 꽃

- 🐾 **특징** 높이 4~5m. 가지는 네모꼴이며 짧은 가지는 가시가 된다. 긴 타원형의 잎이 마주난다. 꺾꽂이로 번식한다.
- ✻ **꽃** 5~6월. 붉은색 꽃이 가지 끝에 1~5송이씩 핀다. 양성화. 갈래꽃. 꽃잎 6장. 수술이 많다. 암술 1개.
- 💊 **열매** 9~10월. 노란색이고 붉게 익으면 껍질이 터지면서 붉은색 씨가 나온다.
- 🪣 **자라는 곳** 우리나라 중부 이남에서 심어 기른다. 원산지는 이란, 아프가니스탄이다.
- ☀ **쓰임** 관상용. 열매와 뿌리껍질을 설사약, 구충제로 쓰고 단맛이 나는 씨를 먹는다.

이야기마당 🌙 저승의 신 하데스는 지상에서 납치해 온 아름다운 페르세포네를 다시 돌려보내게 되자, 꾀를 내어 부부 관계를 인정하는 뜻을 담은 석류를 페르세포네에게 먹게 했지요. 페르세포네는 하네스의 아내가 되어 일 년의 절반은 저승에서 지내게 되었답니다. 그래서 꽃말은 어리석음이에요.

왕대
Phyllostachys bambusoides 참대
속씨식물 〉 외떡잎식물 〉 벼과　늘푸른큰키나무

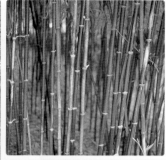

↑↑ 줄기와 가지가 검은 오죽
↑ 죽순

← 왕대

🐾 **특징** 높이 10~20m. 줄기는 곧게 자라고 속이 비어 있으며 녹색에서 누르스름한 녹색으로 변한다. 마디 사이가 길고 마디에서 2개의 가지가 난다. 가지 끝에 칼 모양의 잎이 5~6개씩 달린다. 잎 가장자리는 잔톱니 모양이고 뒷면은 흰빛을 띤다. 땅속줄기가 옆으로 뻗으며 마디에서 뿌리와 새순이 난다. 새순을 죽순이라고 한다. 포기나누기로 번식한다.

✿ **꽃** 6~7월. 드물게 꽃이 핀다.

🫐 **열매** 9~10월. 붉은빛이 도는 포도알 모양이다.

🪣 **자라는 곳** 중부 이남의 산이나 바닷가에서 자란다. 원산지는 중국이다.

☀ **쓰임** 관상용. 죽순을 먹고 줄기는 바구니나 소쿠리 등을 만들거나 집을 지을 때 쓴다.

이야기마당 🌙 옛날에는 성품이 곧은 선비를 대쪽 같다고 했어요. 하늘을 향해 곧게 자라는 대나무의 성질에 비유한 말이지요. 꽃말은 충성심, 굳은 절개, 믿음과 의리예요.

조릿대
Sasa borealis 산죽, 조리대
속씨식물 〉 외떡잎식물 〉 벼과　늘푸른떨기나무

↑ 이대

← 조릿대

🐾 **특징** 높이 1~2m. 잎은 길쭉한 타원형으로, 앞면이 반질반질하고 뒷면은 흰빛이 돌며 가장자리는 잔톱니 모양이다. 씨나 포기나누기로 번식한다. 이대와 모양이 비슷하다.

✿ **꽃** 5~6월. 자주색 꽃이삭이 2~3개 달린다. 꽃이삭은 털과 흰색 가루로 덮여 있다. 수술 6개, 암술머리 3개.

🫐 **열매** 6~7월. 이삭이 익는다.

🪣 **자라는 곳** 숲 속 나무 밑에서 자란다.

☀ **쓰임** 줄기는 바구니, 낚싯대, 조리 등을 만들 때 쓰고, 잎은 약으로 쓴다.

이야기마당 🌙 쌀을 이는 조리를 주로 만들었기 때문에 조릿대라고 해요.

소나무 *Pinus densiflora* 적송, 육송, 솔
겉씨식물 〉소나뭇과   늘푸른큰키나무

↑소나무

↑소나무의 수꽃

↑소나무의 암꽃

↑솔방울

↑솔씨

↑정이품송

🐾 **특징** 높이 30m 정도. 줄기 윗부분의 나무껍질은 붉은갈색이고 밑부분은 짙은 회갈색이며 세로로 깊게 갈라진다. 줄기에 상처가 나면 향긋한 냄새가 나는 송진이 나온다. 바늘 모양의 잎이 2개씩 뭉쳐나고 2년이 지나면 떨어진다. 씨로 번식한다. 해송은 껍질이 검은갈색이며 '흑송'이라고도 한다. 대왕송은 줄기가 거무스름하고 잎이 3개씩 달린다.

✿ **꽃** 5월. 단성화. 암수한그루. 긴 타원형의 노란색 수꽃 이삭이 햇가지 밑부분에 달리며 햇가지 끝부분에는 달걀 모양의 자주색 암꽃 이삭이 달린다.

🫛 **열매** 꽃이 핀 이듬해 9~10월. 갈색으로 익는다. 씨는 타원형이고 긴 날개가 있으며 검은갈색이다.

🗑 **자라는 곳** 산에서 자라고 정원에도 심는다.

☀ **쓰임** 조경용. 나무는 건축재나 펄프 재료로 쓰고, 송진은 고약을 만드는 데 쓴다. 꽃가루는 송화라고 하여 다식을 만드는 데 쓰고, 잎은 송편을 찔 때 쓴다.

이야기마당 🐚 조선의 제7대 임금인 세조가 피부병을 치료하기 위해 가마를 타고 속리산 법주사로 가고 있었어요. 그런데 절 가까이에 낮게 드리워진 소나무 가지를 보고 세조가 "가마가 소나무 가지에 걸리겠다."고 말하자 소나무가 스스로 가지를 들어 무사히 지나갈 수 있었대요. 이를 기특하게 여긴 세조는 소나무에 정2품 벼슬을 내렸어요. 이 소나무가 충청북도 보은의 속리산 법주사 입구에 있는 '정이품송'이고 나이는 600년쯤 됐대요.

전나무 *Abies holophylla* 젓나무

겉씨식물 〉 소나뭇과   늘푸른큰키나무

↑전나무

←전나무 숲

🌱 **특징** 높이 30~40m. 전체가 원뿔 모양이고 나무껍질은 진한 갈색이며 거칠다. 짧고 굵은 바늘 모양의 잎이 가지에 돌려난다. 씨나 꺾꽂이, 포기나누기, 휘묻이로 번식한다.

✽ **꽃** 4월. 암수한그루. 묵은 가지의 잎겨드랑이에 원기둥 모양의 누르스름한 녹색 수꽃 이삭이 달리고 가지 끝에 자주색 암꽃 이삭이 하늘을 향해 달린다.

💊 **열매** 10월. 누르스름한 녹색의 원통 모양이다. 씨는 갈색이고 날개가 있다.

🪣 **자라는 곳** 높은 산에서 자란다.

☀ **쓰임** 조경용. 건축재나 펄프 재료로 쓴다.

이야기마당 🐚 옛날 북유럽의 한 나무꾼이 크리스마스 전날 밤 숲에서 길을 잃었는데, 요정들이 전나무에 불을 밝혀 무사히 집을 찾도록 도와주었어요. 그 후로 크리스마스 전날 밤에 전나무에 불을 밝히는 풍습이 생겼대요. 이것이 바로 크리스마스 트리의 시초이지요. 꽃말은 숭고함, 정직이에요.

구상나무 *Abies koreana*

겉씨식물 〉 소나뭇과   늘푸른큰키나무

↑↑푸른구상나무 열매
↑검은구상나무 열매

←구상나무

🌱 **특징** 높이 18m 정도. 나무껍질은 잿빛을 띤 흰색이고 어린 가지는 노란색에서 갈색으로 변한다. 좁고 납작한 잎이 줄기나 가지에 돌려나고 잎 뒷면은 흰빛이 돈다. 씨나 꺾꽂이, 포기나누기, 휘묻이로 번식한다.

✽ **꽃** 6월. 암수한그루. 타원형의 연한 노란색 수꽃 이삭과 진한 자주색 암꽃 이삭이 가지 끝에 달린다.

💊 **열매** 10월. 긴 타원형이며 씨에 넓은 날개가 있다. 열매의 색깔에 따라 푸른구상, 검은구상, 붉은구상 등으로 나뉜다.

🪣 **자라는 곳** 높은 산에서 자란다.

☀ **쓰임** 조경용. 관상용. 가구재나 건축재 또는 펄프 재료로 쓴다.

이야기마당 🐚 100여 년 전에 독일 사람이 우리나라의 특산 식물인 구상나무를 독일로 가져가 크리스마스 트리로 개발하여 지금까지도 많은 수입을 올리고 있대요.

가문비나무
Picea jezoensis 감비
겉씨식물 〉 소나뭇과　늘푸른큰키나무

↑가문비나무

←←독일가문비나무의
수꽃
←독일가문비나무
열매

🐾 **특징** 높이 40m 정도. 전체가 원뿔 모양이며 나무껍질은 검은갈색이고 비늘처럼 벗겨진다. 잎은 살짝 휘어진 바늘 모양으로 가지에 돌려나며 납작하고 끝이 뾰족하다. 씨나 포기나누기로 번식한다. 독일가문비나무의 잎은 자른 면이 사각형이다.

✿ **꽃** 5~6월. 암수한그루. 작은 타원형의 누르스름한 갈색 수꽃이 잎겨드랑이에 피고, 타원형의 붉은자주색 암꽃은 가지 끝에 핀다.

💊 **열매** 10월. 위를 향해 달렸다가 갈색으로 익으면 아래로 처진다. 씨는 검은갈색이며 타원형의 날개가 있다.

🪣 **자라는 곳** 높은 산에서 자란다.

☀ **쓰임** 조경용. 건축재나 펄프 재료로 쓴다.

이야기마당 🌙 꽃말은 성실, 정직이에요.

개잎갈나무
Cedrus deodara 히말라야시다, 개이깔나무, 설송
겉씨식물 〉 소나뭇과　늘푸른큰키나무

←개잎갈나무

↑↑개잎갈나무 열매
↑잎갈나무 열매

🐾 **특징** 높이 25~30m. 나무껍질은 갈색이고 얇게 벗겨진다. 가지가 수평으로 퍼지며 작은 가지는 밑으로 처진다. 바늘 모양의 잎이 여러 개 다발로 달린다. 씨나 꺾꽂이, 포기나누기로 번식한다.

✿ **꽃** 10월. 암수한그루. 수꽃 이삭은 원통 모양이고 암꽃 이삭은 달걀 모양이다.

💊 **열매** 꽃이 핀 이듬해 10월. 밤색 달걀 모양이며 씨는 세모꼴로 넓은 날개가 있다.

🪣 **자라는 곳** 남부 지방에서 가로수로 심는다. 원산지는 히말라야 산맥이다.

☀ **쓰임** 관상용. 가로수용.

이야기마당 🌙 옛날 이집트에서는 죽은 사람을 미라로 만들 때 개잎갈나무 열매의 기름을 짜서 발랐대요. 개잎갈나무 기름에는 몇백 년이 지나도 미라가 썩지 않게 하는 신비로운 성분이 있기 때문이래요.

주목 *Taxus cuspidata*

겉씨식물 〉 주목과　늘푸른큰키나무

↑↑주목 꽃
↑주목 열매

👣 **특징** 높이 17~20m. 나무껍질은 붉은갈색
이고 얇게 띠 모양으로 벗겨지며 줄기를 자
른 면이 붉다. 짧고 굵은 바늘 모양의 잎이
가지에 촘촘히 돌려나고 뒷면에 2개의 녹색
줄이 있으며 2~3년이 지나면 떨어진다. 씨
나 꺾꽂이로 번식한다.

✿ **꽃** 4월. 자잘한 꽃이 핀다. 단성화. 암수딴
그루. 수꽃은 황색이고 암꽃은 녹색이다. 수
술 8~10개. 밑씨가 겉으로 드러나 있다.

🫙 **열매** 9~10월. 둥글고 붉은색으로 익는다.
씨는 달걀 모양이고 독이 있다.

🪣 **자라는 곳** 높은 산에서 자란다.

☀ **쓰임** 조경용. 열매를 이뇨제로 쓰고 나무는
고급 가구재로 쓴다.

이야기마당 🌙 주목은 살아서 천년, 죽어서 천년이란 말
처럼 수명이 길어요. 꽃말은 비애, 죽음이에요.

←주목

비자나무 *Torreya nucifera*

겉씨식물 〉 주목과　늘푸른큰키나무

↑↑비자나무의 어린 열매
↑개비자나무 꽃

👣 **특징** 높이 25m 정도. 나무껍질은 잿빛이 도
는 갈색이다. 두꺼운 바늘 모양의 잎이 가지
에 두 줄로 어긋나고 앞면은 진한 녹색, 뒷면
은 갈색이다. 전체에서 독특한 향이 난다. 씨
나 꺾꽂이, 포기나누기로 번식한다. 개비자
나무는 잎이 길고 열매가 붉게 익는다.

✿ **꽃** 4월. 단성화. 암수딴그루. 잎 밑에 달걀
모양의 황색 수꽃이 피고 작은 가지 끝에 녹
색 암꽃이 핀다. 수술 20~30개. 밑씨가 겉
으로 드러나 있다.

🫙 **열매** 꽃이 핀 이듬해 9~10월. 타원형이며
녹색이다. 씨는 타원형으로 딱딱한 껍질에
싸여 있으며 붉은갈색을 띤다.

🪣 **자라는 곳** 산에서 자란다.

☀ **쓰임** 관상용. 열매는 먹거나 구충제로 쓰고,
나무는 가구나 바둑판 등을 만드는 데 쓴다.

←비자나무

낙엽송 *Larix leptolepis* 일본잎갈나무, 일본이깔나무

겉씨식물 > 소나뭇과   갈잎큰키나무

↑낙엽송 열매

←낙엽송

🐾 **특징** 높이 30m 정도. 줄기가 곧게 자라고 나무껍질은 잿빛이 도는 갈색이며 가지는 옆으로 퍼진다. 바늘 모양의 잎이 짧은 가지에서 뭉쳐나고, 가을에 누렇게 물들었다 떨어진다. 씨나 꺾꽂이, 포기나누기, 휘묻이로 번식한다.

✿ **꽃** 4~5월. 암수한그루. 수꽃은 긴 타원형이고 암꽃은 넓은 달걀 모양이다.

🫛 **열매** 9~10월. 50~60개의 조각으로 이루어지며 위를 향해 달리고 갈색으로 익는다. 씨는 세모꼴로 날개가 있다.

🪣 **자라는 곳** 낮은 산이나 들에서 자란다. 원산지는 일본이다.

☀ **쓰임** 건축재나 펄프 재료로 쓴다.

이야기마당 🌙 낙엽송은 소나무와 생김새가 비슷하지만 겨울에도 잎이 지지 않는 소나무와는 달리 겨울에 잎이 떨어져요. 꽃말은 대담, 용기, 장엄함이에요.

낙우송 *Taxodium distichum*

겉씨식물 > 낙우송과   갈잎큰키나무

↑↑낙우송 열매
↑낙우송의 호흡뿌리

←낙우송

🐾 **특징** 높이 20~40m. 나무껍질은 붉은갈색이고 작은 조각으로 벗겨진다. 뿌리의 호흡을 도와주는 호흡뿌리가 땅 위로 솟아 나온다. 잎은 어긋나고 깃꼴로 갈라지며 작은잎은 바늘 모양이다. 뿌리에서 새순이 돋아나고 씨나 꺾꽂이, 포기나누기, 휘묻이로 번식한다.

✿ **꽃** 4~5월. 꽃잎이 없다. 암수한그루. 자주색 수꽃이 가지 끝에 피어 늘어지고 암꽃은 둥글고 연한 녹색이다.

🫛 **열매** 9월. 둥글고 씨는 세모꼴이며 날개가 있다.

🪣 **자라는 곳** 산과 들에서 자라며 공원에 심어 기른다. 원산지는 미국이다.

☀ **쓰임** 관상용. 목재용. 바람막이용.

삼나무 *Cryptomeria japonica* 숙대나무
겉씨식물 〉 낙우송과   늘푸른큰키나무

←삼나무
↑↑삼나무의 수꽃
↑삼나무 열매

- 🐾 **특징** 높이 30~40m. 나무껍질은 붉은갈색이고 가지에 짧은 바늘 모양의 잎이 촘촘히 난다. 씨나 꺾꽂이로 번식한다.
- ✹ **꽃** 3월. 암수한그루. 타원형의 누르스름한 수꽃과 공 모양의 녹색 암꽃이 가지 끝에 핀다.
- 🫙 **열매** 10월. 둥근 솔방울 모양이며 갈색으로 익는다. 씨는 밤색의 긴 타원형이고 좁은 날개가 있다.
- 🪣 **자라는 곳** 우리나라 남쪽의 산에서 자라고 심어 기르기도 한다. 원산지는 일본이다.
- ☀ **쓰임** 건축재로 쓰거나 배를 만드는 데 쓴다.

굴거리나무 *Daphniphyllum macropodum*
속씨식물 〉 쌍떡잎식물 〉 대극과   늘푸른큰키나무

- 🐾 **특징** 높이 4~10m. 어린 가지는 붉은빛을 띠고 긴 타원형의 잎이 모여난다. 잎자루가 길고 잎 뒷면에 흰빛이 돈다. 여름에 묵은 잎이 떨어지고 새 잎이 돋는다. 주로 씨로 번식한다.
- ✹ **꽃** 5~6월. 암수딴그루. 잎겨드랑이의 꽃대에 자잘한 꽃이 모여 피며 꽃잎과 꽃받침이 없다. 수술 8~10개, 암술 2개.
- 🫙 **열매** 10~11월. 녹색의 긴 타원형이다.
- 🪣 **자라는 곳** 우리나라 남쪽의 산기슭에서 자란다.
- ☀ **쓰임** 관상용. 가로수용. 잎과 줄기를 한약재로 쓴다.

인동 *Lonicera japonica* 인동덩굴, 겨우살이덩굴, 금은화
속씨식물 〉 쌍떡잎식물 〉 인동과   늘푸른덩굴나무

- 🐾 **특징** 길이 5m 정도. 줄기가 다른 물체를 오른쪽으로 감고 올라간다. 가지는 붉은갈색이며 속이 비어 있다. 긴 타원형의 잎이 마주나며 가장자리가 밋밋하고 털이 있다. 씨나 꺾꽂이로 번식한다.
- ✹ **꽃** 5~6월. 연한 붉은빛을 띠는 흰색 꽃이 잎겨드랑이에 2송이씩 피며 시간이 지나면서 노랗게 변한다. 통꽃. 수술 5개, 암술 1개. 향기가 진하다.
- 🫙 **열매** 9~10월. 검고 둥글며 2개씩 달린다.
- 🪣 **자라는 곳** 산과 들에서 자란다.
- ☀ **쓰임** 꽃과 줄기를 이뇨제, 해독제 등으로 쓴다.

차나무 *Thea sinensis*
속씨식물 〉 쌍떡잎식물 〉 차나뭇과　늘푸른떨기나무

↑ 찻잎을 따는
사람들

←← 차나무의
꽃과 잎
← 차나무 열매

- 🐾 **특징**　높이 2~3m. 두꺼운 타원형의 잎이 어긋난다. 잎은 반질반질하고 가장자리는 가는 톱니 모양이다. 뿌리가 깊게 뻗고 가는 뿌리가 많다. 씨나 꺾꽂이로 번식한다.
- ✽ **꽃**　10~11월. 흰색 꽃이 잎겨드랑이나 가지 끝에서 1~3송이씩 밑을 향해 핀다. 갈래꽃. 꽃잎 6~8장. 수술 200여 개, 암술 1개.
- 💊 **열매**　꽃이 핀 이듬해 10월. 둥글고 익으면 3갈래로 갈라진다. 씨는 둥글고 갈색이다.
- 🪣 **자라는 곳**　전라남도와 경상남도 지방에서 심어 기른다. 원산지는 중국과 티베트이다.
- ☀ **쓰임**　어린잎으로 차를 만들어 먹는다.

이야기마당 🌙　옛날, 네덜란드의 한 무역 회사가 중국에서 녹차를 사서 싣고 돌아가는데, 배 안의 열과 습기 때문에 파랗던 녹차가 검게 변해 버렸어요. 하지만 그냥 버리기가 아까워 끓여서 먹어 보았더니 맛과 향이 아주 좋았대요. 유럽 사람들이 즐겨 마시는 홍차는 이렇게 만들어졌어요.

호랑가시나무 *Ilex cornuta*　묘아자나무
속씨식물 〉 쌍떡잎식물 〉 감탕나뭇과　늘푸른떨기나무

↑ 호랑가시나무

←← 호랑가시나무
꽃
← 호랑가시나무
열매

- 🐾 **특징**　높이 2~3m. 나무껍질은 잿빛이 도는 흰색이고 가지가 많다. 잎은 어긋나며 두껍고 반질반질하다. 육각형의 잎 모서리마다 날카로운 가시가 있다. 추위에 약하며 씨로 번식한다.
- ✽ **꽃**　4~5월. 푸르스름한 흰색 꽃이 잎겨드랑이에 모여 핀다. 갈래꽃. 꽃잎 4장. 수술 4개. 암술머리 4개. 암술대가 없다.
- 💊 **열매**　9~10월. 붉은 구슬 모양이다. 씨는 누르스름한 녹색이고 껍질이 두껍다.
- 🪣 **자라는 곳**　해변가의 산과 들에서 자란다.
- ☀ **쓰임**　관상용.

이야기마당 🌙　크리스마스 카드에서 붉은 열매와 뾰족한 잎이 있는 나무를 흔히 볼 수 있는데, 바로 호랑가시나무의 열매와 잎이랍니다.

노간주나무

Juniperus rigida 노가지나무, 노간주향나무

겉씨식물 〉 측백나뭇과   늘푸른큰키나무

↑↑ 노간주나무 꽃
↑ 노간주나무 열매

← 노간주나무

🐾 **특징** 높이 8~10m. 나무가 매우 질기고 나무 껍질은 잿빛을 띤 붉은갈색이다. 가지가 옆으로 뻗고 작은 가지는 아래로 처진다. 단단하고 끝이 뾰족한 바늘 모양의 잎이 3개씩 돌려난다. 씨나 꺾꽂이, 포기나누기로 번식한다.

✿ **꽃** 5월. 둥근 꽃이 묵은 가지의 잎겨드랑이에 핀다. 암수딴그루. 수꽃은 연한 갈색이고 암꽃은 녹색을 띤 갈색이다.

🍃 **열매** 꽃이 핀 이듬해 10월. 구슬 모양이고 검은자주색으로 익는다. 씨는 갈색 달걀 모양이다.

🪣 **자라는 곳** 석회암 지대나 산기슭의 햇볕이 잘 드는 곳에서 자란다.

☀ **쓰임** 정원수용. 열매는 양주의 향을 내는 데 쓴다. 나무는 농기구를 만들거나 조각재로 쓰고, 잔가지는 소의 코뚜레를 만든다.

겨우살이

Viscum album var. coloratum 더부살이

속씨식물 〉 쌍떡잎식물 〉 겨우살잇과   늘푸른떨기나무

↑↑ 겨우살이 꽃
↑ 겨우살이 열매

← 나무에 기생하는 겨우살이

🐾 **특징** 높이 50cm 정도. 다른 나무의 가지에 뿌리를 박고 사는 기생 식물이다. 새둥지같이 둥근 모양이고 줄기에 마디가 있으며 가지가 둘로 갈라진다. 두껍고 긴 타원형의 잎이 마주나며 잎자루가 없다. 씨로 번식한다.

✿ **꽃** 1~3월. 종 모양의 연한 노란색 꽃이 가지 끝에 피며 꽃잎이 없다. 암수딴그루. 수술 4~6개, 암술 1개.

🍃 **열매** 11~12월. 노란색 구슬 모양이다.

🪣 **자라는 곳** 참나무, 팽나무, 물오리나무, 밤나무, 자작나무 등에 붙어서 산다.

☀ **쓰임** 혈압약으로 쓴다.

이야기마당 🐾 영국의 한 지방에는 겨우살이로 만든 지팡이를 짚고 밤길을 걸으면 유령을 볼 수 있다는 전설이 전해 내려오고 있어요. 그래서 겨우살이로 만든 지팡이를 '마귀의 지팡이'라고 한대요. 꽃말은 정복, 강한 인내심, 고난을 이겨 내다예요.

버드나무

Salix koreensis 버들, 뚝버들

속씨식물 〉 쌍떡잎식물 〉 버드나뭇과   갈잎큰키나무

↑ 버드나무

← 버드나무 열매

🐾 **특징** 높이 15~20m. 나무껍질은 검은갈색이고 얕게 갈라진다. 어린 가지는 밑으로 처지며 누런빛이 도는 녹색이다. 잎은 어긋나고 뒷면에 흰빛이 돌며 가장자리는 잔톱니 모양이다. 씨나 꺾꽂이로 번식한다.

✿ **꽃** 4월. 연한 노란색 꽃이 잎과 함께 핀다. 암수딴그루. 수술 2개, 암술머리 4개.

🥛 **열매** 5월. 타원형이고 씨에 털이 있다.

🪣 **자라는 곳** 들이나 냇가에서 자란다.

☀ **쓰임** 정원수용.

이야기마당 🌙 고려의 태조 왕건이 왕이 되기 전에 있었던 일이에요. 싸움터에서 돌아오던 왕건이 목이 말라 우물가의 여인에게 물을 청했는데, 여인이 물을 뜬 바가지에 버들잎을 띄워서 주었어요. 왕건이 그 이유를 묻자, 여인은 물을 급히 마시면 체할 것 같아서 그랬다고 대답했어요. 왕건은 여인의 슬기로움에 감탄하여 아내로 삼았다고 해요. 꽃말은 자유, 솔직함, 경쾌함이에요.

미루나무

Populus deltoides 포플러

속씨식물 〉 쌍떡잎식물 〉 버드나뭇과   갈잎큰키나무

← 미루나무

↑↑ 미루나무 잎
↑ 미루나무의 나무껍질

🐾 **특징** 높이 30m 정도. 나무껍질은 검은갈색이며 가지에 뚜렷한 세로줄이 있다. 잎자루가 길고 달걀 모양의 잎이 어긋난다. 잎은 편평하고 반질반질하며 가장자리는 톱니 모양이다. 씨나 꺾꽂이로 번식한다.

✿ **꽃** 3~4월. 암수딴그루. 꽃이 밑으로 늘어진다. 수술 40~60개. 암술머리 3~4개.

🥛 **열매** 5월. 달걀 모양의 갈색 이삭이 달리고 익으면 두 갈래로 갈라진다. 씨에 털이 많다.

🪣 **자라는 곳** 냇가나 논둑, 밭둑에서 자란다. 원산지는 미국이다.

☀ **쓰임** 가로수용. 나무는 성냥개비의 재료로 쓴다.

이야기마당 🌙 미루나무 가지가 하늘을 향해 뻗는 것은 제우스가 도둑 누명을 쓴 미루나무에게 손을 들고 있으라는 벌을 내렸기 때문이래요. 꽃말은 명예, 영광이에요.

사시나무

Populus davidiana 귀신나무, 바람나무, 백양나무

속씨식물 〉 쌍떡잎식물 〉 버드나뭇과   갈잎큰키나무

⬆사시나무

- 🐾 **특징** 높이 20~25m. 나무껍질은 잿빛이 도는 녹색이고 오래되면 얕게 갈라지며 검은빛을 띠는 갈색이 된다. 달걀 모양 또는 둥근 모양의 잎이 어긋나며 잎보다 잎자루가 더 길다. 잎 가장자리는 물결 같은 잔톱니 모양이며 뒷면은 흰색이다. 씨나 꺾꽂이로 번식한다. 원산지가 일본인 일본사시나무는 사시나무보다 잎이 더 크고 나무껍질이 세로로 얕게 갈라진다. 은백양나무는 잎 뒷면이 은백색으로 보인다.

- 🌸 **꽃** 4월. 녹색 또는 연두색 꽃이삭이 잎보다 먼저 피어 밑으로 늘어진다. 암수딴그루. 수술 6~12개, 암술 1개.

- 🫛 **열매** 5월. 긴 타원형이고 익으면 벌어지며 씨가 나온다. 흰색 솜털이 나 있다.

- 🪣 **자라는 곳** 산 밑자락, 논이나 밭 주변에서 자란다.

- ☀️ **쓰임** 나뭇결이 곱고 냄새가 나지 않아 젓가락, 호미 자루, 가구 등을 만드는 데 쓴다.

이야기마당 🌙 잎자루가 가늘고 길어서 바람이 조금만 불어도 나무가 크게 흔들리기 때문에 사시나무라 부르고 '바람나무', '귀신나무'라고도 해요. 꽃말은 애석함이에요.

⬆일본사시나무 열매

⬆일본사시나무의 나무껍질

⬆은백양나무 잎

갯버들 *Salix gracilistyla* 버들강아지, 개버들
속씨식물 〉 쌍떡잎식물 〉 버드나뭇과   갈잎떨기나무

↑갯버들

←갯버들 꽃

- 🐾 **특징** 높이 1~2m. 줄기는 짙은 잿빛이며 뿌리에서 가지가 많이 나오고 어린 가지에 털이 많다. 길고 끝이 뾰족한 타원형의 잎이 어긋나며 가장자리는 톱니 모양이다. 잎 뒷면은 잿빛이 도는 흰색이다. 씨나 꺾꽂이로 번식한다.
- 🌸 **꽃** 3~4월. 잎보다 먼저 꽃이 핀다. 암수딴그루. 수꽃 이삭은 넓은 타원형이고, 암꽃 이삭은 길쭉한 타원형이며 씨방에 털이 많다. 수술 2개, 암술머리 4개.
- 🫘 **열매** 4~5월. 긴 타원형이며 흰색 솜털이 있어 바람에 잘 날린다.
- 🪴 **자라는 곳** 산골짜기나 들의 개울가에서 자란다.
- ☀️ **쓰임** 관상용.

이야기마당 🌙 꽃이삭의 털이 강아지털처럼 복슬복슬해서 '버들강아지'라고도 불러요. 꽃말은 자유, 친절이에요.

능수버들 *Salix pseudo-lasiogyne* 고려수양
속씨식물 〉 쌍떡잎식물 〉 버드나뭇과   갈잎큰키나무

←능수버들

↑↑능수버들의 암꽃
↑용버들의 암꽃

- 🐾 **특징** 높이 15~20m. 나무껍질은 잿빛을 띤 갈색이며 세로로 갈라진다. 원줄기와 큰 가지는 위로 자라고 가지가 길게 아래로 늘어지며 어린 가지는 누르스름한 녹색이다. 끝이 뾰족한 타원형의 잎이 어긋나며 잎 가장자리는 잔톱니 모양이다. 씨나 꺾꽂이로 번식한다. 용버들은 가지가 꼬불꼬불하고 원산지가 중국이다.
- 🌸 **꽃** 4월. 연한 노란색 꽃이 잎과 함께 핀다. 암수딴그루. 암꽃 이삭은 씨방에 털이 많다. 수술 2개, 암술머리 2개.
- 🫘 **열매** 5~6월. 씨는 털로 덮여 있다.
- 🪴 **자라는 곳** 들이나 물가에서 자란다.
- ☀️ **쓰임** 관상용. 정원수용.

자작나무
Betula platyphylla var. japonica 붓나무
속씨식물 〉 쌍떡잎식물 〉 자작나뭇과　갈잎큰키나무

↑자작나무 숲

←←자작나무 열매
←자작나무의 나무껍질

🐾 **특징** 높이 20m 정도. 나무껍질은 흰색이고 수평으로 얇게 벗겨진다. 달걀 모양의 잎이 어긋나며 잎 가장자리는 불규칙한 겹톱니 모양이다. 씨로 번식한다.

✿ **꽃** 4~5월. 암수한그루. 수꽃 이삭은 누르스름한 녹색의 원통 모양이며 밑으로 처진다. 암꽃 이삭은 작고 붉은녹색이며 가지 끝에 달린다.

🌰 **열매** 9~10월. 긴 원통 모양이고 밑으로 처진다. 씨에 넓은 날개가 있다.

🪣 **자라는 곳** 우리나라 북부 지방의 높은 산에서 자란다.

☀ **쓰임** 껍질은 피부병에 약으로 쓰고 나무는 농기구를 만들거나 펄프 재료로 쓴다.

이야기마당 🌑 경주 천마총에서 나온 그림은 자작나무 껍질에 그린 것이고, 도산서원의 목판과 해인사 팔만대장경판도 자작나무로 만든 거예요.

오리나무
Alnus japonica
속씨식물 〉 쌍떡잎식물 〉 자작나뭇과　갈잎큰키나무

←오리나무

↑↑물오리나무의 암꽃과 수꽃
↑사방오리나무 열매

🐾 **특징** 높이 15~20m. 가지는 검붉은빛을 띠는 갈색이며 반점이 있다. 끝이 뾰족한 타원형의 잎이 어긋나며 가장자리는 톱니 모양이다. 씨로 번식한다. 사방오리나무의 원산지는 일본이다.

✿ **꽃** 3~4월. 이삭꽃차례. 암수한그루. 수꽃 이삭은 갈색 원통 모양으로 길게 늘어지고, 암꽃 이삭은 붉은갈색 타원형이며 수꽃 이삭 밑에 달린다. 수술 4개, 암술대 2개.

🌰 **열매** 10월. 방울 모양이며 진한 갈색으로 익는다. 씨는 넓은 타원형이고 양쪽에 날개가 있다.

🪣 **자라는 곳** 산기슭과 습한 골짜기에서 자란다.

☀ **쓰임** 땔감이나 염료로 쓴다.

이야기마당 🌑 옛날에 이 나무를 5리(2km)마다 심어 거리를 알 수 있도록 했다고 해서 오리나무예요.

소사나무

Carpinus coreana 소서나무

속씨식물 〉 쌍떡잎식물 〉 자작나뭇과   갈잎큰키나무

↖소사나무

↑소사나무 열매

🐾 **특징** 높이 5m 정도. 8m까지 자라는 것도 있다. 나무껍질은 진한 갈색을 띠고 잎자루에 털이 빽빽이 나 있다. 달걀 모양의 잎이 어긋나고 뒷면 잎맥에 털이 있으며 가장자리는 겹톱니 모양이다. 씨로 번식한다.

✿ **꽃** 5월. 자주색 꽃이 피는데 수꽃은 빽빽이 피어서 밑으로 늘어지고 암꽃은 드문드문 핀다. 수술 2~15개, 암술대 2개.

🥚 **열매** 10월. 물방울 모양이며 잎처럼 생긴 포가 열매를 반쯤 둘러싸고 있다.

🪣 **자라는 곳** 섬이나 바닷가에서 자란다. 우리나라에만 있다.

☀ **쓰임** 관상용. 분재용. 조각 재료로 쓴다.

이야기마당 🌙 가지를 자르면 새순이 잘 돋고 잎이 작으며 모양을 만들기에 좋아 소나무와 함께 분재용으로 가장 많이 쓰여요.

개서나무

Carpinus tschonoskii 좀서어나무

속씨식물 〉 쌍떡잎식물 〉 자작나뭇과   갈잎큰키나무

↑개서나무

↖개서나무의 잎과 열매

🐾 **특징** 높이 10~15m. 나무껍질은 회색이고 매끄럽다. 길고 끝이 뾰족한 타원형의 잎이 어긋나고 잎 가장자리는 겹톱니 모양이다. 어린잎과 잎자루에 털이 있으며 잎 끝은 뾰족하다. 씨나 포기나누기로 번식한다.

✿ **꽃** 4~5월. 암수한그루. 수꽃 이삭은 누르스름한 붉은색 원통 모양이고 밑으로 처진다. 암꽃은 잎처럼 생긴 포에 2개씩 달린다. 수술 4~8개, 암술대 2개.

🥚 **열매** 9~10월. 달걀 모양이고 잎처럼 생긴 포에 싸여 드문드문 송이를 이루며 밑으로 처진다.

🪣 **자라는 곳** 산기슭이나 숲 속에서 자란다.

☀ **쓰임** 나무는 가구를 만들거나 버섯을 기르는 데 쓴다.

박달나무

Betula schmidtii 참박달나무

속씨식물 〉쌍떡잎식물 〉자작나뭇과　갈잎큰키나무

↑↑ 박달나무 열매
↑ 까치박달나무 열매

← 박달나무

* 🐾 **특징** 높이 30m 정도. 나무껍질은 진한 회색이고 두꺼운 비늘처럼 갈라진다. 달걀 모양의 잎이 어긋나며 잎 뒷면의 잎맥 위에 털이 있고 가장자리는 잔톱니 모양이다. 씨로 번식한다.
* ✿ **꽃** 5~6월. 암수한그루. 수꽃 이삭은 누르스름한 갈색이며 밑으로 처진다. 암꽃 이삭은 녹색으로 위를 향해 달린다. 까치박달나무의 암꽃 이삭은 밑으로 늘어진다.
* 🥫 **열매** 9~10월. 원통 모양이며 위를 향해 달리고 씨에 좁은 날개가 있다.
* 🪣 **자라는 곳** 깊은 산에서 자란다. 원산지는 우리나라이다.
* ☀ **쓰임** 건축재나 가구재로 쓴다.

이야기마당 🌙 박달나무는 아주 단단해서 맞으면 귀신도 죽는다는 말이 있을 정도예요. 꽃말은 견고함이에요.

개암나무

Corylus heterophylla var. thunbergii 깨금나무

속씨식물 〉쌍떡잎식물 〉자작나뭇과　갈잎떨기나무

↑↑ 개암나무의 암꽃(위)과
수꽃(아래)
↑ 개암나무 열매

← 개암나무

* 🐾 **특징** 높이 5m 정도. 햇가지에 붉은갈색 털이 많다. 잎이 어긋나며 자주색 무늬가 있고 가장자리는 잔톱니 모양이다. 씨나 휘묻이로 번식한다.
* ✿ **꽃** 3~4월. 꽃이삭이 잎보다 먼저 가지 끝에 달리며 꽃잎이 없다. 암수한그루. 수꽃 이삭은 노란색이며 2~5개가 밑으로 늘어진다. 암꽃 이삭은 달걀 모양이며 암술이 겉으로 나와 있다. 암술 10개.
* 🥫 **열매** 10월. 둥글고 딱딱하며 갈색으로 익는다.
* 🪣 **자라는 곳** 햇볕이 잘 드는 산기슭에서 자란다.
* ☀ **쓰임** 열매를 먹고 눈의 피로나 현기증에 약으로 쓴다.

이야기마당 🌙 북쪽 지방에서는 정월 보름날 밤, 호두, 잣 등과 함께 개암을 부럼으로 깨물었다고 해요. 그리고 결혼 첫날밤에는 잡귀와 도깨비들이 얼씬 못 하도록 개암 열매로 기름을 짜서 불을 밝혔대요. 꽃말은 화해예요.

떡갈나무 *Quercus dentata* 가랑잎나무, 갈잎나무
속씨식물 〉 쌍떡잎식물 〉 참나뭇과   갈잎큰키나무

↑떡갈나무

↖↖떡갈나무 열매
↖신갈나무의 수꽃

- 🐾 **특징** 높이 15~20m. 나무껍질은 잿빛을 띤 갈색이며 갈라진다. 가지가 넓게 퍼지며 작은 가지에 누르스름한 갈색 털이 많다. 두꺼운 달걀 모양의 잎이 어긋나며 잎자루가 짧고 잎 가장자리는 물결 모양이다. 씨로 번식한다. 신갈나무와 비슷하다.
- ✿ **꽃** 5월. 암수한그루. 수꽃 이삭은 누르스름한 녹색이고 아래로 처진다. 암꽃 이삭은 달걀 모양이다. 수술 4~23개, 암술대 2~4개.
- 🫙 **열매** 10월. 둥근 도토리이며 갈색이다.
- 🪣 **자라는 곳** 햇볕이 잘 드는 산에서 자란다.
- ☀ **쓰임** 열매를 먹거나 소화제로 쓰고 나무는 숯이나 가구를 만드는 데 쓴다.

이야기마당 🌙 떡갈나무 잎을 물에 적셔 냉장고에 넣어 두면 냉장고에서 나는 나쁜 냄새를 없앨 수 있어요.

상수리나무 *Quercus acutissima* 도토리나무, 참나무
속씨식물 〉 쌍떡잎식물 〉 참나뭇과   갈잎큰키나무

←상수리나무

↑↑상수리나무의 수꽃
↑상수리나무 열매

- 🐾 **특징** 높이 20~25m. 나무껍질은 잿빛을 띤 검은갈색이며 갈라진다. 긴 타원형의 잎이 어긋나고 잎 뒷면에 누르스름한 갈색 털이 있으며 가장자리는 날카로운 톱니 모양이다. 씨로 번식한다.
- ✿ **꽃** 5월. 암수한그루. 원통 모양의 노란색 수꽃 이삭이 밑으로 처지고 암꽃 이삭은 달걀 모양이다. 수술 8개, 암술대 3개.
- 🫙 **열매** 꽃이 핀 이듬해 10월. 단단하고 둥근 갈색의 도토리이다.
- 🪣 **자라는 곳** 햇볕이 잘 드는 산에서 자란다.
- ☀ **쓰임** 열매는 묵을 만들어 먹거나 소화제로 쓴다. 나무는 숯이나 가구를 만드는 데 쓴다.

이야기마당 🌙 도토리묵을 좋아한 선조 임금 덕에 늘 수라상에 오르자 '상수라'라고 부르기 시작했는데, 후에 '상수리'가 되었대요. 꽃말은 독립, 용기예요.

느릅나무 *Ulmus davidiana var. japonica* 뚝나무, 떡느릅나무

속씨식물 〉 쌍떡잎식물 〉 느릅나뭇과　갈잎큰키나무

↑느릅나무

←느릅나무 열매

🐾 **특징** 높이 20~25m. 나무껍질은 잿빛을 띤 갈색이고 불규칙하게 갈라진다. 작은 가지에 짧은 털이 있다. 잎은 어긋나고 끝이 뾰족한 타원형이며 가장자리는 겹톱니 모양이다. 잎이 거칠고 뒷면의 잎맥에 짧고 거친 털이 있다. 씨나 포기나누기로 번식한다.

❀ **꽃** 3~4월. 누르스름한 녹색 꽃이 잎보다 먼저 피어 다발을 이루며 꽃잎이 없다. 암수한그루. 꽃받침 4갈래. 수술 4개, 암술 1개.

🥚 **열매** 4~6월. 달걀 모양이고 가운데 씨가 들어 있다.

🪣 **자라는 곳** 산기슭이나 골짜기에서 자란다.

☀ **쓰임** 가로수용. 어린잎을 먹고 껍질은 이뇨제로 쓰며 나무는 건축재로 쓴다.

이야기마당 🌙 꽃말은 고귀함, 믿음이에요.

굴피나무 *Platycarya strobilacea* 산가죽나무

속씨식물 〉 쌍떡잎식물 〉 가래나뭇과　갈잎큰키나무

↑굴피나무

←←굴피나무의 수꽃

←굴피나무 열매

🐾 **특징** 높이 10~12m. 나무껍질은 회색이고 독이 있다. 잎은 어긋나며 작은잎이 7~19개 달린다. 깃꼴겹잎. 작은잎은 양 끝이 뾰족한 타원형이며 잎 가장자리는 겹톱니 모양이다. 씨로 번식한다.

❀ **꽃** 5~6월. 암수한그루. 원통 모양의 누르스름한 녹색 수꽃 이삭이 위를 향해 달린다. 암꽃 이삭은 달걀 모양으로 수꽃 이삭에 둘러싸여 있다.

🥚 **열매** 9~10월. 검은갈색이며 씨에 날개가 있다.

🪣 **자라는 곳** 햇볕이 잘 드는 산기슭에서 자란다.

☀ **쓰임** 잎과 열매를 근육이나 배가 아플 때 약으로 먹고 나무는 성냥개비 재료로 쓴다. 나무껍질은 꼬아서 밧줄로 쓰고 뿌리껍질은 가죽을 부드럽게 하는 데 쓴다.

뽕나무 *Morus alba* 오디나무
속씨식물 〉 쌍떡잎식물 〉 뽕나뭇과   갈잎큰키나무

↑뽕나무

↑뽕나무 꽃

↑오디(뽕나무 열매)

↑꾸지뽕나무 꽃

↑산뽕나무

🐾 **특징** 높이 5~10m. 작은 가지는 잿빛이 도는 흰색 또는 갈색이고 잘 휘어진다. 넓은 타원형의 잎이 어긋나며 가장자리는 둔한 톱니 모양이다. 잎은 거칠고 잎맥과 잎자루에 부드러운 털이 있다. 씨나 꺾꽂이, 포기나누기로 번식한다. 산뽕나무는 작은 가지가 검은 갈색을 띠고 잎 끝이 꼬리처럼 길다.

✿ **꽃** 4~5월. 암수딴그루. 꽃잎이 없고 햇가지의 잎겨드랑이에 원통 모양의 연두색 수꽃 이삭이 달려 밑으로 처진다. 암꽃 이삭은 넓은 타원형이며 암술대가 짧다. 암술머리 2개.

🥚 **열매** 6~7월. 오디라고 하며 검은색으로 익고 단맛이 난다.

🪣 **자라는 곳** 밭이나 밭둑에 심어 기른다. 원산지는 온대 또는 아열대 지방이다.

☀ **쓰임** 잎은 누에 먹이로 쓰고 뿌리껍질은 해열제, 기침약, 이뇨제 등으로 쓴다. 열매는 먹고 나무는 가구나 조각품의 재료로 쓴다.

이야기마당 🌙 오디를 많이 먹으면 방귀가 뿡뿡 잘 나와서 뽕나무라고 부르게 되었대요.

닥나무 *Broussonetia kazinoki* 저목, 딱나무

속씨식물 〉 쌍떡잎식물 〉 뽕나뭇과　갈잎떨기나무

↑닥나무의 암꽃

←닥나무

🐾 **특징**　높이 2~3m. 나무껍질은 갈색이고 질기다. 잎은 어긋나고 달걀 모양이며 2~3갈래로 얕게 갈라지기도 한다. 잎 가장자리는 잔톱니 모양이다. 꺾꽂이나 포기나누기로 번식한다.

❀ **꽃**　5~6월. 붉은색 꽃이 잎과 함께 핀다. 햇가지 밑부분에는 타원형의 수꽃 이삭이 달리고, 윗부분에는 실 같은 암술대가 있는 둥근 암꽃 이삭이 달린다. 수술 4개.

💊 **열매**　6~7월. 둥글고 붉은색으로 익는다.

🪣 **자라는 곳**　밭둑이나 산기슭에서 자라고 심어 기르기도 한다. 원산지는 아시아이다.

☀ **쓰임**　열매를 중풍에 약으로 쓰고 나무껍질은 한지를 만드는 데 쓴다. 어린잎은 쪄서 쌈으로 먹는다.

이야기마당 🌙　옛날에는 질기고 잘 벗겨지는 닥나무 껍질로 팽이채를 만들어 팽이치기를 했대요.

사위질빵 *Clematis apiifolia* 질빵풀

속씨식물 〉 쌍떡잎식물 〉 미나리아재빗과　갈잎덩굴나무

↑↑사위질빵 꽃
↑사위질빵 열매

←사위질빵

🐾 **특징**　길이 2~3m. 어린 가지에 잔털이 있고 잎은 마주나며 3개의 작은잎이 달린다. 작은잎은 끝이 뾰족한 달걀 모양이고 가장자리는 거친 톱니 모양이며 잎 뒷면의 맥에 털이 있다. 씨나 포기나누기로 번식한다.

❀ **꽃**　7~9월. 흰색 꽃이 햇가지 끝에 모여 피며 꽃잎이 없다. 원추꽃차례. 꽃받침 4장. 암술과 수술이 많고 향기가 진하다.

💊 **열매**　9~10월. 흰색이고 연한 갈색의 깃털이 있다.

🪣 **사는 곳**　산기슭이나 들에서 자란다.

☀ **쓰임**　어린잎과 줄기를 먹거나 기침약, 이뇨제, 진통제 등으로 쓴다.

이야기마당 🌙　질빵은 짐을 질 때 쓰는 줄인데, 사위질빵에는 가늘고 약한 줄기로 사위의 질빵을 만들어 무거운 짐을 지게 하고 싶지 않은 장모의 마음이 담겨 있지요.

새모래덩굴 *Menispermum dauricum* 가마덩굴
속씨식물 〉 쌍떡잎식물 〉 방기과   갈잎덩굴나무

↑새모래덩굴 꽃

↖새모래덩굴

- 🐾 **특징** 길이 1~3m. 줄기에서 방패 모양의 잎이 어긋난다. 잎 가장자리는 3~7갈래로 얕게 갈라지고 뒷면은 흰빛을 띤다. 씨나 꺾꽂이, 포기나누기로 번식한다.
- ✿ **꽃** 5~6월. 연한 노란색 꽃이 잎겨드랑이에서 나온 꽃줄기에 핀다. 단성화. 암수한그루. 갈래꽃. 꽃잎 6~10장. 수술 12~20개, 암술 1개.
- 💊 **열매** 9월. 둥글고 포도송이처럼 모여 달리며 검은색으로 익는다. 씨는 납작하다.
- 🗑 **자라는 곳** 햇볕이 잘 드는 풀밭이나 길가, 산기슭에서 자란다.
- ☀ **쓰임** 열매와 뿌리는 이뇨제로 쓰고 덩굴 줄기는 끈이나 생활용품을 만드는 데 쓴다.

댕댕이덩굴 *Cocculus trilobus* 댕강넝쿨
속씨식물 〉 쌍떡잎식물 〉 방기과   갈잎덩굴나무

↑댕댕이덩굴

↖댕댕이덩굴 열매

- 🐾 **특징** 길이 3m 정도. 줄기와 잎에 털이 있으며 가는 줄기가 다른 물체를 감고 올라간다. 타원형의 잎이 어긋나며 잎 윗부분은 3갈래로 갈라진다. 씨나 포기나누기, 꺾꽂이로 번식한다.
- ✿ **꽃** 6~8월. 연한 노란색 꽃이 잎겨드랑이에 핀다. 양성화. 암수딴그루. 갈래꽃. 꽃잎 6장. 암술 1개, 수술 6개.
- 💊 **열매** 10월. 구슬 모양이고 검은색이며 흰 가루를 칠한 듯 희뿌옇다.
- 🗑 **자라는 곳** 햇볕이 잘 드는 숲이나 들에서 자란다.
- ☀ **쓰임** 끈 같은 줄기는 바구니를 만들 때 쓰고 열매는 통증을 멎게 하거나 열을 내리는 데 쓴다.

청미래덩굴

Smilax china 망개나무, 명감나무

속씨식물 〉 외떡잎식물 〉 백합과　갈잎덩굴나무

↑청미래덩굴

◀◀청미래덩굴 꽃
◀익은 청미래덩굴
열매

- 🐾 **특징** 길이 2~3m. 굵고 딱딱한 뿌리줄기가 옆으로 길게 뻗고 줄기에 갈고리 같은 가시가 있다. 넓은 타원형의 잎이 어긋나며 두껍고 반질반질하다. 잎자루에서 덩굴손이 길게 나온다. 씨나 포기나누기로 번식한다. 청가시덩굴은 가시가 가늘고 날카로우며 줄기가 녹색이다.
- 🌸 **꽃** 4~5월. 누르스름한 녹색 꽃이 잎겨드랑이에 모여 핀다. 산형꽃차례. 암수딴그루. 꽃잎 6갈래. 수술 6개, 암술 1개.
- 🫐 **열매** 9~10월. 구슬 모양이며 붉게 익는다.
- 🪣 **자라는 곳** 햇볕이 잘 드는 산기슭에서 자란다.
- ☀ **쓰임** 어린잎과 열매를 먹고 뿌리는 관절염, 근육 마비에 약으로 쓰고, 이뇨제 등으로도 쓴다.

이야기마당 🐾 꽃말은 장난이에요.

으름덩굴

Akebia quinata 어름나무

속씨식물 〉 쌍떡잎식물 〉 으름덩굴과　갈잎덩굴나무

◀으름덩굴

↑↑↑으름덩굴의 암꽃
↑↑으름덩굴의 수꽃
↑익어 벌어진 열매

- 🐾 **특징** 길이 6~8m. 줄기가 다른 나무를 감고 올라간다. 작은잎이 5~8개 모여 달려 손바닥 모양을 이룬다. 잎은 반질반질하고 가장자리는 밋밋하다. 씨나 꺾꽂이, 휘묻이, 포기나누기, 접붙이기 등으로 번식한다.
- 🌸 **꽃** 4~5월. 자주색 또는 흰색 꽃이 잎겨드랑이에서 나온 꽃대 끝에 핀다. 단성화. 암수한그루. 수꽃은 작고 여러 개가 모여 달리며 암꽃은 크고 적게 달린다. 꽃잎이 없다. 꽃받침 3장. 수술 6개, 암술 2~4개.
- 🫐 **열매** 9~10월. 연한 갈색 타원형으로, 익으면 벌어져서 흰 속살이 나오고 단맛이 난다. 씨는 검고 둥글며 반질반질하다.
- 🪣 **자라는 곳** 산기슭이나 골짜기에서 자란다.
- ☀ **쓰임** 열매를 먹고 줄기와 뿌리는 약재로 쓴다.

이야기마당 🐾 꽃말은 재능이에요.

노박덩굴

Celastrus orbiculatus 노박따위나무, 노방패너울, 노랑꽃나무

속씨식물 〉 쌍떡잎식물 〉 노박덩굴과 　갈잎덩굴나무

⬆⬆ 노박덩굴 열매
⬆ 노박덩굴 씨

⬅ 노박덩굴

- 🐾 **특징** 길이 5~10m. 가지는 잿빛이 도는 갈색이고 덩굴이 되어 나무를 감고 올라간다. 둥근 타원형의 잎이 어긋나며 잎 끝이 뾰족하고 가장자리는 둔한 톱니 모양이다. 씨나 꺾꽂이로 번식한다.
- ✽ **꽃** 5~6월. 잎겨드랑이에 연두색 꽃이 10여 송이씩 핀다. 암수딴그루. 갈래꽃. 꽃잎 5장. 수꽃은 긴 수술이 5개 있다. 암꽃에는 퇴화한 수술 5개와 암술 1개가 있다.
- 💊 **열매** 10월. 둥글고 녹색이다. 노랗게 익으면 껍질이 3갈래로 갈라지면서 빨간 속살이 나온다. 씨는 붉은색이다.
- 🪣 **자라는 곳** 들이나 산기슭에서 자란다.
- ☀ **쓰임** 열매를 생리통, 관절염 등에 약으로 쓰고 염료로도 쓴다.

화살나무

Euonymus alatus 참빗나무

속씨식물 〉 쌍떡잎식물 〉 노박덩굴과 　갈잎떨기나무

⬆⬆ 화살나무 꽃
⬆ 화살나무 열매

⬅ 가을에 붉게 물든 화살나무

- 🐾 **특징** 높이 2~3m. 가지에 2~4개의 회색 날개가 있다. 잎자루가 짧고 타원형의 잎이 마주나며 흰빛이 돈다. 잎 가장자리는 날카로운 잔톱니 모양이며 가을에 붉게 물이 든다. 주로 꺾꽂이로 번식한다.
- ✽ **꽃** 5~6월. 누르스름한 녹색 꽃이 잎겨드랑이에 3송이씩 핀다. 갈래꽃. 꽃잎 4장. 수술 4개, 암술 1개.
- 💊 **열매** 10월. 달걀 모양이고 붉게 익는다. 씨는 흰색이다.
- 🪣 **자라는 곳** 산기슭이나 들에서 자란다.
- ☀ **쓰임** 어린잎을 나물로 먹고 가지에 달린 날개는 지혈제로, 나무는 지팡이나 활을 만드는 데 쓴다.

이야기마당 🐾 가지에 돋은 날개가 화살의 깃처럼 생겨서 화살나무라고 해요. 꽃말은 위험한 장난이에요.

옻나무 *Rhus verniciflua*

속씨식물 〉 쌍떡잎식물 〉 옻나뭇과   갈잎큰키나무

↑↑ 옻나무 열매
↑ 개옻나무 꽃

← 옻나무

- 🐾 **특징** 높이 3~8m. 나무껍질은 회색이고 어린 가지에 털이 있다. 잎은 어긋나며, 작은잎이 9~13개 달린다. 깃꼴겹잎. 작은잎은 긴 달걀 모양이고 뒷면에 털이 많으며 가을에 붉게 물든다. 씨나 뿌리꺾꽂이로 번식한다.
- ✺ **꽃** 5~6월. 누르스름한 녹색 꽃이 잎겨드랑이에 모여 피어 밑으로 늘어진다. 원추꽃차례. 암수딴그루. 갈래꽃. 꽃잎 5장. 수술 5개, 암술 1개.
- 💊 **열매** 9~10월. 동글납작하고 연한 노란색이며 반질반질하다.
- 🪣 **자라는 곳** 산에서 자라고 심어 기르기도 한다. 원산지는 중국이다.
- ☀ **쓰임** 껍질에서 나오는 진을 옻이라 하는데 가구 등에 칠을 할 때 쓰고 방부제나 살충제로도 쓴다.

이야기마당 🌙 옻을 타는 사람의 몸에 옻나무가 닿으면 온몸에 부스럼이 생기고 몹시 가렵기 때문에 조심해야 해요.

붉나무 *Rhus chinensis* 오배자나무

속씨식물 〉 쌍떡잎식물 〉 옻나뭇과   갈잎큰키나무

↑ 붉나무

←← 붉나무 열매
← 붉나무 잎에 생긴 오배자

- 🐾 **특징** 높이 5~6m. 어린 가지에 누르스름한 갈색 털이 있고 잎이 가을에 붉게 물든다. 잎자루에 날개가 있고 잎은 어긋나며, 달걀 모양의 작은잎 7~13개가 달린다. 깃꼴겹잎. 작은잎 가장자리는 톱니 모양이고 잎 뒷면에 갈색 털이 있다. 가을에 붉은색으로 물든다. 씨로 번식한다.
- ✺ **꽃** 7~8월. 누르스름한 흰색 꽃이 줄기 끝에 모여 핀다. 원추꽃차례. 암수딴그루. 갈래꽃. 꽃잎 5장. 수술 5개, 암술대 3개.
- 💊 **열매** 10월. 동글납작하고 털이 있으며 누르스름한 붉은색으로 익는다.
- 🪣 **자라는 곳** 산기슭이나 골짜기에서 자란다.
- ☀ **쓰임** 관상용. 오배자를 가래삭임에 쓰거나 기침약으로 쓴다.

이야기마당 🌙 붉나무 잎에 생기는 벌레집을 '오배자'라고 하는데, 이것은 진딧물이 잎을 변형시켜 만든 거예요. 꽃말은 신앙이에요.

싸리 *Lespedeza bicolor*
속씨식물 〉 쌍떡잎식물 〉 콩과   갈잎떨기나무

🔺 싸리

🔺 싸리 꽃

🔺 조록싸리

🔺 땅비싸리

🔺 참싸리

🔺 족제비싸리

🌱 **특징** 높이 2~3m. 줄기는 곧게 서고 가지가 많이 갈라진다. 가지가 가늘어서 윗부분이 아래로 처진다. 잎은 어긋나며 달걀 모양의 작은잎이 3개씩 달린다. 작은잎은 끝이 뭉툭하고 뒷면에 털이 있다. 씨나 포기나누기로 번식한다. 조록싸리와 참싸리는 작은잎이 3개인 겹잎이고 붉은자주색 꽃이 핀다. 족제비싸리는 작은잎이 마주 붙는 겹잎이고 진한 보라색 꽃이 피며 향기가 진하다.

✸ **꽃** 7~8월. 나비 모양의 붉은자주색 꽃이 줄기 윗부분의 잎겨드랑이에서 모여 핀다. 갈래꽃. 수술 10개, 암술 1개.

💊 **열매** 10월. 넓적한 꼬투리가 달리며 꼬투리 속에 진한 점이 있는 강낭콩 모양의 씨가 1개씩 들어 있다. 꼬투리는 익어도 터지지 않는다.

🗑 **자라는 곳** 산과 들에서 흔히 자란다.

☀ **쓰임** 줄기는 싸리비, 광주리, 바구니 등의 생활용품을 만드는 데 쓰고 잎은 가축 사료로 쓴다.

이야기마당 🌙 꽃말은 사색이에요.

칡 *Pueraria thunbergiana*
속씨식물 〉 쌍떡잎식물 〉 콩과 　갈잎덩굴나무

⬆⬆ 가까이에서 본 꽃
⬆ 칡 열매

⬅ 칡

- 🐾 **특징** 길이 10m 이상. 줄기가 다른 물체를 감고 올라가고 줄기와 잎에 갈색 털이 빽빽이 나 있다. 잎은 어긋나고 잎자루가 길며 3개의 작은잎이 달린다. 겹잎. 작은잎은 달걀 모양이고 가장자리가 밋밋하거나 얕게 3갈래로 갈라진다. 씨로 번식한다.

- ✿ **꽃** 8월. 붉은빛이 도는 보라색 나비 모양의 꽃이 잎겨드랑이에 핀다. 총상꽃차례. 갈래꽃. 꽃잎 4장. 수술 10개, 암술 1개.

- 🫛 **열매** 9~10월. 길쭉한 꼬투리가 갈색 털로 덮여 있다.

- 🪣 **자라는 곳** 햇볕이 잘 드는 산기슭이나 들에서 흔히 자란다.

- ☀ **쓰임** 조경용. 뿌리를 갈근이라 하여 차나 즙을 만들어 먹고 약으로도 쓴다. 줄기는 끈이나 광주리 등을 만드는 데 쓴다.

아까시나무 　*Robinia pseudo – acacia* 　아카시아
속씨식물 〉 쌍떡잎식물 〉 콩과 　갈잎큰키나무

⬆⬆ 아까시나무 꽃
⬆ 아까시나무 씨

⬅ 아까시나무

- 🐾 **특징** 높이 10~25m. 나무껍질은 누르스름한 갈색이고 세로로 갈라지며 줄기에 가시가 있다. 잎은 어긋나며 타원형의 작은잎이 7~19개 마주 붙는다. 깃꼴겹잎. 씨나 포기나누기, 꺾꽂이로 번식한다.

- ✿ **꽃** 5~6월. 나비 모양의 흰색 꽃이 촘촘히 모여 피어 밑으로 늘어진다. 총상꽃차례. 갈래꽃. 꽃잎 4장. 수술 10개, 암술 1개. 향기가 진하고 꿀이 많다.

- 🫛 **열매** 9월. 꼬투리가 검은갈색으로 익으며 씨는 검다.

- 🪣 **자라는 곳** 비교적 낮은 산과 들에서 자란다. 원산지는 북아메리카이다.

- ☀ **쓰임** 나무는 가구재로 쓰고, 꽃은 꿀이 많아 벌을 치는 양봉에 중요한 식물로 쓰인다.

이야기마당 🌙 꽃말은 정신적인 사랑, 우정, 우아함이에요.

아그배나무 *Malus sieboldii*
속씨식물 〉 쌍떡잎식물 〉 장미과   갈잎큰키나무

↑↑아그배나무 열매
↑콩배나무 열매

↖아그배나무

- 🐾 **특징** 높이 5~10m. 줄기는 진한 갈색이고 가지가 많이 갈라진다. 타원형의 잎이 어긋나며 3~5갈래로 갈라지기도 한다. 잎자루와 잎 양면에 털이 있고 가장자리는 날카로운 톱니 모양이다. 아그배나무와 비슷한 콩배나무의 열매는 검은색으로 익는다.
- ✿ **꽃** 4~5월. 흰색 또는 연한 분홍색 꽃이 4~5송이씩 모여 핀다. 산방꽃차례. 갈래꽃. 꽃잎 5장. 수술 20개, 암술대 3~4개.
- ◖ **열매** 9~10월. 둥근 모양이며 붉은색 또는 노란색으로 익는다.
- 🗑 **자라는 곳** 산기슭에서 자라고 정원에 심어 기른다.
- ☀ **쓰임** 관상용.

이야기마당 🌙 꽃말은 귀여움이에요.

팥배나무 *Sorbus alnifolia* 물앵두나무, 물방치나무
속씨식물 〉 쌍떡잎식물 〉 장미과   갈잎큰키나무

↑팥배나무 꽃

↖↖팥배나무 열매
↖야광나무 열매

- 🐾 **특징** 높이 10~15m. 가는 가지에 점이 있고 타원형의 잎이 어긋난다. 잎은 반질반질하고 잎맥이 뚜렷하며 가장자리는 불규칙한 겹톱니 모양이다. 씨로 번식한다. 야광나무와 비슷하다.
- ✿ **꽃** 5~6월. 흰색 꽃이 햇가지 끝에 6~10송이씩 모여 핀다. 산방꽃차례. 갈래꽃. 꽃잎 5장. 수술 20개, 암술대 2개.
- ◖ **열매** 9~10월. 크기와 모양이 팥과 비슷하고 붉은색으로 익는다.
- 🗑 **자라는 곳** 산기슭이나 산속에서 자란다.
- ☀ **쓰임** 관상용. 열매를 먹고 나무는 가구를 만드는 데 쓴다.

이야기마당 🌙 열매의 색깔과 모양이 팥과 비슷하여 팥배나무라고 해요. 꽃말은 고귀함이에요.

산사나무

Crataegus pinnatifida 아가위나무

속씨식물 〉 쌍떡잎식물 〉 장미과 갈잎큰키나무

↑산사나무

←←산사나무 꽃
←미국산사나무
열매

- 🐾 **특징** 높이 3~6m. 나무껍질은 회색이고 가지에 가시가 약간 있다. 어린 가지에 잔털이 있고 넓은 달걀 모양의 잎이 어긋나며 깃꼴로 갈라진다. 잎은 반질반질하고 가장자리는 불규칙한 톱니 모양이다. 미국산사나무는 열매가 더 크고 줄기에 큰 가시가 있다.
- 🌸 **꽃** 5~6월. 흰색 꽃이 가지 끝에 6~8송이씩 모여 핀다. 산방꽃차례. 갈래꽃. 꽃잎 5장. 수술 20여 개, 암술대 3~5개.
- 💊 **열매** 9~10월. 둥글고 반질반질하며 꽃받침 자국이 남아 있다. 붉은색으로 익으며 흰색 점이 있다.
- 🪣 **자라는 곳** 집 근처나 산기슭에서 자란다.
- ☀️ **쓰임** 관상용. 생울타리용. 열매와 잎은 이질을 치료하는 약재로 쓴다.

이야기마당 🌙 유럽에서는 산사나무로 예수의 가시관을 만들었다고 하여 귀하게 여긴대요. 꽃말은 하나의 사랑, 희망이에요.

국수나무

Stephanandra incisa 수국

속씨식물 〉 쌍떡잎식물 〉 장미과 갈잎떨기나무

↑국수나무

←←국수나무 꽃
←섬국수나무 꽃

- 🐾 **특징** 높이 1~2m. 가지는 가늘고 밑으로 처지며 어린 가지에 잔털이 있다. 줄기는 뿌리 근처에서 많이 나와 덤불을 이룬다. 잎은 어긋나고 끝이 날카로운 세모꼴이며 가장자리는 깊은 톱니 모양이다. 잎 뒷면의 맥에 털이 있다. 씨나 포기나누기로 번식한다.
- 🌸 **꽃** 5~6월. 연한 노란색 꽃이 햇가지 끝에 모여 핀다. 갈래꽃. 꽃잎 5장. 수술 10개, 암술 1개.
- 💊 **열매** 8~9월. 둥글고 잔털이 많으며 갈색이다.
- 🪣 **자라는 곳** 습기 있는 골짜기나 산기슭에서 자란다.
- ☀️ **쓰임** 관상용. 꿀이 있어 벌을 치는 데 쓴다.

이야기마당 🌙 가지를 자르면 가운데 하얀 부분이 있는데, 이것을 가는 꼬챙이로 밀면 국수처럼 하얗게 밀려 나오기 때문에 국수나무라고 해요.

조팝나무

Spiraea prunifolia for. simpliciflora 조밥나무, 팝콘나무

속씨식물 〉 쌍떡잎식물 〉 장미과   갈잎떨기나무

↑ 조팝나무

↑ 가까이에서 본 꽃

↑ 덤불조팝나무

↑ 일본조팝나무

🐾 **특징** 높이 1.5~2m. 많은 줄기가 모여나고 밤색을 띤다. 끝이 뾰족한 긴 타원형의 잎이 어긋나며 가장자리는 톱니 모양이다. 씨나 꺾꽂이, 포기나누기로 번식한다.

✿ **꽃** 4~5월. 자잘한 흰색 꽃이 잎겨드랑이에 다닥다닥 모여 달린다. 산형꽃차례. 갈래꽃. 꽃잎 5장. 수술이 많다. 암술대 4~5개.

🥚 **열매** 8~9월. 검은갈색이다.

🪣 **자라는 곳** 햇볕이 잘 드는 산기슭이나 밭둑에서 자란다.

☀ **쓰임** 관상용. 어린잎을 나물로 먹고 뿌리와 줄기는 말라리아를 치료하거나 구토를 멎게 하는 약으로 쓴다.

이야기마당 🌙 꽃이 핀 모양이 마치 좁쌀을 튀겨 붙여 놓은 것 같아서 조팝나무라고 해요. 꽃말은 노련함이에요.

찔레나무

Rosa multiflora 찔레꽃

속씨식물 〉 쌍떡잎식물 〉 장미과   갈잎떨기나무

↖ 찔레나무

↑↑ 가까이에서 본 꽃
↑ 찔레나무 열매

🐾 **특징** 높이 1.5~2m. 줄기는 곧고 가지가 많이 갈라지며 가시가 있다. 잎은 어긋나며 작은 잎이 5~9개 달린다. 깃꼴겹잎. 작은잎 뒷면에 거친 잔털이 많고 가장자리는 톱니 모양이다. 씨나 꺾꽂이, 포기나누기로 번식한다.

✿ **꽃** 5~6월. 흰색 또는 연한 분홍색 꽃이 햇가지 끝에 핀다. 원추꽃차례. 수술이 많다. 암술 1개.

🥚 **열매** 9~10월. 붉고 둥글며 씨는 흰색이다.

🪣 **자라는 곳** 산기슭이나 개울 주변에서 자란다.

☀ **쓰임** 열매는 콩팥을 튼튼하게 하는 데 쓴다.

이야기마당 🌙 고려 때 몽골로 끌려간 찔레라는 소녀가 고향과 가족 생각에 나날이 여위어 가자 이를 안타깝게 여긴 주인이 찔레를 돌려보내 주었어요. 하지만 찔레는 가족을 찾다 산골짜기에 쓰러져 죽었고, 찔레의 넋은 흰색 꽃으로, 눈물은 붉은 열매로, 가족을 부르던 목소리는 그윽한 향기로 피어나 온 산천을 곱게 물들였대요. 꽃말은 고독, 온화함이에요.

산딸기나무 *Rubus crataegifolius* 산딸기

속씨식물 〉 쌍떡잎식물 〉 장미과   갈잎떨기나무

↑ 산딸기나무

↑ 익은 산딸기 열매

↑ 산딸기나무 꽃

↑ 멍석딸기 꽃

↑ 줄딸기 열매

↑ 복분자딸기 열매

🐾 **특징** 높이 1~2m. 줄기는 붉은갈색이고 가지가 많이 갈라지며 갈고리 모양의 가시가 있다. 넓은 달걀 모양의 잎이 어긋나며 잎자루와 잎 뒷면에 가시가 있다. 잎은 3~5갈래로 갈라지고 끝이 뾰족하며 가장자리는 불규칙한 톱니 모양이다. 씨나 꺾꽂이, 포기나누기로 번식한다. 멍석딸기, 나무딸기, 줄딸기 등 종류가 많다.

✹ **꽃** 5~6월. 흰색 꽃이 햇가지 끝에 2~5송이씩 모여 핀다. 산방꽃차례. 갈래꽃. 꽃잎 5장. 수술과 암술이 많다.

🥄 **열매** 7~8월. 둥글고 붉게 익으며 맛이 달다.

🪣 **자라는 곳** 햇볕이 잘 드는 산과 들에서 자란다.

☀ **쓰임** 열매를 먹고 콩팥을 튼튼하게 하는 약으로도 쓴다.

이야기마당 🌙 어떤 부부가 뒤늦게 아들을 얻어 애지중지 길렀는데 아들이 너무 허약해서 걱정이었어요. 그런데 한 나그네가 산딸기를 먹여 보라고 해서 먹였더니 아들이 몰라보게 건강해져서 오줌을 누면 요강이 뒤집어질 정도가 되었대요. 그래서 이 산딸기를 요강을 뒤집는다는 뜻의 복분자딸기라고 했대요. 복분자딸기는 검은색으로 익어요. 꽃말은 깨끗함, 순수함이에요.

귀룽나무 *Prunus podus* 구름나무, 귀중목, 귀롱나무
속씨식물 〉 쌍떡잎식물 〉 장미과   갈잎떨기나무

↑↑ 귀룽나무 꽃
↑ 귀룽나무 열매
← 귀룽나무

🐾 **특징** 높이 15m 정도. 어린 가지를 꺾으면 냄새가 난다. 달걀 모양의 잎이 어긋나며 끝이 뾰족하고 가장자리는 잔톱니 모양이다. 씨로 번식한다.

❀ **꽃** 5월. 작고 흰 꽃이 새로 나온 가지 끝에서 모여 핀다. 총상꽃차례. 갈래꽃. 꽃잎과 꽃받침 5장. 수술이 많다. 암술대 1개.

🫐 **열매** 6월. 검은 구슬 모양이며 떫은 맛이 난다.

🪣 **자라는 곳** 우리나라 북쪽 지방의 산골짜기나 개울에서 자란다.

☀ **쓰임** 관상용. 열매를 먹고 가지와 껍질은 관절염 등에 약으로 쓴다.

이야기마당 🌙 무더기로 핀 하얀 꽃이 구름처럼 보여 '구름나무'라고도 해요.

히어리 *Corylopsis coreana* 납판나무
속씨식물 〉 쌍떡잎식물 〉 조록나뭇과   갈잎떨기나무

↑↑ 히어리 꽃
↑ 히어리 열매
← 히어리

🐾 **특징** 높이 1~3m. 가지가 많이 갈라지고 작은 가지는 누르스름한 갈색이다. 심장 모양의 잎이 어긋나며 잎맥이 뚜렷하다. 잎 가장자리는 뾰족한 톱니 모양이고 뒷면은 흰빛이 돈다. 씨나 꺾꽂이, 포기나누기로 번식한다.

❀ **꽃** 3~4월. 노란색 꽃이 잎보다 먼저 잎겨드랑이에 8~12송이씩 피어 늘어진다. 갈래꽃. 꽃잎 5장. 수술 5개, 암술 2개.

🫐 **열매** 9월. 누르스름한 갈색이고 뿔 같은 털이 있으며, 익으면 2갈래로 갈라진다. 씨는 검은색이다.

🪣 **자라는 곳** 낮은 산에서 자라고 공원에 심어 기른다.

☀ **쓰임** 관상용.

이야기마당 🌙 원래 히어리는 잎이 통통하고 예뻐서 이 산 저 산으로 잎을 자랑하고 다녔는데, 하루는 설악산 울산바위 앞에서 잎 자랑을 하게 되었어요. 울산바위는 히어리의 잎에 한눈에 반해 함께 지내자고 했지만, 히어리가 코웃음을 치며 비웃자 화가 나서 히어리의 잎을 짓눌러 납작하게 만들어 버렸대요. 꽃말은 허영심이에요.

생강나무

Lindera obtusiloba 산동백나무, 개동백나무, 아사리

속씨식물 > 쌍떡잎식물 > 녹나뭇과   갈잎떨기나무

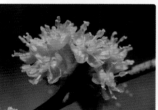

↑생강나무 잎

←←생강나무의 암꽃

←생강나무 열매

🐾 **특징** 높이 3~5m. 나무껍질은 잿빛이 도는 갈색이다. 잎은 어긋나고 윗부분이 3~5갈래로 둔하게 갈라진다. 잎 뒷면에 털이 있고 잎을 비비면 생강 냄새가 난다. 씨로 번식한다.

✿ **꽃** 3월. 매우 작은 노란색 꽃이 잎보다 먼저 둥글게 모여 피며 꽃잎이 없다. 산형꽃차례. 암수딴그루. 수술 9개, 암술 1개.

🫐 **열매** 9~10월. 둥글고 녹색에서 붉은색으로 변했다가 검게 익는다.

🪣 **자라는 곳** 햇볕이 잘 드는 산기슭에서 자란다.

☀ **쓰임** 어린잎을 먹고 열매로 기름을 짜서 머릿기름으로 쓴다.

이야기마당 🐾 동백이 자라지 않는 북쪽 지방에서는 생강나무 열매로 기름을 짜서 동백기름 대신 썼대요. 그래서 생강나무를 '개동백나무'라고도 해요.

산초나무

Zanthoxylum schinifolium 분지나무, 상초

속씨식물 > 쌍떡잎식물 > 운향과   갈잎떨기나무

↑산초나무

←←산초나무 열매
←초피나무 열매

🐾 **특징** 높이 1~3m. 줄기와 가지에서 가시가 어긋나고 작은 가지는 붉은빛이 도는 갈색이다. 잎은 어긋나고 13~21개의 작은잎이 달린다. 깃꼴겹잎. 작은잎 가장자리는 물결 같은 톱니 모양이다. 독특한 향기가 나며 씨로 번식한다. 초피나무는 가시가 마주나고 5~6월에 꽃이 피며 열매는 붉은빛이 도는 갈색이고 점이 있다.

✿ **꽃** 7~8월. 연한 녹색 꽃이 가지 끝에 많이 모여 핀다. 암수딴그루. 갈래꽃. 꽃잎 5장. 수술 5개, 암술머리 3개.

🫐 **열매** 9~10월. 둥글고 푸르스름한 갈색이며 씨는 검고 둥글다.

🪣 **자라는 곳** 햇볕이 잘 드는 산기슭에서 자란다.

☀ **쓰임** 열매는 추어탕에 들어가는 중요한 향신료로 쓰고 기름을 짜기도 한다.

단풍나무 *Acer palmatum*
속씨식물 〉 쌍떡잎식물 〉 단풍나뭇과   갈잎큰키나무

⬆가을에 붉게 물든 단풍나무 잎

⬆단풍나무 꽃

⬆단풍나무 열매

⬆세열단풍나무

⬆당단풍나무

🐾 **특징** 높이 5~10m. 나무껍질은 진한 회색이고 작은 가지는 붉은갈색이다. 5~7갈래로 갈라진 손바닥 모양의 잎이 마주나며 가을에 붉게 물든다. 잎자루가 붉고 길며 잎 가장자리는 겹톱니 모양이다. 열매가 2개씩 달리는 당단풍나무, 잎이 깊게 갈라지는 세열단풍나무 등 종류가 많다.

✳ **꽃** 4~5월. 붉은색 꽃이 가지 끝에 모여 핀다. 산방꽃차례. 수꽃과 양성화가 한 나무에 핀다. 꽃잎이 없거나 2~5장의 흔적이 있다. 수술 8개, 암술 1개.

💊 **열매** 9~10월. 날개 모양이고 넓은 V자로 달린다.

🗑 **자라는 곳** 산속 골짜기에서 자라고 정원에 심어 기르기도 한다.

☀ **쓰임** 조경용. 뿌리껍질과 가지를 한약재로 쓴다.

이야기마당 🌙 단풍나무의 잎이 붉게 물드는 것은 잎에 안토시안이라는 붉은 색소와 다른 여러 가지 색소가 있기 때문이에요. 꽃말은 자제, 겸손, 양보예요.

신나무 *Acer ginnala*

속씨식물 〉 쌍떡잎식물 〉 단풍나뭇과   갈잎큰키나무

↑가을에 붉게 물든 신나무

←←신나무 꽃
←←신나무 열매

🐾 **특징** 높이 8m 정도. 나무껍질은 검은빛을 띠는 갈색이다. 세모꼴 잎이 마주나고 3갈래로 갈라진다. 잎은 반질반질하고 가장자리는 불규칙한 겹톱니 모양이다. 가을에 잎이 붉게 물드는데 두꺼워서 단풍나무 잎처럼 말라 비틀어지지 않는다. 씨로 번식한다.

✿ **꽃** 5~6월. 누르스름한 녹색 꽃이 짧은 가지 끝에 핀다. 복산방꽃차례. 갈래꽃. 양성화와 수꽃이 한 나무에 피며 향기가 있다. 꽃잎 5장. 수술 8~9개, 암술 1개.

🥚 **열매** 9~10월. 날개 모양이고 좁은 V자 모양으로 달린다.

🪣 **자라는 곳** 습기가 많은 산기슭이나 산골짜기에서 자란다.

☀ **쓰임** 관상용.

고로쇠나무 *Acer mono* 고로실나무

속씨식물 〉 쌍떡잎식물 〉 단풍나뭇과   갈잎큰키나무

↑고로쇠나무의 잎과 열매

←고로쇠나무

🐾 **특징** 높이 20m 정도. 나무껍질은 회색이고 오래된 나무 줄기에는 세로줄이 생긴다. 잎은 마주나고 얕게 5~7갈래로 갈라진 손바닥 모양이며 반질반질하다. 가을에 잎이 노랗게 물든다. 씨로 번식한다.

✿ **꽃** 4~5월. 누르스름한 녹색 꽃이 잎보다 먼저 핀다. 산방 모양의 원추꽃차례. 암수한그루. 갈래꽃. 꽃잎 5장. 수술 8개, 암술 1개.

🥚 **열매** 9~10월. 날개 모양이고 넓은 V자 모양으로 달린다.

🪣 **자라는 곳** 산에서 자란다.

☀ **쓰임** 관상용. 나무는 가구 재료로 쓰고 수액은 위장을 튼튼하게 하는 데 쓴다.

이야기마당 🐾 나무뿌리에서 줄기로 빨아올린 물을 수액이라고 해요. 수액에는 나무의 양분이 녹아 있는데 고로쇠나무 수액이 건강에 좋다고 하여 나무가 죽을 정도로 사람들이 마구 빼내기도 해요. 꽃말은 약속이에요.

모감주나무

Koelreuteria paniculata 염주나무
속씨식물 〉 쌍떡잎식물 〉 무환자나뭇과   갈잎큰키나무

↑↑ 모감주나무 꽃
↑ 모감주나무 열매

← 모감주나무

- 🐾 **특징** 높이 8~9m. 줄기는 진한 갈색이고 잎은 어긋나며 작은잎이 7~15개 달린다. 깃꼴겹잎. 작은잎은 끝이 뾰족한 달걀 모양이며 가장자리는 불규칙한 톱니 모양이다. 씨로 번식한다.
- ✿ **꽃** 6~7월. 자잘한 노란색 꽃이 모여 핀다. 원추꽃차례. 갈래꽃. 꽃잎 4장. 수술 8개, 암술 1개.
- 🍃 **열매** 9~10월. 주머니 모양이고 익으면 3갈래로 갈라진다. 까만 씨가 3개 들어 있다.
- 🗑 **자라는 곳** 바닷가 또는 절이나 집 근처에서 자라고 공원에 심어 기르기도 한다.
- ☀ **쓰임** 정원수용. 잎과 꽃은 간염이나 장염에 약으로 쓰고 씨로 염주를 만든다.

이야기마당 🌙 충청남도 태안군 안면도 승언리에 모감주나무 군락이 있는데 천연기념물로 보호하고 있어요.

때죽나무

Styrax japonica 때독나무, 노각나무, 족나무, 족낭(제주도)
속씨식물 〉 쌍떡잎식물 〉 때죽나뭇과   갈잎큰키나무

↑↑ 때죽나무 열매
↑ 쪽동백나무 꽃

← 때죽나무

- 🐾 **특징** 높이 5~10m. 줄기는 보랏빛이 도는 갈색이고 가지가 많이 갈라진다. 타원형의 잎이 어긋나며 가장자리는 밋밋하거나 잔톱니 모양이다. 씨로 번식한다. 쪽동백나무와 비슷하며 향기가 좋다.
- ✿ **꽃** 5~6월. 종 모양의 흰색 꽃 여러 송이가 밑을 향해 매달리듯 핀다. 통꽃. 꽃잎 5갈래. 수술 10개, 암술 1개.
- 🍃 **열매** 9~10월. 달걀 모양이고 껍질이 불규칙하게 갈라진다. 씨는 갈색의 긴 타원형이고 독이 있다.
- 🗑 **자라는 곳** 햇볕이 잘 드는 산에서 자란다.
- ☀ **쓰임** 관상용. 열매로 짠 기름을 가래삭임에 쓰고 나무는 지팡이 등을 만든다.

이야기마당 🌙 옛날 제주도에는 물이 아주 귀했어요. 그래서 때죽나무를 엮어 지붕에 늘어뜨리고 줄기를 따라 흘러 내리는 빗물을 받아 썼는데, 그 물을 '참받음물'이라고 했대요.

머루 *Vitis amurensis var. coignetiae* 산포도, 멀구

속씨식물 〉 쌍떡잎식물 〉 포도과 갈잎덩굴나무

↑ 머루 덩굴

↖↖ 왕머루 꽃
↖ 머루 열매

🐾 **특징** 길이 8~10m. 어린 가지는 솜털로 덮여 있다. 잎은 어긋나며 가장자리는 톱니 모양이고 잎 뒷면에 거미줄 같은 갈색 털이 있다. 덩굴손이 잎과 어긋나게 나와 다른 물체를 감고 올라간다. 씨나 꺾꽂이, 휘묻이로 번식한다. 왕머루는 잎 뒷면에 갈색 털이 있다.

🌸 **꽃** 6월. 누르스름한 녹색 꽃이 잎과 마주 핀다. 원추꽃차례. 암수한그루. 단성화. 꽃잎 5장. 수술 5개, 암술 1개.

💊 **열매** 9~10월. 검은 포도송이 모양이며 맛이 새콤달콤하다. 씨는 연붉은 타원형이다.

🪣 **자라는 곳** 산기슭이나 골짜기에서 자란다.

☀ **쓰임** 열매를 먹고 나무는 공예품 재료로 쓴다.

이야기마당 🐾 머루는 달고 맛있어 사람뿐만 아니라 산새들도 무척 좋아하는 열매랍니다.

다래나무 *Actinidia arguta*

속씨식물 〉 쌍떡잎식물 〉 다랫과 갈잎덩굴나무

↑↑ 다래나무 꽃
↑ 다래나무 열매

← 다래나무

🐾 **특징** 길이 5~10m. 줄기는 다른 물체를 감거나 기대어 뻗고 어린 가지에 갈색 잔털이 있다. 타원형의 잎이 어긋나며 가장자리는 날카로운 톱니 모양이다. 꺾꽂이나 포기나누기로 번식한다.

🌸 **꽃** 5~6월. 흰색 꽃이 3~6송이씩 모여 핀다. 암수딴그루. 갈래꽃. 꽃잎과 꽃받침 5장. 수꽃 꽃밥은 검은색이고 암꽃의 암술머리는 사방으로 갈라진다. 수술이 많다. 암술 1개.

💊 **열매** 10월. 타원형이고 누르스름한 녹색으로 익으며 단맛이 난다.

🪣 **자라는 곳** 깊은 산속 골짜기의 나무 밑에서 자란다.

☀ **쓰임** 열매를 먹고 진통제로도 쓴다.

이야기마당 🐾 머루와 다래는 맛있고 영양 많은 나무 열매예요. 꽃말은 깊은 사랑이에요.

두릅나무 *Aralia elata* 참두릅
속씨식물 〉 쌍떡잎식물 〉 두릅나뭇과   갈잎떨기나무

↑두릅나무

◀◀두릅나무의
어린순
◀두릅나무 줄기

- 🐾 **특징** 높이 3~4m. 줄기는 곧게 자라고 회색이며 억센 가시가 많다. 잎이 어긋나고 넓은 달걀 모양의 작은잎이 모여 달린다. 잎자루와 작은잎에 가시가 있으며 작은잎 가장자리는 고르지 않은 톱니 모양이다. 씨나 꺾꽂이, 포기나누기로 번식한다.
- ❀ **꽃** 7~9월. 자잘한 흰색 꽃이 가지 끝에 모여 핀다. 갈래꽃. 꽃잎 5장. 수술 5개, 암술대 5개.
- 🫐 **열매** 10월. 작고 둥글며 검은색으로 익는다.
- 🗑 **자라는 곳** 햇볕이 잘 드는 산기슭이나 산골짜기에서 자란다.
- ☀ **쓰임** 어린순을 먹고 나무껍질은 가래삭임이나 열을 내리는 데 쓴다.

이야기마당 🌙 두릅은 맛과 향이 뛰어나고 몸에도 좋아 '산나물의 왕자'라고 불려요.

엄나무 *Kalopanax pictus* 음나무, 멍구나무
속씨식물 〉 쌍떡잎식물 〉 두릅나뭇과   갈잎큰키나무

↑↑엄나무 꽃
↑엄나무 가시

◀엄나무

- 🐾 **특징** 높이 20~25m. 나무껍질은 진한 갈색이며 가지가 굵고 억센 가시가 많다. 5~9갈래로 갈라진 손바닥 모양의 잎이 어긋나고 잎 가장자리는 톱니 모양이다. 씨나 꺾꽂이로 번식한다.
- ❀ **꽃** 7~8월. 누르스름한 녹색 꽃 여러 송이가 모여 핀다. 갈래꽃. 꽃잎 4~5장. 수술 4~5개, 암술 1개. 암술 끝이 2갈래로 갈라진다.
- 🫐 **열매** 9~10월. 검고 둥글며 씨는 납작한 반달 모양이다.
- 🗑 **자라는 곳** 집 근처나 산에서 자란다.
- ☀ **쓰임** 어린잎과 뿌리를 먹고 나무껍질은 약으로 쓰며 나무는 건축재로 쓴다.

이야기마당 🌙 옛날 시골에서는 집 안에 잡귀신이 들어오는 것을 엄나무가 막아 준다고 믿어, 엄나무 토막을 대문 위에 매달아 놓았어요.

누리장나무 *Clerodendron trichotomum* 개똥나무, 구릿대나무, 깨타리, 개나무, 노나무
속씨식물 〉 쌍떡잎식물 〉 마편초과　갈잎떨기나무

↑누리장나무

←←누리장나무 꽃
←누리장나무 열매

🐾 **특징** 높이 2~3m. 나무껍질은 회색이고 잎이 마주나며 잎자루가 길다. 잎은 끝이 뾰족한 달걀 모양이며 뒷면 잎맥에 털이 있다. 줄기나 잎을 자르면 고약한 냄새가 난다. 씨나 꺾꽂이로 번식한다.

✿ **꽃** 8~9월. 흰색 꽃이 햇가지 끝에 많이 핀다. 통꽃. 꽃잎 5갈래. 수술 4개, 암술 1개.

🥚 **열매** 10월. 둥글고 진한 남색이며 붉은 꽃받침에 싸여 있다.

🗑 **자라는 곳** 햇볕이 잘 드는 산이나 들에서 자란다.

☀ **쓰임** 어린잎을 먹고 가지와 뿌리는 기침약으로 쓰며 열매는 물감 원료로 쓴다.

이야기마당 🌙 나무 전체에서 고약한 누린내가 나서 누리장나무 또는 구릿대나무라고 해요.

작살나무 *Callicarpa japonica* 좀송금나무
속씨식물 〉 쌍떡잎식물 〉 마편초과　갈잎떨기나무

↑작살나무

←←작살나무 꽃
←작살나무 열매

🐾 **특징** 높이 2~3m. 가지는 가늘고 아래로 처진다. 긴 타원형의 잎이 마주나며 잎 가장자리는 톱니 모양이다. 씨나 꺾꽂이로 번식한다.

✿ **꽃** 5~6월. 연한 자주색 꽃이 잎겨드랑이에 층을 이루며 핀다. 통꽃. 꽃잎 4갈래. 수술 4개, 암술 1개.

🥚 **열매** 10월. 구슬처럼 작고 둥글며 진한 자주색 또는 흰색이다.

🗑 **자라는 곳** 산과 들에서 자란다.

☀ **쓰임** 관상용. 꿀벌을 칠 때 쓴다.

이야기마당 🌙 고기잡이 연장이 없던 시절에는 작살이라는 창을 써서 물고기를 잡았어요. 그런데 작살나무는 마주난 가지 모양이 마치 작살의 촉 같아서 작살나무라 불리게 되었대요. 꽃말은 총명함이에요.

보리수나무

Elaeagnus umbellata 보리똥나무

속씨식물 〉 쌍떡잎식물 〉 보리수나뭇과   갈잎떨기나무

⬆⬆보리수나무 열매
⬆왕보리수나무 꽃

⬅보리수나무의 꽃과 잎

- 🐾 **특징** 높이 3~4m. 줄기에 가시가 있고 가지가 많이 갈라지며 어린 가지에 털이 있다. 잎은 어긋나고 뒷면에 은백색 털이 있으며 가장자리가 밋밋하다. 씨로 번식한다. 왕보리수나무는 열매가 굵다.
- ✿ **꽃** 5~6월. 햇가지의 잎겨드랑이에 피며 흰색에서 연한 노란색으로 변한다. 산형꽃차례. 꽃받침이 꽃잎처럼 보이며 끝이 4갈래로 갈라진다. 수술 4개, 암술 1개.
- 💊 **열매** 10월. 타원형이며 붉은색으로 익고 흰 점이 있다. 약간 떫으면서 단맛이 난다.
- 🪣 **자라는 곳** 산과 들에서 자란다.
- ☀ **쓰임** 관상용. 열매를 먹고 지혈, 가래삭임 등에 쓴다.

이야기마당 🌙 예로부터 서양에서는 보리수나무를 요정들이 쉬는 나무라 하여 성스럽게 여겼어요. 꽃말은 부부의 사랑, 결혼이에요.

산딸나무

Cornus kousa 딸나무, 미영꽃나무

속씨식물 〉 쌍떡잎식물 〉 층층나뭇과   갈잎큰키나무

⬆⬆산딸나무 꽃
⬆산딸나무 열매

⬅산딸나무

- 🐾 **특징** 높이 5~7m. 가지는 층을 이루며 수평으로 퍼지고 작은 가지는 갈색이다. 타원형의 잎이 마주나며 뒷면 잎맥에 누르스름한 갈색 털이 있다. 잎 가장자리는 밋밋하거나 물결 모양이다. 씨로 번식한다.
- ✿ **꽃** 6월. 자잘한 흰색 꽃이 가지 끝에 촘촘히 모여 핀다. 갈래꽃. 꽃잎처럼 보이는 희고 커다란 포가 4장 있으며, 작은 꽃은 꽃잎이 4장이다. 수술 4개, 암술 1개.
- 💊 **열매** 10월. 산딸기 모양이고 붉은색으로 익으며 단맛이 난다. 씨는 타원형이다.
- 🪣 **자라는 곳** 산의 숲 속에서 자라고 공원에 심어 기르기도 한다. 원산지는 중국이다.
- ☀ **쓰임** 정원수용. 열매를 먹고 나무는 조각 재료로 쓴다.

이야기마당 🌙 열매가 딸기처럼 생겨서 산딸나무라고 해요.

층층나무 *Cornus controversa* 꺼그렁나무
속씨식물 〉 쌍떡잎식물 〉 층층나뭇과   갈잎큰키나무

↑층층나무 열매

←층층나무

- 🐾 **특징** 높이 15~20m. 나무껍질은 세로로 얕게 갈라지고 봄이 되면 줄기에서 햇가지가 계단 모양으로 돌려나와 층을 이루며 수평으로 퍼진다. 잎은 어긋나고 뒷면에 흰색 잔털이 있으며 잎자루는 붉은색이다. 씨나 꺾꽂이로 번식한다.
- ✿ **꽃** 5~6월. 자잘한 흰색 꽃이 가지 끝에 모여 달려 납작하고 커다란 꽃송이를 이룬다. 갈래꽃. 꽃잎 4장. 수술 4개, 암술 1개.
- 🫛 **열매** 9~10월. 둥근 모양이며 붉은색으로 변했다가 검은색으로 익는다.
- 🪣 **자라는 곳** 산에서 자란다.
- ☀ **쓰임** 정원수용. 나무는 젓가락을 만들거나 건축재, 가구재로 쓴다.

이야기마당 ☾ 납작한 나무를 여러 겹 쌓아 놓은 듯 층층으로 가지를 뻗고 꽃도 층마다 피기 때문에 층층나무라고 해요.

말채나무 *Cornus walteri*
속씨식물 〉 쌍떡잎식물 〉 층층나뭇과   갈잎큰키나무

↑말채나무 꽃

←말채나무 열매

- 🐾 **특징** 높이 8~10m. 나무껍질은 검은갈색이고 그물처럼 갈라진다. 가지가 층층나무와 비슷하게 층을 이루며 퍼지지만 잎은 마주난다. 씨나 꺾꽂이로 번식한다.
- ✿ **꽃** 5~6월. 흰색 꽃이 가지 끝에 모여 핀다. 갈래꽃. 꽃잎 4장. 수술 4개, 암술 1개.
- 🫛 **열매** 9~10월. 둥글고 검으며 씨도 둥글다.
- 🪣 **자라는 곳** 산속 골짜기에서 자란다.
- ☀ **쓰임** 나무는 가구나 합판을 만드는 데 쓴다.

이야기마당 ☾ 옛날 어느 산골 마을에 가을만 되면 지네 떼가 나타나 사람들이 살 수가 없었는데, 어느 해 한 무사가 말을 타고 지나가다 마을의 지네 떼를 모두 처치해 주었어요. 무사는 들고 있던 말채를 땅에 꽂으며 "이 말채가 있는 한 다시는 지네가 나타나지 못할 것이다."라고 했는데 이듬해 봄이 되자 말채에서 잎이 나오고 꽃이 피어 큰 나무가 되었어요. 그래서 마을 사람들은 이 나무를 말채나무라고 불렀대요. 꽃말은 신성함이에요.

진달래 *Rhododendron mucronulatum var. mucronulatum* 참꽃, 두견화
속씨식물 〉쌍떡잎식물 〉진달랫과   갈잎떨기나무

↑진달래

↑가까이에서 본 꽃

🐾 **특징** 높이 1~3m. 어린 가지는 연한 갈색이고 비늘 조각이 있다. 타원형의 잎이 어긋나며 뒷면에 흰빛이 돈다. 씨나 꺾꽂이, 포기나누기로 번식한다. 좀참꽃나무는 백두산 지역에서 자라고 꽃이 붉다.

✽ **꽃** 4~5월. 깔때기 모양의 꽃이 가지 끝에 잎보다 먼저 1~5송이씩 핀다. 연한 분홍색, 흰색 등이 있다. 통꽃. 수술 10개, 암술 1개.

🍈 **열매** 10월. 길이 2cm. 원통 모양이고 갈색으로 익는다. 끝 부분에 암술대가 길게 남아 있다.

🏺 **자라는 곳** 햇볕이 잘 드는 산과 들에서 자란다.

🌼 **쓰임** 관상용. 꽃은 화전을 만들어 먹고 어린 잎과 가지는 이뇨제나 위를 튼튼하게 하는 약재로 쓴다.

이야기마당 🌙 진달래는 먹을 수 있는 꽃이에요. 그러나 진달래와 비슷한 철쭉은 독성분인 청산이 들어 있어 먹으면 위험해요. 꽃말은 절제, 청렴함, 첫사랑이에요.

↑흰색 꽃

↑진달래 열매

↑좀참꽃나무

철쭉 *Rhododendron schlippenbachii var. Schlippenbachii* 철쭉나무, 개꽃나무, 철죽
속씨식물 〉 쌍떡잎식물 〉 진달랫과　갈잎떨기나무

↑철쭉

↙산철쭉

- 🐾 **특징** 높이 2~5m. 줄기는 잿빛이 도는 갈색이다. 잎은 달걀 모양으로 어긋나며 가지 끝에서는 5장씩 모여난다. 씨나 꺾꽂이, 포기 나누기로 번식한다.
- ✿ **꽃** 4~5월. 진달래와 비슷한 깔때기 모양의 꽃이 2~5송이씩 핀다. 연한 분홍색이고 꽃잎 안쪽에 자주색 반점이 있다. 통꽃. 수술 10개, 암술 1개.
- 💊 **열매** 10월. 달걀 모양이며 갈색으로 익는다.
- 🗑 **자라는 곳** 산기슭에서 자란다.
- ☀ **쓰임** 관상용.

이야기마당 🌙 신라 성덕왕 때 아름다운 수로 부인이 강릉 태수로 부임하는 남편을 따라가다 절벽 위에 피어 있는 철쭉을 보았어요. 부인이 그 철쭉을 무척 갖고 싶어 하자, 때마침 소를 몰고 지나가던 한 노인이 절벽 위로 올라가 꽃을 꺾어 바치면서 노래를 지어 불렀대요. 그 노래가 바로 신라의 유명한 향가인 헌화가예요. 꽃말은 사랑의 즐거움, 정열, 명예예요.

노린재나무 *Symplocos chinensis for. pilosa* 우비목
속씨식물 〉 쌍떡잎식물 〉 노린재나뭇과　갈잎떨기나무

↑노린재나무 열매

↙노린재나무 꽃

- 🐾 **특징** 높이 1~3m. 나무껍질은 잿빛이 도는 갈색이고 세로로 갈라진다. 가지는 옆으로 퍼지고 어린 가지에 털이 있다. 타원형의 잎이 어긋나며 잎맥이 뚜렷하고 가장자리는 잔톱니 모양이다. 잎 뒷면에는 털이 있다. 씨로 번식한다. 흰노린재의 열매는 흰색이다.
- ✿ **꽃** 5월. 자잘한 흰색 꽃이 햇가지 끝에 많이 모여 핀다. 갈래꽃. 꽃잎 5장. 수술이 많다. 암술 1개. 수술이 꽃잎 밖으로 길게 뻗으며 은은한 향기가 난다.
- 💊 **열매** 9월. 타원형이고 보라색으로 익는다.
- 🗑 **자라는 곳** 산과 들에서 자란다.
- ☀ **쓰임** 관상용. 나무는 도장 재료로 쓴다.

이야기마당 🌙 잎을 태우면 노란색 재가 남아서 노린재나무라고 해요.

물푸레나무 *Fraxinus rhynchophylla* 쉬청나무
속씨식물 〉 쌍떡잎식물 〉 물푸레나뭇과   갈잎큰키나무

▲▲ 물푸레나무의 잎과 꽃
▲ 물푸레나무의 나무껍질

← 물푸레나무

- 🐾 **특징** 높이 10m 정도. 나무껍질은 얼룩이 있고 오래되면 세로로 갈라진다. 잎은 마주나고 작은잎이 5~7개 달린다. 깃꼴겹잎. 작은 잎은 양 끝이 뾰족한 달걀 모양으로 가장자리는 물결 같은 톱니 모양이며 뒷면의 잎맥에 털이 있다. 씨나 꺾꽂이로 번식한다.
- ✿ **꽃** 5월. 자잘한 흰색 꽃이 햇가지 끝이나 잎겨드랑이에 핀다. 암수딴그루. 갈래꽃. 수꽃은 수술이 2개이며, 암꽃은 꽃잎이 없고 수술과 암술이 각각 2~4개이다.
- 🫛 **열매** 9월. 긴 타원형이고 날개가 있다.
- 🗑 **사는 곳** 산기슭이나 물가에서 자란다.
- ☀ **쓰임** 나무껍질은 중풍이나 근육통에 약으로 쓰고 나무는 가구재나 염색재로 쓴다.

이야기마당 🌙 가지를 꺾어 물에 담그면 물빛이 푸른색으로 우러나기 때문에 물푸레나무라고 해요.

병꽃나무 *Weigela subsessilis*
속씨식물 〉 쌍떡잎식물 〉 인동과   갈잎떨기나무

↑ 병꽃나무

←← 붉은병꽃나무
← 병꽃나무 열매

- 🐾 **특징** 높이 2~3m. 줄기는 연한 회색을 띠고 얼룩무늬가 있다. 가지가 많이 갈라지며 끝이 아래로 처진다. 타원형 잎이 2개씩 마주나고 가장자리는 잔톱니 모양이며 잎 양면에 털이 있다. 씨나 포기나누기로 번식한다.
- ✿ **꽃** 5~6월. 깔때기 모양의 누르스름한 녹색 꽃이 잎겨드랑이에 1~2송이씩 피었다가 붉은색으로 변한다. 통꽃. 꽃잎 5갈래. 수술 5개, 암술 1개. 꽃 색깔에 따라 흰병꽃나무, 붉은병꽃나무, 삼색병꽃나무 등으로 나뉜다.
- 🫛 **열매** 9월. 갈색 기둥 모양이다.
- 🗑 **자라는 곳** 우리나라 특산 식물로 산기슭이나 골짜기에서 자란다.
- ☀ **쓰임** 관상용.

이야기마당 🌙 익어서 벌어지기 전의 열매 모양이 호리병 같아서 병꽃나무라 해요. 꽃말은 전설이에요.

분꽃나무 *Viburnum carlesii*
속씨식물 〉 쌍떡잎식물 〉 인동과　갈잎떨기나무

분꽃나무 꽃

- 🐾 **특징** 높이 2m 정도. 줄기는 회색이고 작은 가지와 겨울눈에 별 모양의 털이 빽빽하게 난다. 둥근 잎이 마주나며 가장자리는 불규칙한 톱니 모양이고 뒷면에 털이 많다. 씨나 포기나누기로 번식한다.
- ✳ **꽃** 4~5월. 연한 붉은색 또는 흰색 꽃이 가지 끝에 모여 핀다. 통꽃. 꽃받침 5갈래. 수술 5개, 암술 1개.
- 🥚 **열매** 9월. 둥근 달걀 모양이며 검은색으로 익는다. 독성이 강하다.
- 🪣 **자라는 곳** 햇볕이 잘 드는 산기슭이나 바닷가에서 자란다.
- ☀ **쓰임** 관상용.

이야기마당 🌙 향기 짙은 하얀색 꽃이 마치 분을 바른 것처럼 보여 분꽃나무라고 해요. 꽃말은 위험한 유혹이에요.

괴불나무 *Lonicera maackii*　절초나무
속씨식물 〉 쌍떡잎식물 〉 인동과　갈잎떨기나무

↑ 괴불나무 꽃

← 괴불나무 열매

- 🐾 **특징** 높이 4~5m. 줄기는 잿빛이 도는 갈색이고 속이 비어 있으며 작은 가지에 털이 있다. 긴 타원형의 잎이 마주나며 끝이 뾰족하고 뒷면 잎맥에 가는 털이 있다. 씨나 꺾꽂이로 번식한다.
- ✳ **꽃** 5~6월. 흰색 꽃이 잎겨드랑이에 피었다가 노란색으로 변한다. 가늘고 긴 통 모양이며 꽃잎 끝부분은 넓게 퍼진다. 통꽃. 수술 5개, 암술 1개. 향기가 진하다.
- 🥚 **열매** 9~10월. 둥글고 붉은색으로 익는다.
- 🪣 **자라는 곳** 물이 잘 빠지는 그늘진 숲에서 자란다.
- ☀ **쓰임** 관상용. 열매를 먹고 잎과 꽃은 지혈제, 해독제, 감기약 등으로 쓴다.

잣나무 *Pinus koraiensis*
겉씨식물 〉 소나뭇과   늘푸른큰키나무

↑잣나무

🐾 **특징** 높이 20~30m. 어린 나무껍질은 잿빛을 띤 흰색이고 오래된 나무껍질은 진한 갈색이며 잘게 벗겨진다. 가지를 자르면 진이 나오고 하얗게 굳는다. 바늘 모양의 잎이 5개씩 모여난다. 씨로 번식한다. 울릉도에서 자라는 섬잣나무, 잎과 열매가 가늘고 긴 스트로브잣나무 등이 있다.

❀ **꽃** 5월. 암수한그루. 수꽃 이삭은 기둥 모양으로 햇가지 밑에 달리며 누르스름한 붉은색이다. 암꽃 이삭은 자주색 달걀 모양이며 가지 끝에 2~3송이씩 핀다.

💊 **열매** 꽃이 핀 이듬해 9~10월. 솔방울보다 큰 잣송이가 열린다. 씨는 딱딱한 세모꼴이며 껍질이 갈색이다. 껍질을 벗긴 속살을 잣이라고 하는데 고소한 맛이 난다.

🪣 **자라는 곳** 우리나라 모든 지역에서 자란다.

☀ **쓰임** 씨를 먹고 나무는 건축재로 쓴다.

이야기마당 🐿 잣나무는 신라 시대부터 심은 것으로 알려져 있어요. 우리나라에서는 경기도 가평이 잣으로 유명한데 전체 생산량의 70%를 차지한대요.

↑잣

↑잣나무 열매

↑섬잣나무 열매

↑스트로브잣나무

호두나무 *Juglans sinensis* 추자나무
속씨식물 〉 쌍떡잎식물 〉 가래나뭇과   갈잎큰키나무

↑호두나무

←←호두나무 꽃
←호두나무 씨

- 🐾 **특징** 높이 15~20m. 나무껍질은 잿빛이 도는 흰색이며 가지가 많다. 잎은 어긋나고 타원형의 작은잎이 5~7개 달린다. 깃꼴겹잎. 씨나 접붙이기로 번식한다.
- ✿ **꽃** 4~5월. 암수한그루. 단성화. 수꽃 이삭은 녹색 꼬리 모양으로 잎겨드랑이에서 밑으로 늘어진다. 암꽃 이삭은 붉은색 달걀 모양이며 햇가지 끝에 1~3송이씩 모여 핀다.
- 🫙 **열매** 9월. 누렇게 익으면 벌어지면서 연한 갈색 씨가 나온다. 씨를 호두라고 하며 껍질이 단단하고 가는 골이 패어 있다.
- 🪣 **자라는 곳** 밭둑이나 빈터에 심어 기른다. 원산지는 중국이다.
- ☀ **쓰임** 씨를 먹고 나무는 가구 재료로 쓴다.

이야기마당 🌙 호두는 정월 대보름날 땅콩, 잣, 밤 등과 함께 부럼으로 먹어요. 꽃말은 지성이에요.

가래나무 *Juglans mandshurica* 산추자나무
속씨식물 〉 쌍떡잎식물 〉 가래나뭇과   갈잎큰키나무

↑↑가래나무 꽃
↑가래나무 열매

←가래나무

- 🐾 **특징** 높이 15~20m. 나무껍질은 진한 회색이며 세로로 갈라진다. 잎은 둥글게 모여나며 긴 타원형의 작은잎이 9~17개 달린다. 깃꼴겹잎. 작은잎 가장자리는 잔톱니 모양이고 뒷면의 잎맥에 털이 있다. 씨나 접붙이기로 번식한다.
- ✿ **꽃** 4~5월. 암수한그루. 단성화. 수꽃 이삭은 꼬리처럼 밑으로 늘어지며 녹색이다. 암꽃은 붉은색 달걀 모양이며 햇가지 끝에 5~10송이씩 모여 핀다.
- 🫙 **열매** 9~10월. 녹색 달걀 모양이며 여러 개가 모여 달린다. 씨는 호두와 비슷하고 양 끝이 뾰족한 타원형이며 골이 깊게 팬다.
- 🪣 **자라는 곳** 햇볕이 잘 드는 산기슭에서 자란다.
- ☀ **쓰임** 어린잎과 줄기와 씨를 먹고 나무는 가구, 조각 등의 재료로 쓴다.

밤나무 *Castanea crenata*
속씨식물 〉 쌍떡잎식물 〉 참나뭇과   갈잎큰키나무

↑밤나무

↞↞밤나무의 수꽃
↞밤나무의 암꽃

🐾 **특징** 높이 10~20m. 나무껍질은 갈색이고 작은 가지는 붉은갈색이다. 긴 타원형의 잎이 어긋나며 가장자리는 날카로운 톱니 모양이다. 씨로 번식한다.

✿ **꽃** 5~6월. 암수한그루. 수꽃 이삭은 누런 빛이 도는 흰색이고 꼬리처럼 길게 늘어진다. 암꽃은 수꽃 이삭 밑에 2~3송이가 달린다. 향기가 매우 진하며 꿀을 얻기도 한다.

🥔 **열매** 9~10월. 가시 돋친 밤송이 안에 갈색 씨가 1~3개씩 들어 있다. 씨를 밤이라 한다.

🗑 **자라는 곳** 산기슭이나 밭둑에서 자란다.

☀ **쓰임** 씨를 먹고 꽃은 꿀벌을 치는 데 쓴다.

이야기마당 🌙 짝사랑하는 여인에게 사랑을 고백할 때는 꽃이 활짝 핀 밤나무 밑으로 데리고 가래요. 그러면 강한 밤나무꽃 향기가 여인의 마음을 자극해 사랑을 쉽게 받아 주게 된대요. 꽃말은 포근한 사랑, 진심이에요.

대추나무 *Zizyphus jujuba var. inermis*
속씨식물 〉 쌍떡잎식물 〉 갈매나뭇과   갈잎큰키나무

↞대추나무

↑↑대추나무 꽃
↑대추나무의 나무껍질

🐾 **특징** 높이 8~10m. 나무껍질은 검은갈색이고 세로로 잘게 갈라진다. 가지에는 가시가 있고 새 가지가 모여난다. 봄에 늦게 잎이 돋고 어긋난다. 잎은 달걀 모양이며 반질반질하고 가장자리는 잔톱니 모양이다. 씨나 접붙이기로 번식한다.

✿ **꽃** 5~6월. 작고 누르스름한 녹색 꽃이 새로 나온 잎겨드랑이에 모여 핀다. 갈래꽃. 꽃잎 5장. 수술 5개, 암술 1개.

🥔 **열매** 9~10월. 붉은색 타원형이며 단맛이 난다. 씨는 연한 갈색이고 긴 타원형이다.

🗑 **자라는 곳** 정원이나 밭둑에 심어 기른다. 원산지는 유럽 동남부와 아시아 동남부이다.

☀ **쓰임** 열매를 먹고 약으로도 쓴다.

이야기마당 🌙 단오에 대추나무의 갈라진 가지 틈에 돌을 끼워 넣으면 대추가 많이 열린대요. 이것을 '대추나무 시집보내기'라고 해요.

감나무 *Diospyros kaki*

속씨식물 〉 쌍떡잎식물 〉 감나뭇과   갈잎큰키나무

↑↑감나무 꽃
↑감나무 열매

←감나무

- 🐾 **특징** 높이 5~15m. 나무껍질은 비늘 모양으로 갈라진다. 두껍고 반질반질한 달걀 모양의 잎이 어긋나며 잎자루에 털이 있다. 씨나 접붙이기로 번식한다.
- ✲ **꽃** 5~6월. 왕관 모양의 연한 노란색 꽃이 잎겨드랑이에 1송이씩 핀다. 통꽃. 꽃받침 4갈래. 수술 16개, 암술 1개.
- 🫛 **열매** 10월. 둥글고 주황색 또는 붉은색으로 익는다. 씨는 갈색이며 납작하고 한쪽 끝이 뾰족한 타원형이다.
- 🗑 **자라는 곳** 집 주변과 밭에 심어 기른다.
- ☀ **쓰임** 열매를 먹고 잎은 차를 만들어 마신다. 나무는 가구나 화살촉을 만드는 데 쓴다.

이야기마당 🌙 감나무는 일곱 가지 덕을 갖춘 나무래요. 오래 살고, 그늘이 짙고, 새가 집을 짓지 않고, 벌레가 없고, 단풍이 아름답고, 열매가 좋고, 낙엽은 좋은 거름이 되기 때문이에요. 꽃말은 자연미, 경이, 소박함이에요.

앵두나무 *Prunus tomentosa* 앵도나무

속씨식물 〉 쌍떡잎식물 〉 장미과   갈잎떨기나무

↑앵두나무

←←앵두나무 꽃
←앵두나무 줄기

- 🐾 **특징** 높이 2~3m. 나무껍질은 검은갈색이고 가지가 많이 갈라진다. 타원형의 잎이 어긋나고 가장자리는 잔톱니 모양이다. 잎의 앞면과 뒷면에 부드러운 털이 빽빽이 난다. 씨나 꺾꽂이, 포기나누기로 번식한다.
- ✲ **꽃** 4월. 흰색 또는 연한 붉은색 꽃이 잎보다 먼저 가지 끝에 모여 핀다. 갈래꽃. 꽃잎 5장. 수술이 많다. 암술 1개.
- 🫛 **열매** 6월. 작고 둥글며 붉은색으로 익는다. 단맛이 난다.
- 🗑 **자라는 곳** 밭이나 정원에 심어 기른다. 원산지는 중국이다.
- ☀ **쓰임** 열매를 먹거나 구충제 등으로 쓴다.

이야기마당 🌙 조선의 제5대 임금인 문종은 효성이 지극하여, 앵두를 좋아하는 아버지 세종대왕을 위해 궁궐에 앵두나무를 많이 심었다고 해요. 꽃말은 수줍음이에요.

복숭아나무 *Prunus persica* 복사나무
속씨식물 〉 쌍떡잎식물 〉 장미과　갈잎큰키나무

↑복숭아나무 꽃

↑복숭아나무 열매

↑천도복숭아

↑산복숭아

🐾 **특징** 높이 3~6m. 어린 가지는 붉은빛을 띠고 겨울눈과 열매에 털이 많다. 긴 타원형의 잎이 어긋나며 끝이 뾰족하고 가장자리는 톱니 모양이다. 씨나 접붙이기로 번식한다. 천도복숭아는 열매에 털이 없으며 산복숭아 열매는 작고 노랗게 익는다.

✿ **꽃** 4~5월. 연한 붉은색 또는 흰색 꽃이 잎겨드랑이에 잎보다 먼저 핀다. 갈래꽃. 꽃잎 5장. 수술이 많다. 암술 1개.

🌰 **열매** 6~8월. 둥글고 연한 분홍색으로 익으며 달콤한 맛과 향이 난다. 씨는 단단하고 깊은 골이 패어 있다.

🪣 **자라는 곳** 과수원에 심어 기른다. 원산지는 중국이다.

☀ **쓰임** 열매를 먹고 씨는 기침약으로 쓴다.

이야기마당 🌙 우리 조상들은 복숭아나무가 귀신을 쫓고 나쁜 기운을 막아 준다고 믿었어요. 그래서 아기가 태어난 지 100일이 되면 복숭아 모양의 반지를 아기 손가락에 끼워 잡귀로부터 아기를 보호했다고 해요. 꽃말은 희망, 용서, 사랑의 행복이에요.

살구나무 *Prunus armeniaca*
속씨식물 〉 쌍떡잎식물 〉 장미과   갈잎큰키나무

↑살구나무

↙살구나무 꽃

- 🐾 **특징** 높이 5m 정도. 어린 가지는 자줏빛을 띠고 잎자루는 붉은빛을 띤다. 잎은 어긋나고 타원형이며 가장자리는 겹톱니 모양이다. 씨나 접붙이기로 번식한다.
- ✿ **꽃** 4월. 연한 분홍색 꽃이 잎보다 먼저 핀다. 꽃잎 5장. 수술이 많다. 암술 1개.
- 🍑 **열매** 6~7월. 둥글고 털로 덮여 있으며 노란색으로 익는다. 새콤달콤한 맛이 난다.
- 🗑 **자라는 곳** 과수원에 심어 기른다. 원산지는 중국이다.
- ☀ **쓰임** 열매를 먹고 씨는 기침약으로 쓰거나 가래삭임에 쓴다.

이야기마당 🌙 위나라의 조조는 뜰에 살구나무를 심고 애지중지 키웠어요. 그런데 어느 날부터 열매가 조금씩 줄어들자, 조조는 꾀를 내어 머슴들을 불러모아 살구나무를 모두 베어 내라고 했어요. 그러자 한 머슴이 살구가 맛있는데 베는 건 아깝다고 말하는 걸 보고 그 머슴이 도둑임을 알아냈대요. 꽃말은 의혹, 소녀의 수줍음, 과일은 무분별함이에요.

자두나무 *Prunus salicina* 오얏나무, 추리나무
속씨식물 〉 쌍떡잎식물 〉 장미과   갈잎큰키나무

↑자두나무 열매

↙자두나무 꽃

- 🐾 **특징** 높이 3~5m. 작은 가지는 붉은갈색이고 반질반질하다. 긴 타원형의 잎이 어긋나며 잎 뒷면에 털이 있다. 씨나 접붙이기로 번식한다.
- ✿ **꽃** 4월. 흰색 꽃이 잎보다 먼저 핀다. 갈래꽃. 꽃잎 5장. 수술이 많다. 암술 1개.
- 🍑 **열매** 6~7월. 둥글고 노란색 또는 자주색으로 익는다. 속살은 연한 노란색이며 새콤달콤한 맛이 난다.
- 🗑 **자라는 곳** 과수원에 심어 기른다. 원산지는 중국이다.
- ☀ **쓰임** 열매를 먹고 나무는 가구 재료로 쓴다.

이야기마당 🌙 옛날 중국에 지혜와 재치가 뛰어난 동방삭이라는 사람이 있었어요. 어느 날 제자들과 함께 길을 가던 동방삭은 어느 집의 꽃이 만발한 자두나무에 까치 떼가 날아드는 것을 보고 그 집 주인의 이름이 '이박'이라는 것을 알아맞혔대요. 자두의 다른 이름이 이씨 성을 나타내는 '오얏'이고 까치의 다른 이름이 '박노'이기 때문에 주인 이름이 '이박'일 거라 생각했던 거예요. 꽃말은 오해예요.

매실나무 *Prunus mume* 매화나무
속씨식물 > 쌍떡잎식물 > 장미과 갈잎큰키나무

↑ 매실나무
←← 매실나무 꽃
← 매실나무 열매

- 🐾 **특징** 높이 5~6m. 달걀 모양의 잎이 어긋나며 가장자리는 톱니 모양이고 양면에 털이 있다. 주로 접붙이기로 번식한다. 만첩홍매화는 붉은색 꽃이 핀다.
- ❀ **꽃** 3~4월. 연한 붉은색 또는 흰색 꽃이 잎보다 먼저 핀다. 갈래꽃. 꽃잎 5장. 수술이 많다. 암술 1개. 향기가 진하다.
- 🍃 **열매** 6월. 둥글고 노랗게 익으며 신맛이 난다.
- 🪣 **자라는 곳** 정원이나 밭에 심어 기른다. 원산지는 중국이다.
- ☀ **쓰임** 관상용. 열매를 먹거나 설사약 등으로 쓴다.

이야기마당 🌙 옛날 중국 산둥 지방에 용래라는 착한 청년이 있었는데 약혼한 지 3일 만에 약혼녀가 병으로 죽었어요. 용래는 날마다 약혼녀의 무덤에 가서 통곡을 했는데 어느 날 무덤에서 매화나무 한 그루가 자랐어요. 용래는 그 매화나무를 마당에 옮겨 심고 평생 그 나무만 바라보며 살았어요. 그리고 죽어서도 휘파람새가 되어 매화나무 곁을 떠나지 않았대요. 꽃말은 고결함, 충실함이에요.

배나무 *Pyrus ussuriensis var. macrostipes*
속씨식물 > 쌍떡잎식물 > 장미과 갈잎큰키나무

↑ 배나무 열매
← 배나무 꽃

- 🐾 **특징** 높이 5~8m. 어린 가지는 검은갈색이고 달걀 모양의 잎이 어긋난다. 잎은 반질반질하고 가장자리는 둔한 톱니 모양이다. 접붙이기로 번식한다.
- ❀ **꽃** 4월. 흰색 꽃이 잎과 함께 핀다. 갈래꽃. 꽃잎 5장. 수술이 많다. 암술 2~4개.
- 🍃 **열매** 9~10월. 둥글고 껍질은 연한 갈색이며 속살은 희고 달다. 씨는 검정색이다.
- 🪣 **자라는 곳** 과수원에 심어 기른다.
- ☀ **쓰임** 열매를 먹고 이뇨제나 해열제 등으로도 쓴다.

이야기마당 🌙 옛날에 용이 되지 못한 이무기가 절 가까이에 살면서 절일을 많이 도왔어요. 어느 해 심한 가뭄이 들자 스님이 이무기에게 부탁하여 비를 내리게 했는데, 이 사실을 안 옥황상제는 이무기가 분수에 넘치는 짓을 했다며 사자를 보내 벌을 주도록 했어요. 스님은 부처님을 모신 단 밑에 이무기를 숨기고, 벌을 주러 온 사자에게 비를 내리게 한 것은 이무기가 아니라 절 마당의 배나무라고 말했어요. 그러자 사자는 배나무에 벼락을 치고 하늘로 올라갔고, 이무기가 죽은 배나무를 다시 살아나게 해 주었대요. 꽃말은 애정, 사랑이에요.

사과나무 *Malus pumila*

속씨식물 〉 쌍떡잎식물 〉 장미과   갈잎큰키나무

↑사과나무

←←사과나무
꽃

←꽃사과나무
열매

- 🐾 **특징** 높이 5~8m. 햇가지와 겨울눈은 자줏빛을 띠고 잔털이 있다. 타원형의 잎이 어긋나며 가장자리는 둔한 톱니 모양이다. 잎은 진한 녹색이고 뒷면에 털이 있다. 접붙이기로 번식하며 국광, 부사, 홍옥 등 품종이 다양하다. 꽃사과나무는 꽃자루가 길고 열매가 작다.
- ✿ **꽃** 4~5월. 짧은 가지 끝에 분홍빛을 띤 흰색 꽃이 4~7송이 모여 핀다. 갈래꽃. 꽃잎 5장. 수술이 많다. 암술대 4~5개.
- 🥚 **열매** 8~9월. 둥글고 양 끝이 오목하게 들어간다. 품종에 따라 열매의 색과 모양, 맛이 다르다.
- 🪣 **자라는 곳** 과수원에 심어 기른다.
- ☀ **쓰임** 열매를 먹는다.

이야기마당 🌙 아담과 이브가 뱀의 유혹에 넘어가 하느님이 절대 먹지 말라고 한 사과를 먹고 있을 때, 하느님이 나타났어요. 둘은 황급히 사과를 삼켰는데, 아담은 사과가 목에 걸려 목뼈가 튀어나왔고, 이브는 가슴에 걸려 가슴이 볼록해졌대요. 꽃말은 유혹, 후회예요.

모과나무 *Chaenomeles sinensis*

속씨식물 〉 쌍떡잎식물 〉 장미과   갈잎큰키나무

↑모과나무

←모과나무 꽃

- 🐾 **특징** 높이 6~8m. 줄기가 매끄럽고 껍질이 조각조각 떨어져 얼룩이 있다. 타원형의 잎이 어긋나며 가장자리는 잔톱니 모양이다. 씨나 꺾꽂이, 접붙이기로 번식한다.
- ✿ **꽃** 5월. 연한 붉은색 꽃이 가지 끝에 1송이씩 핀다. 갈래꽃. 꽃잎 5장. 수술이 많다.
- 🥚 **열매** 9월. 단단한 타원형이고 노란색으로 익는다. 향기가 진하며 시고 떫은 맛이 난다. 씨는 진한 갈색이다.
- 🪣 **자라는 곳** 과수원이나 정원에 심어 기른다. 추운 곳에서는 자라지 못한다.
- ☀ **쓰임** 정원수용. 열매는 차를 만들어 마시거나 기침약, 감기약 등으로 쓰고 나무는 가구 재료로 쓴다.

이야기마당 🌙 모과는 사람을 네 번 놀라게 한대요. 울퉁불퉁 너무 못생겨서 놀라고, 못생겼지만 익으면 향기가 좋아서 놀라고, 향기는 좋은데 맛이 없어서 놀라고, 한약재로 귀하게 쓰이는 것에 놀란답니다. 꽃말은 평범함이에요.

오렌지 *Citrus Orange* 당귤나무
속씨식물 〉 쌍떡잎식물 〉 운향과   늘푸른큰키나무

↑오렌지

←오렌지 열매

🐾 **특징** 높이 4~5m. 나무줄기는 초록빛을 띠고 가지가 많이 퍼진다. 두껍고 긴 타원형의 잎이 어긋나며, 반질반질하고 잎겨드랑이에 가시가 있다. 꺾꽂이나 접붙이기로 번식한다.

✿ **꽃** 4~6월. 흰색 꽃이 피며 향기가 진하다. 갈래꽃. 꽃잎 5장. 수술 20개, 암술 1개.

💊 **열매** 10월. 둥글고 노란빛이 도는 주황색으로 익는다. 씨는 연한 노란색 달걀 모양이다.

🗑 **자라는 곳** 따뜻한 지방에 심어 기른다.

☀ **쓰임** 열매를 먹고 꽃은 향수의 원료로 쓴다.

이야기마당 🌙 그리스에서는 신들의 왕인 제우스가 헤라와 결혼할 때 오렌지를 선물했다는 전설 때문에 신부의 머리에 오렌지 꽃을 장식하는 풍습이 생겼어요. 꽃말은 순결, 순수, 깨끗한 사랑이에요.

귤나무 *Citrus unshiu* 감귤, 밀감
속씨식물 〉 쌍떡잎식물 〉 운향과   늘푸른큰키나무

↑귤나무

←←귤나무 꽃
←금귤

🐾 **특징** 높이 4~5m. 가지가 많이 퍼지고 긴 타원형의 잎이 어긋난다. 잎은 두껍고 반질반질하다. 씨나 접붙이기로 번식한다. 금귤은 귤보다 열매가 작고 신맛이 강하다.

✿ **꽃** 5~6월. 흰색 꽃이 가지 끝에 모여 피며 향기가 진하다. 갈래꽃. 꽃잎 5장. 수술 20개, 암술 1개.

💊 **열매** 10월. 납작하고 둥글며 주황색으로 익는다.

🗑 **자라는 곳** 남쪽 지방에서 기른다.

☀ **쓰임** 관상용. 열매를 먹는다.

이야기마당 🌙 옛날 중국에 두 자매가 있었는데 언니는 부잣집에, 동생은 가난한 집에 시집을 갔어요. 가난한 동생을 가엾게 여긴 용왕은 동생에게 고양이 한 마리를 주며 날마다 팥 반 되씩을 먹이라고 했어요. 팥 반 되를 먹은 고양이는 밤마다 황금 똥을 반 되씩 누었고, 동생은 금세 부자가 되었지요. 그런데 그 소문을 듣고 욕심 많은 언니가 고양이를 가져다가 팥을 한 되씩 먹이는 바람에 고양이는 배가 불러 죽고 말았어요. 동생은 슬퍼하며 죽은 고양이를 묻어 주었는데, 무덤에서 황금빛 열매가 달린 귤나무가 자랐대요. 꽃말은 깨끗한 사랑, 너그러운 마음이에요.

레몬 *Citrus limoniak*
속씨식물 〉 쌍떡잎식물 〉 운향과 　늘푸른큰키나무

↑레몬

←←레몬 꽃
←시트론 열매

- 🐾 **특징** 높이 4~6m. 가지가 길고 가시가 있다. 타원형의 잎이 어긋나며 두껍고 반질반질하다. 꺾꽂이나 휘묻이, 접붙이기로 번식한다.
- ✿ **꽃** 7~8월. 꽃잎 안쪽은 흰색이고 바깥쪽은 연한 자주색이며 향기가 진하다. 꽃잎 5장. 수술 20개, 암술 1개.
- 🥚 **열매** 11월~이듬해 3월. 노란색 타원형이며 끝이 볼록하다. 향긋하고 신맛이 강하다. 씨는 양 끝이 뾰족한 타원형이다.
- 🪣 **자라는 곳** 따뜻한 곳이나 온실에 심어 기른다. 원산지는 히말라야이다.
- ☀ **쓰임** 열매는 차를 만들어 마시고 생선 비린내를 없애는 데 쓰거나 향료로 쓴다.

이야기마당 🎮 레몬즙에는 구연산과 비타민 C가 많이 들어 있어서 신맛이 매우 강해요. 꽃말은 성실한 사랑, 열정이에요.

유자나무 *Citrus junos*
속씨식물 〉 쌍떡잎식물 〉 운향과 　늘푸른떨기나무

↑유자나무

←유자나무 꽃

- 🐾 **특징** 높이 4~6m. 가지가 길고 가시가 있다. 타원형의 잎이 어긋나며 가장자리는 둔한 톱니 모양이고 잎자루에 날개가 있다. 씨나 접붙이기로 번식한다.
- ✿ **꽃** 5~6월. 흰색 꽃이 잎겨드랑이에 1송이씩 핀다. 갈래꽃. 꽃잎 5장. 수술 20개, 암술 1개. 진한 향기가 난다.
- 🥚 **열매** 10~11월. 둥글고 겉이 울퉁불퉁하며 노란색으로 익는다. 향긋하고 신맛이 강하다.
- 🪣 **자라는 곳** 남쪽의 따뜻한 지방에 심어 기른다. 원산지는 중국이다.
- ☀ **쓰임** 열매는 차를 만들어 마시거나 감기에 약으로 쓴다.

이야기마당 🌙 따뜻한 남쪽 지방에서만 기르는 유자나무는 수입이 좋은 과일나무로, 자식을 대학까지 보낼 수 있다고 하여 '대학나무'라고도 해요.

포도나무 *Vitis vinifera*
속씨식물 〉 쌍떡잎식물 〉 포도과　갈잎덩굴나무

↑포도나무 밭

← 포도나무 꽃
← 여러 가지 포도

🐾 **특징**　길이 6~8m. 나무껍질은 검은갈색이고 세로로 길게 벗겨진다. 덩굴손이 잎과 마주나고 다른 물체를 감으면서 자란다. 넓은 손바닥 모양의 잎이 어긋나며 3~5갈래로 얕게 갈라진다. 잎 뒷면에 흰색 털이 있다. 씨나 꺾꽂이, 휘묻이로 번식한다.

✿ **꽃**　6월. 누르스름한 녹색 꽃이 모여 핀다. 원추꽃차례. 갈래꽃. 꽃잎 5장. 수술 5개, 암술대 1개.

💊 **열매**　7~8월. 둥글고 품종에 따라 검은색, 붉은색, 녹색 등으로 익는다.

🪣 **자라는 곳**　밭이나 과수원에 심어 기른다. 원산지는 아시아 서부이다.

☀ **쓰임**　열매로 포도주나 음료수를 만든다.

이야기마당 🌙 꽃말은 자선이에요.

키위 *Actinidia chinensis*　양다래, 중국다래
속씨식물 〉 쌍떡잎식물 〉 다래나뭇과　갈잎덩굴나무

↑↑키위 열매의 자른 면
↑키위의 나무껍질

←키위

🐾 **특징**　길이 5~7m. 어린 가지에 갈색 털이 많다. 둥근 잎이 어긋나며 가장자리는 가시 같은 톱니 모양이다. 잎 뒷면에 털이 있다. 씨나 꺾꽂이, 휘묻이, 접붙이기로 번식한다.

✿ **꽃**　6~7월. 흰색 꽃이 핀다. 암수딴그루. 갈래꽃. 꽃잎 5장. 수술이 많다. 암술 1개.

💊 **열매**　8~10월. 달걀 모양이고 긴 갈색 털이 빽빽이 나 있다. 속살은 녹색이고 씨는 검다.

🪣 **자라는 곳**　밭에 심어 기른다. 원산지는 중국이다.

☀ **쓰임**　열매를 먹는다.

이야기마당 🌙 열매가 뉴질랜드에 사는 키위새처럼 생겨서 키위라고 해요.

해당화
Rosa rugosa 바다찔레꽃, 해당나무, 해당과
속씨식물 〉 쌍떡잎식물 〉 장미과   갈잎떨기나무

↑해당화

↰↰ 흰색 꽃
↰ 해당화 열매

🐾 **특징** 높이 1~1.5m. 줄기에 가시 같은 털이 많고 잎은 어긋나며 작은잎이 5~9개 달린다. 깃꼴겹잎. 작은잎은 타원형이고 가장자리는 톱니 모양이다. 씨나 포기나누기, 꺾꽂이로 번식한다.

✿ **꽃** 5~7월. 크고 향기로운 붉은색 꽃이 가지 끝에 1~3송이씩 피며, 노란색, 흰색 꽃도 있다. 갈래꽃. 꽃잎 5장. 수술과 암술이 많으며 수술은 노란색이다. 향기가 좋다.

💊 **열매** 9월. 붉고 둥글며 씨가 많이 들어 있다.

🗑 **자라는 곳** 바닷가 모래땅에서 자란다.

☀ **쓰임** 관상용. 열매는 먹거나 약재로 쓰고, 꽃은 향수 원료로, 뿌리는 염색 원료로 쓴다.

이야기마당 🍃 예로부터 선비들은 해당화를 소재로 시를 짓고 그림을 그렸어요. 하지만 중국의 유명한 시인 두보는 해당화에 대한 시를 한 편도 짓지 않았는데 바로 어머니의 이름이 해당이었기 때문이래요. 꽃말은 아름다운 용모, 슬픈 아름다움이에요.

순비기나무
Vitex rotundifolia 풍나무, 만형자나무
속씨식물 〉 쌍떡잎식물 〉 마편초과   늘푸른떨기나무

↑순비기나무

↰↰ 순비기나무 꽃
↰ 흰순비기나무 꽃

🐾 **특징** 높이 30~60cm. 줄기는 모래 위를 기듯이 무리지어 자라고 줄기에서 나온 작은 가지는 네모꼴이다. 타원형의 잎이 마주나며 흰빛이 돌고 뒷면에 잔털이 많다. 씨나 포기나누기로 번식한다.

✿ **꽃** 7~9월. 입술 모양의 보라색 꽃이 핀다. 통꽃. 꽃받침은 술잔 모양이며 털이 빽빽이 나 있다. 수술 4개, 암술 1개.

💊 **열매** 9~10월. 둥글고 딱딱하며 검은갈색이다.

🗑 **자라는 곳** 우리나라 중부 이남의 바닷가 모래땅에서 자란다.

☀ **쓰임** 관상용. 꽃은 벌을 치는 데 쓰고 잎과 가지는 향료로 쓰거나 두통약, 감기약 등으로 쓴다.

이야기마당 🍃 제주도에서는 꽃과 줄기를 베개에 넣어 두통을 없애는 데 사용했고, 밤색을 내는 염료로도 사용한답니다.

코코스야자

Cocos nucifera 코코야자
속씨식물 〉 외떡잎식물 〉 야자과   늘푸른큰키나무

↑↑코코스야자 열매
↑코코스야자의 싹 틔우기

←코코스야자

🐾 **특징** 높이 10~30m. 잎은 길이 2~5m 정도이며 줄기 끝에 모여 달린다. 깃꼴겹잎. 오래된 잎은 시들어 줄기에 붙는다. 씨나 포기나누기로 번식한다.

✿ **꽃** 암수한그루. 잎겨드랑이에서 나온 배 모양의 포 안에 수꽃과 암꽃이 핀다. 꽃잎 3장. 수술 6개, 암술대 3개.

🥚 **열매** 둥글고 갈색이며 우유 같은 액체가 들어 있다.

🪣 **자라는 곳** 열대, 아열대 지방 등에서 자란다. 원산지는 말레이제도이다.

☀ **쓰임** 열매 속의 액체를 먹고 겉껍질에서 뽑아낸 섬유는 밧줄, 방석, 바구니 등의 생활용품을 만드는 데 쓴다.

이야기마당 🌰 야자 씨는 식물의 씨 중에서 가장 커요.

카카오나무

Theobroma cacao 카카오
속씨식물 〉 쌍떡잎식물 〉 벽오동나뭇과   늘푸른큰키나무

↑카카오나무 열매

←카카오나무

🐾 **특징** 높이 12m 정도. 줄기가 두껍고 잎은 가죽 같은 긴 타원형이며 어긋난다. 씨로 번식한다.

✿ **꽃** 흰색 꽃이 피며 꽃받침은 붉은자주색이다. 통꽃. 꽃잎 5갈래. 수술 5개, 암술 1개. 꽃은 4년 이상 된 나무에서 피고 수백 개의 꽃 중에서 1개 정도만 열매를 맺는다.

🥚 **열매** 긴 타원형이며 5갈래로 갈라진다. 씨가 40~60개 들어 있다.

🪣 **자라는 곳** 열대 지방에서 심어 기른다. 원산지는 아메리카 열대 지방이다.

☀ **쓰임** 초콜릿, 코코아를 만드는 데 쓴다.

이야기마당 🌰 카카오 열매의 씨를 발효시켜 만든 반죽에 설탕, 우유, 향료를 넣어 굳힌 것이 초콜릿이에요. 그리고 코코아는 카카오 반죽을 압축하여 버터를 만들고 남은 찌꺼기를 가루로 만든 것이지요.

커피나무 *Coffea arabica*
속씨식물 〉 쌍떡잎식물 〉 꼭두서닛과   늘푸른큰키나무

⬆⬆⬆ 커피나무 꽃
⬆⬆ 커피나무 열매
⬆ 커피콩

⬅ 커피나무

🐾 **특징** 높이 6~8m. 가지는 옆으로 퍼지고 끝이 처진다. 긴 타원형의 잎이 마주나며 잎맥이 뚜렷하고 반질반질하다. 씨나 꺾꽂이, 접붙이기로 번식한다.

✾ **꽃** 8~9월. 흰색 꽃이 핀다. 통꽃. 꽃잎 5갈래. 수술 5개, 암술 1개. 독특한 향기가 난다.

🝆 **열매** 긴 타원형이고 붉은자주색 열매마다 씨가 2개씩 들어 있다.

🗑 **자라는 곳** 열대 아시아, 아프리카 등에서 자란다. 원산지는 아프리카이다.

☀ **쓰임** 관상용. 커피를 만들어 마신다.

이야기마당 🌙 기원전 800년경 에티오피아에서 양들이 커피나무 열매를 먹고 흥분하는 것을 본 사람들이 커피를 먹어 보았어요. 그랬더니 기분이 좋아지고 졸음이 사라졌어요. 그 후 사람들은 커피로 술을 만들어 먹다가 13세기 무렵부터 지금처럼 차를 만들어 마시기 시작했어요.

파파야 *Carica papaya*
속씨식물 〉 쌍떡잎식물 〉 파파야과   늘푸른큰키나무

⬆ 파파야 꽃

⬅ 파파야

🐾 **특징** 높이 5~10m. 줄기는 잿빛이 도는 녹색이다. 잎은 어긋나고 줄기 끝에서는 모여 달린다. 씨로 번식한다.

✾ **꽃** 녹색을 띤 노란색 꽃이 핀다. 암수딴그루. 단성화. 수꽃은 이삭꽃차례를 이루고 암꽃은 1~3송이가 잎겨드랑이에 달린다.

🝆 **열매** 한 나무에 20~30개가 달리며 노란색 타원형이고 향기가 진하다. 심은 지 3~4년이 지나면 열매를 얻을 수 있다. 열매 속에 검은색 씨가 많이 들어 있다.

🗑 **자라는 곳** 우리나라에서는 온실에 심어 기른다. 원산지는 열대 아메리카이다.

☀ **쓰임** 관상용. 열매를 먹거나 약으로 쓴다.

이야기마당 🌙 꽃말은 사랑의 향기예요.

민꽃식물

균류·조류

고사리
Pteridium aquilinum 고사리밥, 꼬사리, 길상채, 권두채
양치식물 〉 고사릿과   여러해살이풀

↑ 고사리 군락

← 어린 고사리
← 잎 뒷면의
  홀씨주머니

🐾 **특징** 높이 1m 정도. 굵은 땅속줄기가 옆으로 뻗고 군데군데 아기 주먹처럼 말려 있는 어린 순이 돋아난다. 말려 있던 어린순이 펼쳐지면서 자라 깃꼴겹잎이 된다. 작은잎은 세모진 달걀 모양이며 잎자루는 연한 갈색으로 곧게 선다. 홀씨나 포기나누기로 번식한다.

✳ **홀씨** 8~10월. 잎 뒷면 가장자리의 맥을 따라 홀씨주머니가 달린다.

🗑 **자라는 곳** 햇볕이 잘 드는 산과 들에서 자란다.

☀ **쓰임** 어린순을 나물로 먹는다.

이야기마당 🌙 중국 주나라의 백이와 숙제는 나라가 망하자 수양산에 들어가 고사리와 고비만 먹으며 지내다가 죽었어요. 사람들은 두 나라를 섬기지 않은 백이와 숙제를 성인으로 떠받들었지요. 꽃말은 유혹, 당신을 믿습니다예요.

고란초
Crypsinus hastatus 삼각봉
양치식물 〉 고란초과   늘푸른 여러해살이풀

↑ 고란초

← 고란초의
  홀씨주머니
← 밤일엽

🐾 **특징** 높이 1~5cm. 뿌리줄기에서 잎이 1개씩 나오고 잎자루가 길다. 긴 타원형이지만 잘 자란 잎은 밑부분이 2~3갈래로 갈라진다. 뿌리줄기가 옆으로 뻗으면서 번식한다. 밤일엽은 고란초와 비슷하지만 잎자루와 잎맥에 비늘이 있고 홀씨가 2~4줄로 달린다.

✳ **홀씨** 잎 뒷면의 중앙맥 양쪽에 연한 갈색 홀씨주머니가 점처럼 2줄로 달린다.

🗑 **자라는 곳** 숲 속의 습하고 그늘진 바위틈이나 낡은 기와에서 자란다.

☀ **쓰임** 관상용. 뿌리를 제외한 식물 전체를 종기 치료에 쓴다.

이야기마당 🌙 충청남도 부여의 부소산 아래 백마강 언덕에 고란사라는 절이 있고, 그 절에는 희귀한 식물 고란초가 있어요. 백제 때는 고란사의 샘물이 맑고 시원하기로 이름나 임금에게 올리는 약수로 썼는데, 임금이 마실 물에는 반드시 샘 근처에서 자라는 고란초 잎을 띄워서 올렸다고 해요.

고비 *Osmunda japonica* 고비나물
양치식물 〉 면마과   여러해살이풀

↑ 고비의 포자체

← 고비의 어린순

- 🐾 **특징** 높이 60~100cm. 땅속줄기는 주먹 모양이고 잎은 홀씨잎과 영양잎이 있다. 홀씨잎이 먼저 나오고 영양잎은 반질반질하며 깃꼴로 갈라진다. 홀씨나 포기나누기로 번식한다.
- ❋ **홀씨** 9~10월. 홀씨잎에 짙은 갈색 홀씨주머니가 포도송이처럼 다닥다닥 달린다.
- 🪴 **자라는 곳** 나무 그늘이나 습기가 있는 곳에서 자란다.
- ☀ **쓰임** 어린순을 나물로 먹고 뿌리는 이뇨제로 쓴다.

관중 *Dryopteris crassirhizoma* 호랑고네, 면마
양치식물 〉 면마과   여러해살이풀

↑ 관중의 어린순

← 관중

- 🐾 **특징** 높이 1m 정도. 땅속줄기는 덩어리 모양이고 곧은 잎이 둥글게 돌려난다. 잎은 깃꼴로 2회 깊게 갈라지고 잎자루에 갈색 비늘이 많이 붙어 있다. 홀씨로 번식한다.
- ❋ **홀씨** 7~9월. 잎맥을 따라 갈색 홀씨주머니가 2줄로 붙는다.
- 🪴 **자라는 곳** 깊은 산이나 습기가 많은 숲의 나무 그늘에서 자란다.
- ☀ **쓰임** 관상용. 뿌리줄기를 구충제, 해열제, 해독제 등으로 쓴다.

생이가래 *Salvinia natans*
양치식물 〉 생이가랫과   한해살이풀

↑ 생이가래의 홀씨주머니
↑ 생이가래 뿌리

← 생이가래

- 🐾 **특징** 길이 1~1.5cm. 전체에 노란색 잔털이 많다. 잎은 3개씩 돌려나는데, 2개는 마주나며 타원형으로 물 위에 뜨고, 1개는 물 속에서 뿌리 역할을 한다. 꽃은 없으며 여름철에 하나의 생이가래에서 새로운 생이가래를 계속 만들어 번식한다. 홀씨나 포기나누기로 번식한다.
- ❋ **홀씨** 가을에 물속에 잠겨 홀씨주머니를 만든다.
- 🪴 **자라는 곳** 논이나 연못 등의 물 위에 떠서 자란다.
- ☀ **쓰임** 연못이나 어항의 관상용 물풀로 쓴다.

속새 *Equisetum hiemale*

양치식물 〉 속샛과　늘푸른 여러해살이풀

↑ 속새의 홀씨주머니

← 속새

🐾 **특징** 높이 30~50cm. 줄기는 진한 녹색이고 속이 비어 있어 잘 부러진다. 마디가 많고 마디 사이에 세로로 골이 팬다. 뿌리줄기는 검붉은색이고 땅속에서 옆으로 뻗는다. 잎은 얇은 비늘조각 모양으로 띠처럼 줄기를 둘러싼다. 홀씨로 번식한다.

✺ **홀씨** 5~6월. 줄기 끝에 달걀 모양의 홀씨주머니가 달려 푸르스름한 갈색에서 노란색으로 변한다.

🗑 **자라는 곳** 숲 속의 습지에서 자란다.

☀ **쓰임** 줄기는 나무를 매끈하게 갈거나 공예품을 닦을 때 쓰고 해열제 등 약으로도 쓴다.

이야기마당 🌙 꽃말은 냉정함이에요.

쇠뜨기 *Equisetum arvense* 쇠띠, 쇠띠기, 뱀밥, 배암꽃

양치식물 〉 속샛과　여러해살이풀

↑ 쇠뜨기의 영양줄기 군락

← 쇠뜨기의 홀씨줄기

🐾 **특징** 높이 25~40cm. 홀씨줄기와 영양줄기가 있다. 영양줄기는 녹색이고 마디가 있으며 세로로 골이 팬다. 잎은 영양줄기에서 4개씩 돌려난다. 홀씨줄기는 이른봄에 영양줄기보다 먼저 나오며 홀씨주머니가 달려 있다.

✺ **홀씨** 3~4월. 홀씨줄기 끝에 타원형의 노란색 홀씨주머니가 달린다.

🗑 **자라는 곳** 햇볕이 잘 드는 풀밭이나 논둑, 길가에서 자란다.

☀ **쓰임** 홀씨줄기는 나물로 먹고 영양줄기는 이뇨제로 쓴다.

이야기마당 🌙 소가 잘 뜯어먹는 풀이어서 쇠뜨기라고 하고 홀씨주머니의 모양이 뱀 머리와 비슷하다고 하여 '뱀밥' 또는 '배암꽃'이라고도 해요. 꽃말은 고향 생각, 놀라움이에요.

솔이끼 *Polytrichum commune*
선태식물 〉 솔이낏과

↑ 솔이끼 무리

←← 솔이끼의 암그루
← 솔이끼의 수그루

- 🐾 **특징** 높이 5~10cm. 뿌리는 물과 양분을 흡수하지 못하는 헛뿌리이다. 줄기는 곧게 서고 솔잎과 비슷한 바늘 모양의 녹색 잎이 줄기에 촘촘히 돌려난다. 암수딴그루. 암그루는 1개의 갈색 줄기가 나와 홀씨주머니가 달리고 수그루는 줄기 끝에 달린다. 홀씨로 번식한다.
- 🌸 **홀씨** 7~9월. 갈색이며 암그루에 있는 긴 통 모양의 홀씨주머니에 들어 있다.
- 🪣 **자라는 곳** 산속 나무 밑이나 습기가 많고 햇볕이 들지 않는 곳에서 자란다.
- ☀ **쓰임** 정원이나 화분을 꾸미는 데 쓰고, 실험 관찰을 할 때도 쓴다.

이야기마당 🌙 꽃말은 실연의 고독이에요.

우산이끼 *Marchantia polymorpha*
선태식물 〉 우산이낏과

↑ 우산이끼의
엽상체

←← 우산이끼의
암그루
← 우산이끼의
수그루

- 🐾 **특징** 뿌리, 줄기, 잎의 구별이 없다. 몸 전체가 잎처럼 자란 엽상체가 2갈래로 갈라진다. 엽상체에 작은 술잔 모양의 무성아가 달리며 뒷면에 털 같은 헛뿌리가 있다. 암수딴그루. 암그루는 끝이 갈라진 우산 모양이며 수그루는 뒤집어진 우산 모양이다. 홀씨나 무성아로 번식한다.
- 🌸 **홀씨** 7~9월. 우산처럼 생긴 암그루의 갓 밑에 홀씨주머니가 있다.
- 🪣 **자라는 곳** 집 근처나 산속의 습기가 많고 햇볕이 들지 않는 곳에서 자란다.
- ☀ **쓰임** 정원이나 화분을 꾸미는 데 쓰고 실험 관찰을 할 때도 쓴다.

이야기마당 🌙 암그루와 수그루가 우산을 닮아 우산이끼라고 해요. 우산이끼는 물을 아주 좋아하기 때문에 우산이끼가 자란 것을 보고 땅에 물기가 많은지, 적은지 알 수 있대요.

송이 *Tricholoma caligatum*
담자균류 〉 송이버섯과

- 🐾 **특징** 갓 지름 8~25cm. 자루는 희고 갈색 비늘조각으로 덮여 있으며 위쪽에 솜털 같은 턱받이가 있다. 갓은 둥그스름하나 점차 편평해지며 연한 황갈색 비늘조각으로 덮여 있다. 흰색 주름이 빽빽이 나며 맛과 향기가 좋다. 홀씨로 번식한다.
- ✺ **홀씨** 7~9월. 타원형이거나 둥근 모양이며 흰색이다.
- 🗑 **자라는 곳** 주로 소나무 숲 속의 습기가 많은 나무 그늘에서 자란다.
- ✺ **쓰임** 대표적인 식용 버섯이다

느타리 *Pleurotus ostreatus*
담자균류 〉 느타릿과

- 🐾 **특징** 갓 지름 5~15cm. 자루는 짧고 반원 또는 부채꼴이다. 갓 표면은 어릴 때는 검은빛이 도는 푸른색이다가 잿빛에서 흰빛으로 점차 바뀐다. 주름이 길게 늘어진다. 홀씨로 번식한다.
- ✺ **홀씨** 연분홍색이며 주름 속에 들어 있다.
- 🗑 **자라는 곳** 활엽수나 침엽수의 죽은 가지나 그루터기에 모여난다.
- ✺ **쓰임** 국이나 전골에 넣어 먹거나 나물로 먹는다.

불로초 *Ganoderma lucidum* 영지
담자균류 〉 불로초과

- 🐾 **특징** 갓 지름 10~15cm. 자루와 갓 표면이 반질반질하고 단단하며 코르크질이다. 자루가 한쪽으로 치우쳐 있으며 갓 표면에 둥근 고리무늬가 연속해서 생긴다. 처음에는 연한 노란색이었다가 적갈색 또는 자갈색으로 변한다. 홀씨로 번식한다.
- ✺ **홀씨** 갈색 달걀 모양이다.
- 🗑 **자라는 곳** 활엽수의 밑동이나 그루터기에서 돋아나와 자란다.
- ✺ **쓰임** 장식용. 한약재로 흔히 쓴다.

세발버섯 *Pseudocolus schellenbergiae*
담자균류 〉 말뚝버섯과

🐾 **특징** 높이 4~7cm. 어린 버섯은 달걀 모양의 흰색이며 지름은 1~2cm이다. 땅속에서 알 모양의 덩이가 생기고 3~4갈래로 갈라진 오징어다리 모양의 버섯이 솟아나온다. 노란빛이 도는 붉은색이며 위쪽이 붙어 있다. 갈라진 부분의 안쪽에서 고약한 냄새가 나는 끈끈한 고동색 즙이 나온다. 홀씨로 번식한다.

🌸 **홀씨** 희고 긴 타원형이다.

🗑 **자라는 곳** 여름부터 가을에 걸쳐 숲 속에서 자란다.

✺ **쓰임** 먹지 못하며, 냄새로 곤충을 유인하기도 한다.

노랑망태말뚝버섯 *Phallus Iuteus*
담자균류 〉 말뚝버섯과

🐾 **특징** 갓 지름 2.5~4cm. 종 모양이며 지독한 냄새가 나는데, 이것으로 곤충을 유인하여 홀씨를 퍼뜨린다. 대는 흰색이다. 갓 아래쪽에 노란색 그물 모양의 망토가 10cm 정도까지 펼쳐진다.

🌸 **홀씨** 황갈색이고 타원형이다.

🗑 **자라는 곳** 여름부터 가을에 걸쳐 숲 속 바닥에서 자란다.

✺ **쓰임** 독이 있어 먹을 수 없다.

여러 가지 버섯

식용 버섯			
팽이버섯	구름송편버섯	표고버섯	동충하초

독버섯			
테두리방귀버섯	흰주름갓버섯	붉은싸리버섯	먼지버섯

푸른곰팡이 *Penicillium*
자낭균류

↖푸른곰팡이

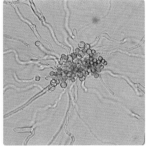

↑푸른곰팡이의 홀씨

🐾 **특징** 전체가 빗자루 모양이다. 청록색, 녹색, 황록색 등이 많고, 드물지만 갈색이나 홍갈색도 있다. 홀씨로 번식한다.

✱ **홀씨** 동글동글한 홀씨가 균사 끝에 모여 달려 염주 모양을 이룬다.

🪣 **자라는 곳** 빵이나 귤, 떡 같은 음식물에 잘 생긴다.

☀ **쓰임** 병을 일으키는 미생물의 번식을 막아 주는 페니실린을 만드는 데 쓴다.

이야기마당 🌙 페니실린은 1928년에 플레밍이 푸른곰팡이에서 처음으로 발견했어요.

누룩곰팡이 *Aspergillus oryzae*
자낭균류 〉 누룩곰팡잇과

↖누룩곰팡이

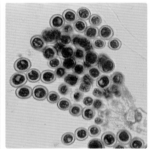

↑누룩곰팡이의 홀씨

🐾 **특징** 균사는 투명한 실 모양이며 끝이 솜털처럼 퍼진다. 홀씨로 번식한다.

✱ **홀씨** 사슬을 이루며 부채살 모양으로 달린다.

🪣 **자라는 곳** 음식이나 죽은 생물에 붙어 기생하며 37℃에서 가장 잘 자란다.

☀ **쓰임** 쌀누룩이나 보리누룩을 만들어 막걸리, 청주, 간장, 된장 등을 만드는 데 쓴다

이야기마당 🌙 소화가 잘 되게 하는 '아밀라제', '말타아제' 같은 효소가 들어 있어요. 우리나라에서는 삼국 시대 이전부터 누룩을 사용했지요.

붉은빵곰팡이 *Neurospora*
자낭균류

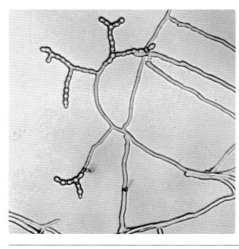

↖붉은빵곰팡이의 홀씨

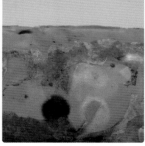

↑붉은빵곰팡이

🐾 **특징** 곰팡이가 피면 전체적으로 붉게 보인다. 홀씨로 번식한다.

✱ **홀씨** 갈라진 균사 끝이 사슬 모양으로 끊어져 홀씨가 된다. 홀씨주머니는 검은색이고 홀씨는 주황색이다.

🪣 **자라는 곳** 구운 빵이나 찐 옥수수자루 속에 잘 생긴다.

☀ **쓰임** 다른 곰팡이에 비해 홀씨를 꺼내기가 쉬워 유전학 연구에 이용한다.

해캄 *Spirogyra* spp.
조류 〉 녹조식물 〉 별해캄과

↑해캄

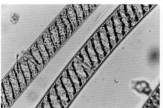

◀◀현미경으로 본
해캄
◀냇가의 해캄

🐾 **특징** 봄부터 여름에 걸쳐 볼 수 있다. 짙은 녹색의 머리카락처럼 보이며 크게 덩어리를 이룬다. 길이가 1m 이상인 것도 있고 줄기가 끊어지면 그 도막이 다시 자란다.

💊 **번식 방법** 세포가 분열하면서 자라고, 때로는 세포끼리 접합하여 내용물을 주고받아 번식하기도 한다.

🪣 **자라는 곳** 논이나 늪 등의 얕은 물에서 자란다.

이야기마당 🐚 평화롭던 한 연못에 머리카락이 녹색인 괴물이 나타나 온 연못을 휘젓고 다니며 물속의 생물들을 괴롭혔어요. 견디다 못한 물속 생물들은 궁리 끝에 천둥 번개가 치는 날 괴물을 물 위로 유인하여 벼락을 맞게 했어요. 벼락을 맞은 괴물은 녹아 없어졌으나 녹색 머리카락은 그대로 연못에 남았는데 그것이 해캄이래요.

훈장말 *Pediastrum*
조류 〉 녹조식물 〉 그물말과

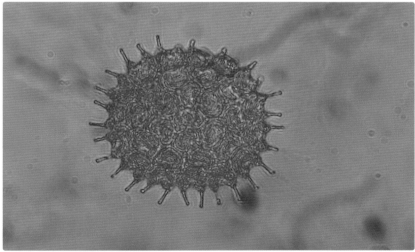

↑훈장말

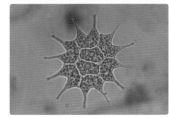

◀훈장말

🐾 **특징** 식물성 플랑크톤으로 4개에서 128개의 세포가 납작한 동전 모양의 덩어리를 이룬다. 세포 안에 엽록체가 있어 광합성을 하고, 훈장말이 무리지어 퍼지면 물 색깔이 밝은 황록색이 되기도 한다.

💊 **번식 방법** 세포가 분열하여 자라거나 암수가 결합하여 번식한다.

🪣 **자라는 곳** 저수지나 고인 물에서 자란다.

이야기마당 🐚 가장자리에 있는 세포들이 뾰족하게 튀어나와 훈장처럼 보이기 때문에 훈장말이라고 해요. 훈장말은 어항 벽에 잘 생기는 녹색말의 한 종류인데, 물벼룩이나 물속 동물들의 먹이가 되기도 해요.

청각 *Codium fragile*
조류 〉 녹조식물 〉 청각과   여러해살이바닷말

- 🐾 **특징** 높이 20~40cm. 짙은 녹색이며 여러 갈래로 갈라진다. 갈라진 가닥은 굵기 3~5mm의 대롱 모양이고 부드럽다. 홀씨로 번식한다.
- 🪣 **자라는 곳** 파도의 영향이 적은 바닷속 바위나 돌 등에 붙어서 자란다.
- ☀️ **쓰임** 김장 김치를 담글 때 넣거나 회충약으로 쓴다.

이야기마당 🌙 연못에 뿔을 비춰 보며 흐뭇해하던 사슴은 작은 연못이 아닌 넓은 바다에 뿔을 비추어 보기 위해 바다로 갔어요. 하지만 일렁이는 파도 때문에 아무것도 볼 수 없어서 바다 한가운데로 뛰어들었대요. 그 후부터 바다에서는 사슴의 뿔을 닮은 청각이 돋아났지요.

파래 *Enteromorpha compressa*
조류 〉 녹조식물 〉 갈파랫과   한해살이바닷말

- 🐾 **특징** 길이 10~20cm. 녹색 대롱 모양이며 종이처럼 얇고 미끌미끌하다. 몸 전체로 물과 양분을 흡수하며 독특한 맛과 향기가 난다.
- 🪣 **자라는 곳** 민물이 들어오는 바닷가의 돌이나 그물 등에 붙어서 자라고 양식용 김발에 붙어 자라기도 한다.
- ☀️ **쓰임** 말리거나 양념하여 먹는다.

다시마 *Kjellmaniella crassifolia*
조류 〉 갈조식물 〉 다시맛과   한대성 여러해살이바닷말

- 🐾 **특징** 길이 1.5~3.5m. 누르스름한 갈색 또는 검은 갈색이고 밑부분에 자루와 뿌리가 있다. 잎은 넓고 두꺼운 띠 모양이며 미끌미끌하고 가장자리는 주름이 진다. 어릴 때 중간 부분에 용무늬가 생기는데 자라면서 없어진다. 홀씨로 번식한다.
- 🪣 **자라는 곳** 온도가 10℃ 이하인 바닷속 바위에 붙어서 자란다.
- ☀️ **쓰임** 먹거나 고혈압에 약으로 쓴다.

미역 *Undaria pinnatifida*
조류 〉 갈조식물 〉 미역과   한해살이바닷말

- 🐾 **특징** 길이 1~2m. 잎, 줄기, 뿌리의 구분이 뚜렷하다. 잎이 넓고 좌우 깃꼴로 갈라지며 표면에서 끈끈한 즙이 나와 미끌미끌하다. 가을부터 이듬해 초여름까지 많이 자란다. 편모가 있으며 물속에서 헤엄칠 수 있는 홀씨로 번식한다.
- 🪣 **자라는 곳** 깊이 10m 정도의 바닷속 바위에 붙어서 자란다.
- ☀️ **쓰임** 주로 국을 끓여 먹는다.

감태 *Ecklonia cava*
조류 〉 갈조식물 〉 미역과   여러해살이바닷말

- 🐾 **특징** 길이 1~2m. 봄에 긴 원기둥 모양의 줄기가 나오고 줄기 중간에서 편평하고 두툼한 잎이 나온다. 잎은 다시 옆잎으로 갈라지고 표면이 미끌미끌하다. 밑부분은 뿌리 모양이다.
- 🪣 **자라는 곳** 깊이 5~10m의 바닷속 바위에 붙어서 자란다.
- ☀️ **쓰임** 요오드, 칼륨 등의 원료로 쓴다.

김 *Porphyra tenera* 해태
조류 〉 홍조식물 〉 보라털과   두해살이바닷말

- 🐾 **특징** 길이 14~25cm. 긴 타원형의 붉은갈색이며 종이처럼 얇고 가장자리에 주름이 있다. 10월에서 이듬해 2월까지 많이 자라며 여름이 되면 볼 수 없다. 홀씨로 번식한다.
- 🪣 **자라는 곳** 바닷속 바위에 이끼처럼 붙어 자라고 주로 양식한다.
- ☀️ **쓰임** 말려서 먹는다.

우뭇가사리
Gelidium amansii 가사리
조류 〉 홍조식물 〉 우뭇가사릿과　여러해살이바닷말

- 🐾 **특징** 길이 10~30cm. 가지가 많이 갈라지며 부채 모양으로 퍼진다. 검붉은색이고 5~7월에 많이 자란다. 홀씨로 번식한다.
- 🪣 **자라는 곳** 깊이 5~10m 정도의 바닷속 모래나 바위에 붙어서 자란다.
- ☀ **쓰임** 끓여서 식힌 뒤 묵처럼 굳혀서 우무(한천)를 만든다.

톳
Hizikia fusiforme
조류 〉 갈조식물 〉 모자반과　여러해살이바닷말

- 🐾 **특징** 길이 30~80cm. 줄기는 철사 모양이며 잎은 통통하고 밑부분에서만 볼 수 있는데 곧 떨어진다. 중간에 있는 곤봉 모양의 작은 가지가 잎처럼 보인다. 가을부터 자라며 이듬해 봄에 많이 큰다. 홀씨로 번식한다.
- 🪣 **자라는 곳** 파도가 심하지 않은 바닷속의 암초에서 자란다.
- ☀ **쓰임** 나물로 먹는다.

모자반
Sargassum fulvellum
조류 〉 갈조식물 〉 모자반과　여러해살이바닷말

- 🐾 **특징** 길이 1~2m. 뿌리, 줄기, 잎의 구분이 뚜렷하고 누르스름한 갈색을 띤다. 줄기는 비틀린 세모꼴이며 가지가 많이 갈라진다. 잎은 밑부분이 넓고 윗부분은 바늘 모양이다. 홀씨로 번식한다.
- 🪣 **자라는 곳** 비교적 얕은 바닷속 바위에 붙어서 자란다.
- ☀ **쓰임** 말려서 먹고 비료의 원료로 쓴다.

식
물
학
습
관

식물의 분류

지구상에는 약 35만 종의 식물이 있는데, 그 가운데는 생김새가 서로 비슷한 것도 있고 전혀 다른 것도 있다. 그중에서 서로 비슷한 것끼리 나눈 것을 '식물의 분류'라고 한다.

식물은 꽃이 피고 씨를 만들어 번식하는 꽃식물(종자식물)과 꽃이 피지 않고 홀씨(포자)로 번식하는 민꽃식물로 크게 나뉜다. 꽃식물은 씨가 되는 부분인 밑씨가 씨방 속에 들어 있는 속씨식물과 밑씨가 겉으로 드러나 있는 겉씨식물로 나누어진다. 또 속씨식물은 떡잎이 1장인 외떡잎식물과 떡잎이 2장인 쌍떡잎식물로 나뉘며, 쌍떡잎식물은 꽃잎이 하나로 붙어 있는 통꽃과 1장씩 따로따로 떨어져 있는 갈래꽃으로 나뉜다. 민꽃식물은 홀씨 등으로 번식하며, 우산이끼, 솔이끼 등과 같은 선태식물과 고사리, 속새 등과 같은 양치식물로 나뉜다. 이끼류는 관다발이 발달되지 않아서 습기가 많은 곳에서 자란다.

미역, 다시마, 김 등과 같은 조류는 뿌리, 줄기, 잎으로 모양과 기능이 분화되지 않아 식물에 속하지 않는다. 버섯, 곰팡이 등과 같이 실 모양의 균사를 내어 번식하는 균류도 광합성을 하지 않고 다른 생물을 분해하여 양분을 얻어 식물에 속하지 않는다.

생물의 분류

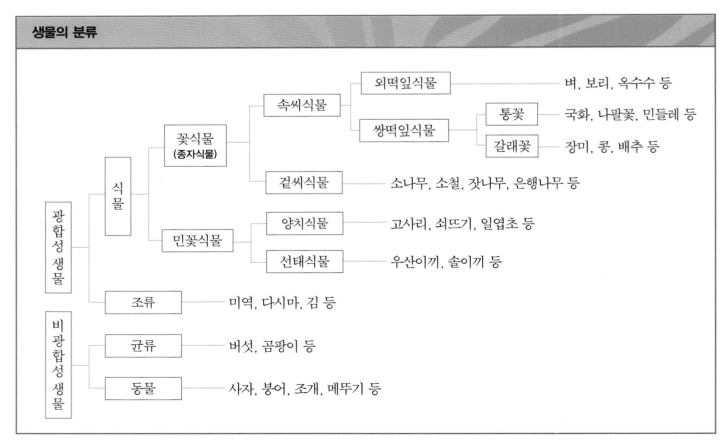

잎이 하는 일

식물의 잎은 식물이 살아가는 데 필요한 양분을 만들어 내는 일을 한다. 잎의 세포 안에는 광합성을 하는 엽록소가 있어 이곳에서 햇빛 에너지를 이용하여 물과 이산화탄소를 양분으로 합성한다. 이 과정에서 잎의 뒷면에 있는 기공(숨구멍)을 통해 필요한 이산화탄소를 받아들이고 산소를 내보내며, 뿌리에서 빨아들인 물을 밖으로 내보낸다.

잎의 구조

식물의 잎은 대개 잎몸, 잎자루, 턱잎의 세 부분으로 이루어진다.

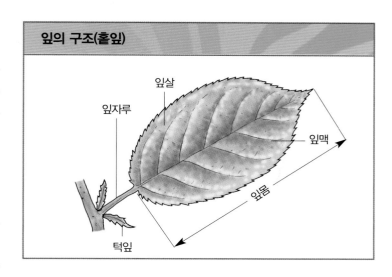

잎의 구조(홑잎)

잎몸은 잎의 가장 중요한 부분으로, 양분을 만들고 숨을 쉬는 일을 한다. 잎자루는 잎몸과 줄기를 이어 주고, 잎자루 밑에 붙어 있는 턱잎은 어린싹을 보호하는 일을 한다. 턱잎은 대부분 잎이 자라면서 떨어진다.

잎의 표피 안쪽에는 책상조직과 해면조직이 있는데, 이곳에서 광합성이 이루어진다. 광합성은 공기 중에서 받아들인 이산화탄소와 뿌리에서 빨아올린 물과 햇빛 에너지를 이용하여 양분을 만드는 일을 말한다.

잎살의 뒷면에는 기공이 있어 산소와 이산화탄소가 드나들게 하고 식물체 내의

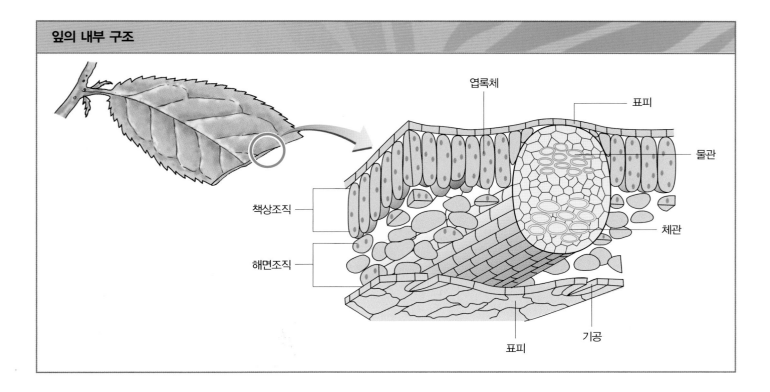

잎의 내부 구조

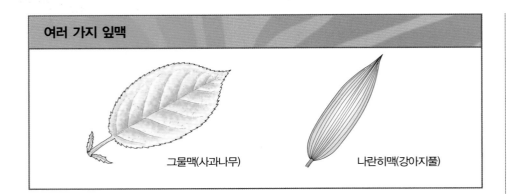

여러 가지 잎맥
그물맥(사과나무)　　　　나란히맥(강아지풀)

수분을 조절한다.

　잎을 자세히 보면 잎살을 지탱하는 여러 가닥의 줄이 보이는데, 이를 잎맥이라고 한다. 잎맥에는 물관과 체관이 있어 광합성으로 만들어진 양분과 뿌리에서 빨아올린 물을 식물의 각 부분으로 보내는 일을 하고, 잎이 늘어지지 않게 지탱하는 뼈대 역할도 한다. 잎맥은 길게 나란히 뻗어 있는 나란히맥과 그물처럼 얽혀 있는 그물맥으로 나눌 수 있다. 나란히맥은 외떡잎식물에서, 그물맥은 쌍떡잎식물에서 볼 수 있다.

잎의 종류

　잎몸, 잎자루, 턱잎을 모두 갖춘 잎을 갖춘잎이라고 하며, 이 가운데 하나라도 없는 잎을 안갖춘잎이라고 한다. 또 은행나무의 잎처럼 하나의 잎자루에 한 장의 잎만 붙어 있는 것을 홑잎, 콩이나 물푸레나무의 잎처럼 작은 잎이 여러 장 붙어 있는 것을 겹잎이라고 한다.

　삼지구엽초는 잎의 가지가 3개, 작은 잎이 9장이어서 삼지구엽초라고 한다.

잎차례

　잎은 가지에 일정하게 붙어 있는 듯해도 약간 비틀어져 붙어 있

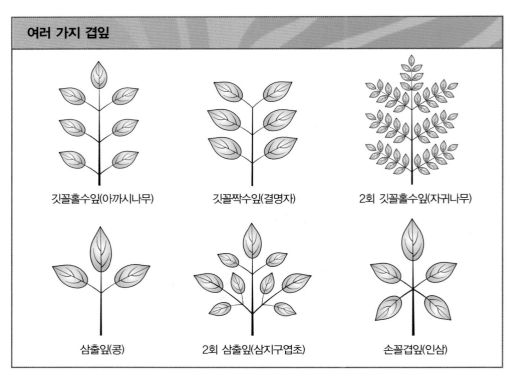

여러 가지 겹잎

깃꼴홑수잎(아까시나무)　　　깃꼴짝수잎(결명자)　　　2회 깃꼴홑수잎(자귀나무)

삼출잎(콩)　　　2회 삼출잎(삼지구엽초)　　　손꼴겹잎(인삼)

어서 위쪽 잎에 가려지지 않고 햇빛을 잘 받을 수 있다. 이처럼 잎이 가지나 줄기에 붙어 있는 모양을 잎차례라고 하는데, 잎차례는 식물의 종류에 따라 각각 다르다.

개나리처럼 두 장씩 서로 마주 붙는 것을 마주나기, 구기자나무처럼 잎이 서로 어긋나게 붙는 것을 어긋나기, 갈퀴나물처럼 3장 이상의 잎이 1마디에 돌아가면서 붙는 것을 돌려나기라고 한다. 뭉쳐나기는 마디 사이가 매우 짧아서 줄기 끝에서 한꺼번에 뭉쳐난 것처럼 보이는 잎차례이다.

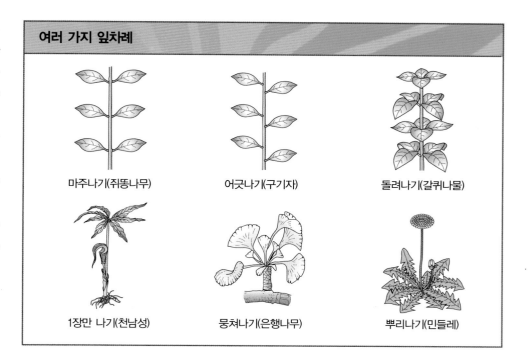

여러 가지 잎차례

마주나기(쥐똥나무)

어긋나기(구기자)

돌려나기(갈퀴나물)

1장만 나기(천남성)

뭉쳐나기(은행나무)

뿌리나기(민들레)

잎의 모양

잎의 모양은 식물의 종류에 따라 각각 다르다. 소나무처럼 바늘같이 생긴 잎도 있고, 단풍나무처럼 손바닥 모양도 있으며, 며느리배꼽처럼 삼각형 모양도 있다.

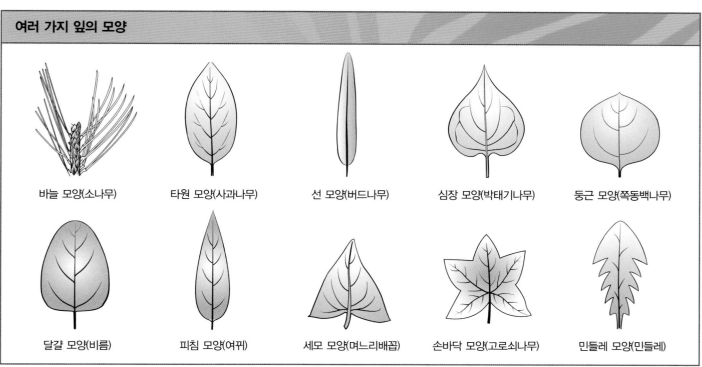

여러 가지 잎의 모양

바늘 모양(소나무)

타원 모양(사과나무)

선 모양(버드나무)

심장 모양(박태기나무)

둥근 모양(쪽동백나무)

달걀 모양(비름)

피침 모양(여뀌)

세모 모양(며느리배꼽)

손바닥 모양(고로쇠나무)

민들레 모양(민들레)

여러 가지 잎의 가장자리 모양

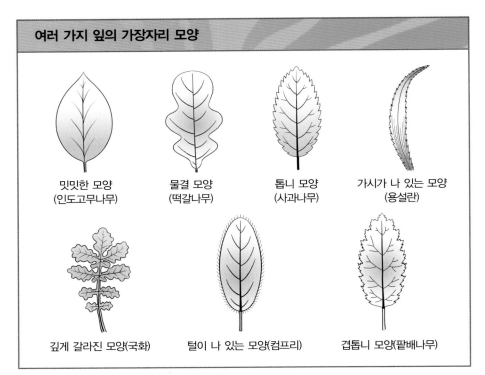

밋밋한 모양
(인도고무나무)

물결 모양
(떡갈나무)

톱니 모양
(사과나무)

가시가 나 있는 모양
(용설란)

깊게 갈라진 모양(국화)

털이 나 있는 모양(컴프리)

겹톱니 모양(팥배나무)

잎의 가장자리 모양

잎의 가장자리 모양은 식물의 종류에 따라 각각 다른데, 밋밋한 모양, 톱니 모양, 물결 모양, 갈라진 모양 등이 있다.

잎의 변태

본래의 모습과 전혀 다르게 바뀌어 특수한 일을 하는 잎들이 있다. 선인장의 잎은 가시로 변해 수분 증발을 막고, 양파의 잎은 양분을 저장한다. 또 완두의 잎은 실같이 가느다란 덩굴손으로 변하여, 다른 물체를 감고 올라가는 일을 한다. 이 밖에 벌레잡이통풀, 끈끈이주걱 같은 벌레잡이풀처럼 움직이는 곤충들을 잡기 쉽게 변한 잎들도 있다.

여러 가지 잎의 변태

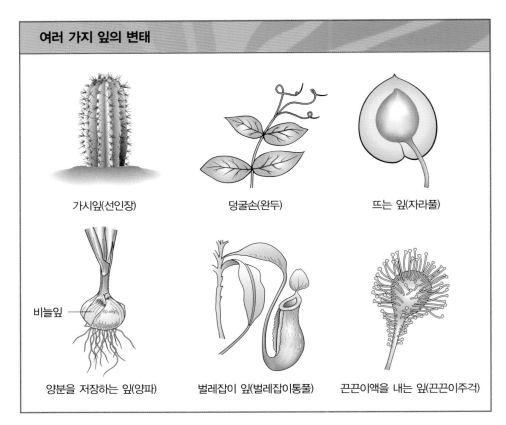

가시잎(선인장)

덩굴손(완두)

뜨는 잎(자라풀)

비늘잎

양분을 저장하는 잎(양파)

벌레잡이 잎(벌레잡이통풀)

끈끈이액을 내는 잎(끈끈이주걱)

줄기가 하는 일

줄기는 식물의 잎과 꽃을 달고 몸을 지탱하는 일을 한다. 또 물관과 체관이 있어 뿌리에서 빨아들인 물과 잎에서 만든 양분을 식물 전체에 골고루 나누어 준다.

줄기의 구조

식물의 줄기는 대개 표피, 관다발, 속으로 이루어져 있다. 표피는 줄기를 둘러싸고 있는 겉껍질에 해당하는 부분이고, 관다발은 물의 이동 통로인 물관과 양분의 이동 통로인 체관으로 이루어져 있다. 쌍떡잎식물과 나무의 관다발에는 형성층이 있어 줄기의 부피를 자라게 하지만, 외떡잎식물에는 형성층이 없기 때문에 줄기가 많이 굵어지지 않는다.

풀 줄기는 물기가 많고 무르며 녹색을 띤다. 이에 비해 나무줄기는 물기가 적고 단단하며 연한 갈색을 띤다. 나무줄기의 목질부는 따뜻한 계절에는 넓게 자라 부드럽지만 추운 계절에는 좁게 자라 딱딱하다. 그래서

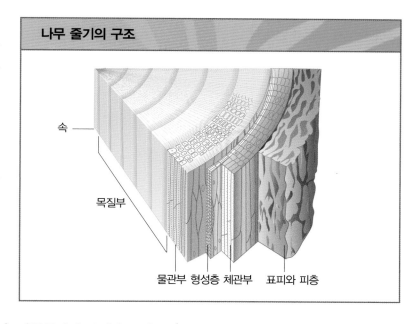

나무 줄기의 구조

속 · 목질부 · 물관부 형성층 체관부 · 표피와 피층

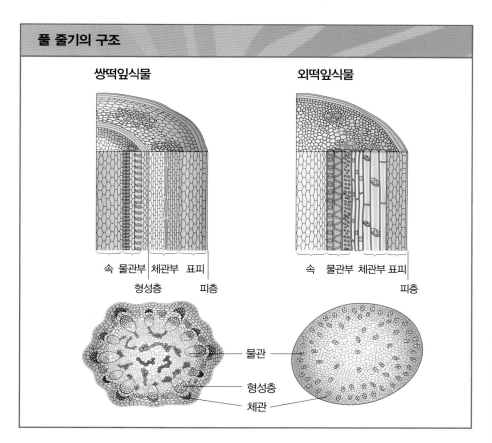

풀 줄기의 구조

쌍떡잎식물
속 물관부 체관부 표피
형성층 피층

외떡잎식물
속 물관부 체관부 표피
피층

물관
형성층
체관

쌍떡잎식물은 체관과 형성층, 물관이 한 덩어리를 이룬 관다발이 둥글게 규칙적으로 배열되어 있고, 외떡잎식물은 체관과 물관이 한 덩어리를 이룬 관다발이 불규칙적으로 흩어져 있다.

줄기

여러 가지 줄기의 변태

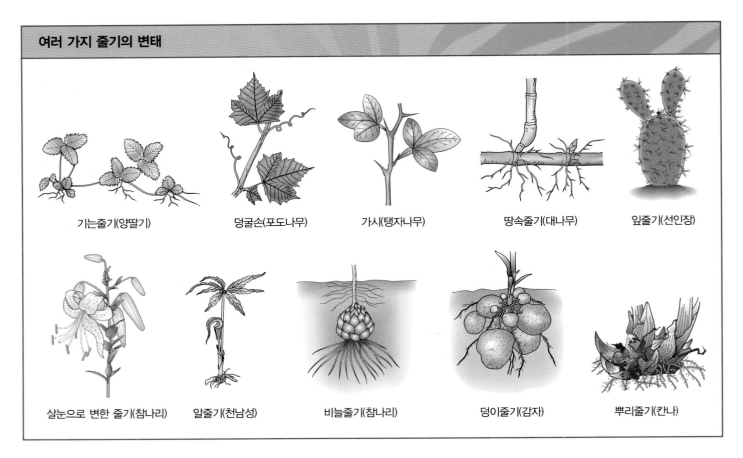

기는줄기(양딸기) 덩굴손(포도나무) 가시(탱자나무) 땅속줄기(대나무) 잎줄기(선인장)

살눈으로 변한 줄기(참나리) 알줄기(천남성) 비늘줄기(참나리) 덩이줄기(감자) 뿌리줄기(칸나)

해마다 둥근 테가 하나씩 생기는데, 그 수로 나무의 나이를 알 수 있기 때문에 이를 나이테라고 한다.

줄기의 변태

식물의 줄기는 대부분 위로 곧게 자라지만, 자라는 환경에 따라 특이하게 변하기도 한다.

딸기의 줄기는 땅 위를 기어가듯이 자라고, 포도나 머루의 줄기는 가느다란 덩굴손으로 변하여 물체를 감아 몸을 지탱하며 자라고, 대나무의 줄기는 뿌리처럼 땅속으로 뻗으며 자란다. 또 참나리의 살눈은 줄기가 변한 것으로 많은 양분이 저장되어 있고, 탱자나무의 가시도 몸을 보호하기 위해 줄기가 가시처럼 변한 것이다. 또 수분을 저장하기 위해 잎처럼 변하거나 필요 이상으로 두툼해진 선인장도 줄기가 변한 것이다.

이 밖에 알줄기, 비늘줄기, 덩이줄기, 뿌리줄기 등은 양분을 저장하기 위해 땅속줄기의 일부가 굵어진 것이다.

뿌리가 하는 일

뿌리는 땅속으로 뻗어 식물이 쓰러지지 않게 지탱해 주고, 흙 속에 녹아 있는 물과 양분을 빨아들여 식물의 온몸에 공급하는 일을 한다. 또한 잎에서 만들어진 양분이 줄기를 통해 운반되어 오면, 그 양분을 저장하기도 한다.

뿌리의 구조

땅속의 뿌리도 잎이나 줄기처럼 점점 자란다. 뿌리의 성장은 뿌리 끝에 있는 생장점에서 이루어지는데, 생장점은 뿌리골무라는 죽은 세포로 둘러싸여 보호받고 있다.

뿌리는 표피로 둘러싸여 있는데, 이 표피의 일부가 밖으로 길게 자란 것이 뿌리털이다. 뿌리털은 흙 속에 녹아 있는 물과 양분을 빨아들이는 일을 한다.

표피 안쪽에는 뿌리에서 빨아들인 물과 양분이 올라가는 통로인 물관과, 잎에서 만든 양분이 내려오는 통로인 체관이 있다.

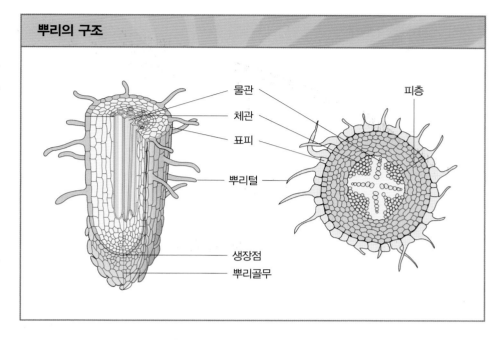

뿌리의 구조

물관
체관
표피
뿌리털
생장점
뿌리골무
피층

뿌리의 종류

뿌리는 쌍떡잎식물과 외떡잎식물이 각각 다르다. 명아주, 호박, 봉숭아, 강낭콩, 플라타너스 같은 쌍떡잎식물의 뿌리는 가운데 굵고 곧은 원뿌리가 있고, 그 주위에 많은 곁뿌리가 나와 있다. 벼, 보리, 밀, 옥수수, 강아지풀 같은 외떡잎식물은 원

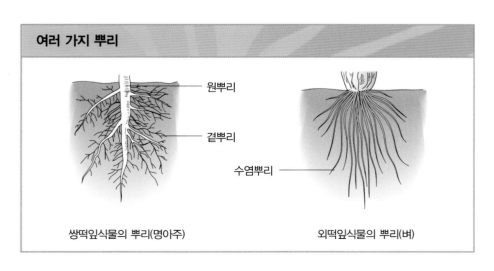

여러 가지 뿌리

원뿌리
곁뿌리
수염뿌리

쌍떡잎식물의 뿌리(명아주)　　　외떡잎식물의 뿌리(벼)

뿌리

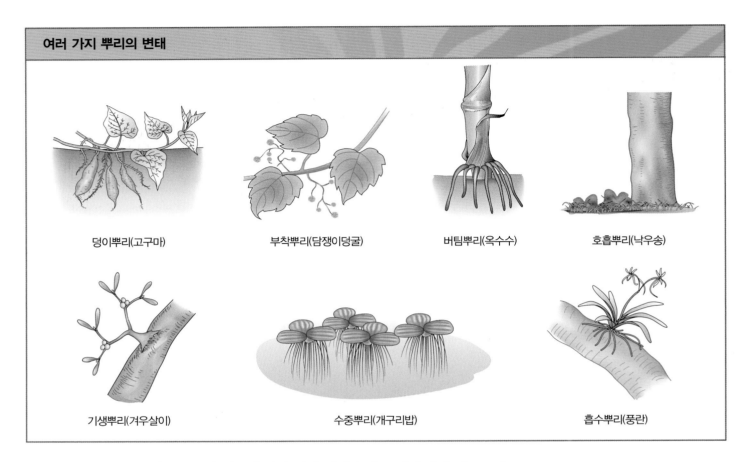

여러 가지 뿌리의 변태

덩이뿌리(고구마) 부착뿌리(담쟁이덩굴) 버팀뿌리(옥수수) 호흡뿌리(낙우송)

기생뿌리(겨우살이) 수중뿌리(개구리밥) 흡수뿌리(풍란)

뿌리와 곁뿌리의 구별 없이 굵기가 비슷한 여러 개의 뿌리가 한 곳에서 뻗어 있는 수염뿌리가 난다.

뿌리의 변태

식물의 뿌리 중에는 자라는 환경에 적응하며 특이한 모양으로 변한 것들이 있다.

고구마, 무, 당근은 뿌리가 양분을 저장하면서 점점 커진 덩이뿌리이고, 겨우살이는 다른 식물의 줄기에 뿌리를 내려 물과 양분을 빨아들이는 기생뿌리이며, 개구리밥은 물속에 뿌리를 내리고 양분을 흡수하는 수중뿌리이다.

이 밖에 줄기에서 여러 개의 짧은 뿌리가 돋아 다른 것에 달라붙는 담쟁이덩굴의 부착뿌리, 땅위줄기에서 곁뿌리가 나와 원줄기를 지탱하는 옥수수의 버팀뿌리, 땅위로 솟아올라 호흡을 도와주는 낙우송의 호흡뿌리, 공기 중에 드러나 있어 공기 속의 수분을 빨아들이는 풍란의 흡수뿌리 등이 있는데, 이처럼 땅속에 있지 않고 밖으로 드러나 있는 뿌리를 공기뿌리라고 한다.

꽃이 하는 일

꽃은 열매나 씨를 만들어 대를 이어 가게 하는 중요한 일을 한다. 그러나 모든 식물이 꽃을 피우는 것은 아니다. 겉씨식물과 속씨식물, 즉 씨를 만들어 번식하는 꽃식물만 꽃을 피운다.

꽃의 구조

꽃은 일반적으로 암술, 수술, 꽃잎, 꽃받침으로 이루어져 있다. 꽃의 한가운데에 자리잡고 있는 암술은 꽃가루를 받는 암술머리와 밑씨가 들어 있는 씨방, 암술머리와 씨방을 이어 주는 암술대의 세 부분으로 되어 있다. 수술에서는 꽃가루가 만들어지며, 이 꽃가루가 암술머리에 전해져 열매를 맺게 된다. 꽃잎은 암술과 수술을 둘러싸서 보호하고, 꽃받침은 꽃잎을 받쳐 준다.

꽃의 종류

한 꽃 속에 꽃잎, 꽃받침, 암술, 수술을 모두 가지고 있는 꽃을 갖춘꽃이라고 하며, 이 가운데 하나라도 갖추지 못한 꽃을 안갖춘꽃이라고 한다. 갖춘꽃에는 나리,

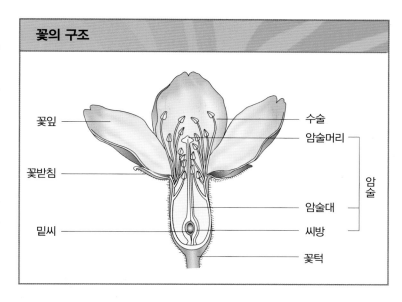

꽃의 구조

꽃잎 / 꽃받침 / 밑씨 / 수술 / 암술머리 / 암술대 / 씨방 / 꽃턱 / 암술

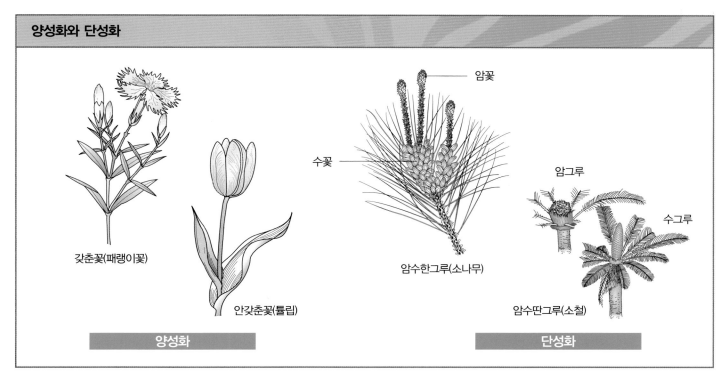

양성화와 단성화

갖춘꽃(패랭이꽃)

안갖춘꽃(튤립)

암꽃

수꽃

암수한그루(소나무)

암그루

수그루

암수딴그루(소철)

양성화

단성화

꽃

벗꽃, 복숭아 등이 있으며, 안갖춘꽃에는 꽃받침이 없는 튤립, 꽃잎이 없는 보리, 암술이나 수술이 없는 오이 등이 있다.

한 꽃 속에 암술과 수술을 모두 가지고 있는 꽃을 특히 양성화라고 하고, 암술이나 수술 중 어느 하나만 가지고 있는 꽃을 단성화라고 한다. 즉, 단성화는 암꽃이나 수꽃을 가리키는데, 소나무나 밤나무처럼 암꽃과 수꽃이 한 그루에 피는 단성화를 암수한그루라고 하고, 소철이나 은행나무처럼 각각 다른 나무에 피는 단성화를 암수딴그루라고 한다.

또 나팔꽃이나 호박꽃처럼 꽃잎의 밑부분이 서로 붙어 있는 꽃을 통꽃, 장미나 벗꽃처럼 꽃잎이 1장씩 따로따로 떨어져 있는 꽃을 갈래꽃이라고 한다.

통꽃과 갈래꽃

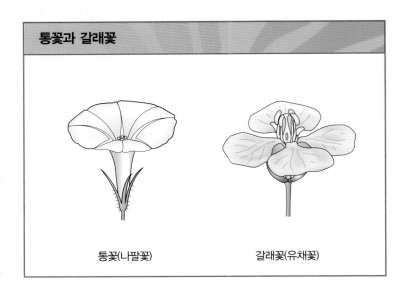

통꽃(나팔꽃)   갈래꽃(유채꽃)

꽃부리의 모양

꽃부리는 꽃 한 송이에 있는 꽃잎 전체를 말하는데, 꽃부리의 모양은 식물마다 각각 다르다. 나팔꽃처럼 깔때기 모양의 꽃부리도 있고, 초롱꽃처럼 종 모양의 꽃

여러 가지 꽃부리 모양

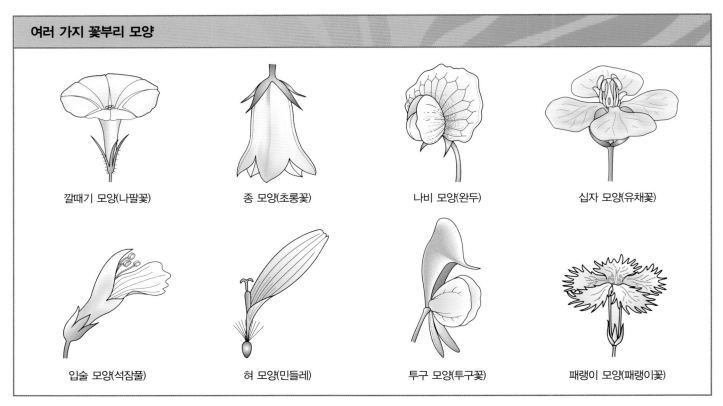

깔때기 모양(나팔꽃)   종 모양(초롱꽃)   나비 모양(완두)   십자 모양(유채꽃)

입술 모양(석잠풀)   혀 모양(민들레)   투구 모양(투구꽃)   패랭이 모양(패랭이꽃)

여러 가지 꽃차례

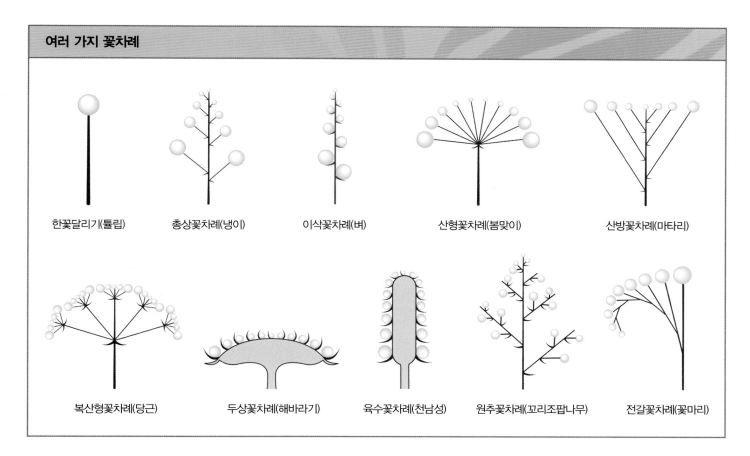

한꽃달리기(튤립) 총상꽃차례(냉이) 이삭꽃차례(벼) 산형꽃차례(봄맞이) 산방꽃차례(마타리)

복산형꽃차례(당근) 두상꽃차례(해바라기) 육수꽃차례(천남성) 원추꽃차례(꼬리조팝나무) 전갈꽃차례(꽃마리)

도 있으며, 완두처럼 나비 모양의 꽃도 있다. 이 밖에 입술 모양, 혀 모양, 투구 모양 등 다양한 모양의 꽃부리가 있다.

그런가 하면 벼나 소나무처럼 꽃잎이 없는 꽃도 있고, 고사리처럼 아예 꽃이 피지 않는 식물도 있다.

꽃차례

목련이나 튤립은 1개의 꽃대 끝에 큰 꽃이 하나만 핀다. 하지만 대부분의 식물은 1개의 꽃대에 여러 송이의 꽃이 순서대로 피어난다. 이처럼 꽃이 피어나는 일정한 순서와 모양을 꽃차례라고 하는데, 꽃차례는 식물의 종류에 따라 각각 다르다.

싸리나무나 냉이는 긴 꽃대에 꽃자루가 있는 여러 개의 꽃이 어긋나게 밑에서부터 피어 올라가는 총상꽃차례이고, 마타리는 꽃이 아래에서부터 달리지만 꽃자루의 길이가 위로 갈수록 점점 짧아지는 산방꽃차례이다. 이 밖에 여러 꽃이 꽃대 끝에 모여 머리 모양을 이루어 한 송이 꽃처럼 보이는 두상꽃차례를 비롯해, 이삭꽃차례, 원추꽃차례 등이 있다.

식물의 번식

꽃식물의 번식

  꽃이 피는 꽃식물은 씨로 번식하는데, 씨를 맺기 위해서는 꽃가루받이(수분)와 수정이 이루어져야 한다.

  꽃가루받이란 수술의 꽃가루가 암술머리에 묻는 것으로, '자가수분'과 '타가수분'이 있다. 자가수분은 같은 꽃에서 꽃가루받이가 이루어지는 것을 말하고, 타가수분은 다른 꽃의 꽃가루를 받는 경우를 말하는데, 자가수분이든 타가수분이든 스스로 움직일 수 없는 식물은 누군가의 도움을 받아야만 꽃가루받이를 할 수 있다.

  호박꽃처럼 색깔이 화려하고 꿀이 많은 꽃은 벌, 나비 같은 곤충의 도움을 받아 꽃가루받이를 하는 충매화이다. 소나무나 벼는 바람이 꽃가루를 옮겨 주는 풍매화이고, 동백나무는 새가 꽃가루를 옮겨 주는 조매화이다. 물속에서 자라는 검정말이나 나사말은 물에 의해 꽃가루받이가 이루어지는 수매화이다.

  꽃가루받이가 되면 수술의 꽃가루에서 자란 가늘고 긴 꽃가루관이 씨방 속의 밑씨에 이르고, 꽃가루 속의 핵이 밑씨 속으로 들어가서 수정이 된다. 수정이 끝난 밑씨는 자라서 씨가 되고, 씨방은 자라서 열매가 된다.

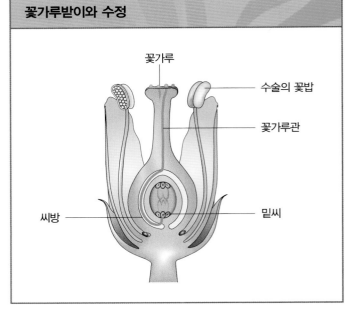

꽃가루받이와 수정

꽃가루 · 수술의 꽃밥 · 꽃가루관 · 씨방 · 밑씨

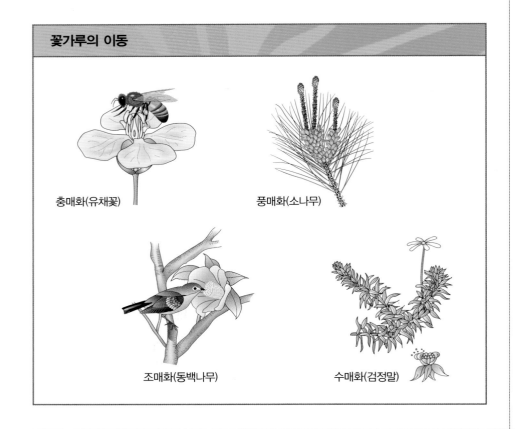

꽃가루의 이동

충매화(유채꽃)　　　풍매화(소나무)

조매화(동백나무)　　　수매화(검정말)

고사리의 한살이

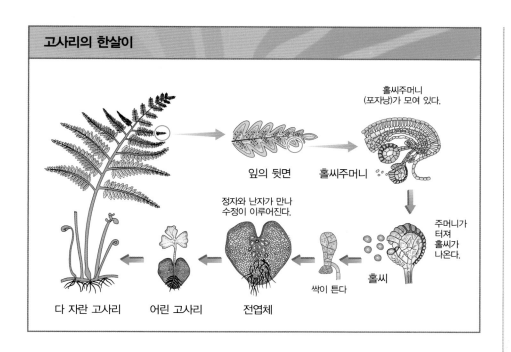

잎의 뒷면

홀씨주머니

홀씨주머니
(포자낭)가 모여 있다.

주머니가
터져
홀씨가
나온다.

정자와 난자가 만나
수정이 이루어진다.

홀씨

싹이 튼다

다 자란 고사리　어린 고사리　전엽체

민꽃식물의 번식

고사리나 이끼처럼 꽃이 피지 않는 민꽃식물은 홀씨(포자)를 만들어 번식한다.

홀씨는 매우 작은 알갱이로 현미경으로 보아야 관찰되는데, 공기 중에 떠돌아다니다가 자라기에 알맞은 장소에 떨어지면 싹이 튼다.

그 밖의 번식 방법

꽃식물은 대부분 씨로 번식하지만 잎이나 줄기, 뿌리 등 식물체의 다른 기관으로 번식하는 종류도 많이 있다. 이에는 비늘줄기, 뿌리줄기, 덩이줄기처럼 자연적인 번식과 꺾꽂이, 휘묻이, 접붙이기처럼 인공적인 번식이 있다. 인공적인 번식은 무리를 좀 더 빨리 늘릴 수 있어 농업이나 원예에 많이 이용된다.

여러 가지 번식 방법

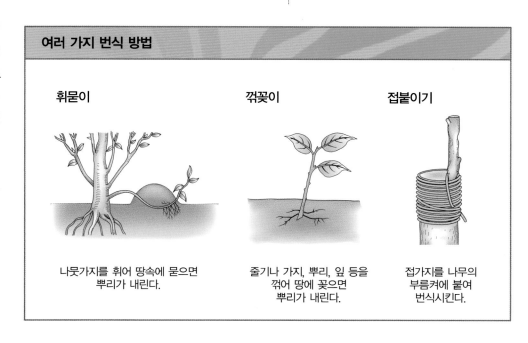

휘묻이

꺾꽂이

접붙이기

나뭇가지를 휘어 땅속에 묻으면
뿌리가 내린다.

줄기나 가지, 뿌리, 잎 등을
꺾어 땅에 꽂으면
뿌리가 내린다.

접가지를 나무의
부름켜에 붙여
번식시킨다.

열매와 씨

열매의 하는 일과 구조

쌀이나 보리, 사과나 배 등 우리가 먹는 곡식과 과일은 대부분 식물의 열매이다. 열매는 수정이 된 후 씨방이나 꽃턱, 꽃받침이 변하여 된 것으로, 여러 가지 양분이 들어 있어 동물들의 좋은 먹이가 된다.

참열매와 헛열매

열매는 씨방이 자라서 된 참열매와 꽃턱, 꽃받침 같은 씨방 이외의 부분이 자라서 된 헛열매로 나눌 수 있다. 참열매에는 복숭아, 오이, 호박, 가지, 수박, 토마토, 감, 포도, 완두, 콩 등이 있으며, 헛열매에는 사과, 배, 파인애플, 딸기, 석류 등이 있다.

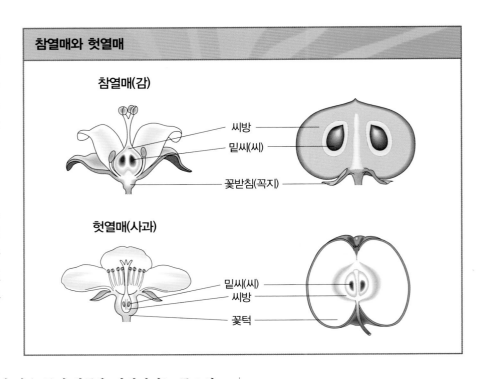

씨의 하는 일과 구조

열매 속의 씨는 대부분 싹을 틔우고 자라서 같은 종의 식물을 번식시키는 중요한 일을 한다. 씨는 씨껍질과 그것에 둘러싸인 배와 배젖으로 되어 있다. 배는 자라서 어린 식물이 될 부분으로, 어린싹, 어린줄기, 어린뿌리, 떡잎으로 되어 있다. 배젖은 어린 식물이 싹틀 때까지 필요한 양분이 되는데, 배젖이 없는 식물은 떡잎에 양분을 저장한다. 감, 벼, 옥수수 등의 씨에는 배젖이 있고, 완두, 강낭콩, 땅콩 등의 씨에는 배젖이 없다.

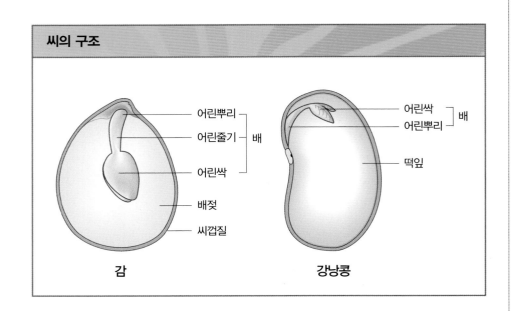

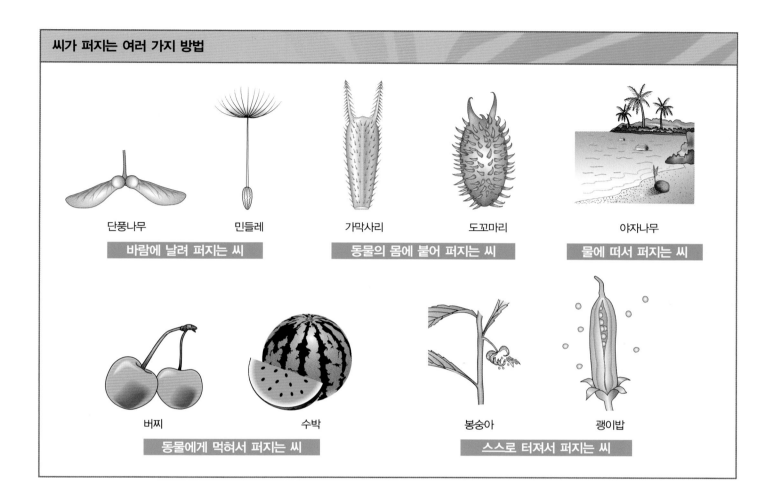

씨가 퍼지는 여러 가지 방법

단풍나무   민들레   가막사리   도꼬마리   야자나무

바람에 날려 퍼지는 씨   **동물의 몸에 붙어 퍼지는 씨**   **물에 떠서 퍼지는 씨**

버찌   수박   봉숭아   괭이밥

동물에게 먹혀서 퍼지는 씨   **스스로 터져서 퍼지는 씨**

씨를 퍼뜨리는 방법

식물이 한 곳에서만 계속 싹이 튼다면 양분과 공간이 부족하여 어린 식물이 잘 자라날 수가 없다. 따라서 식물이 번성하려면 씨가 멀리 퍼져 싹이 터야 한다. 스스로 움직일 수 없는 식물은 여러 가지 방법으로 씨를 멀리 퍼뜨리고 있다.

민들레 씨에는 갓털이 있고, 소나무와 단풍나무 씨에는 날개가 발달하여 바람을 타고 멀리 날아간다. 가막사리나 도꼬마리 등의 씨에는 갈고리 모양의 가시가 나 있고, 진득찰은 겉면에 끈끈한 털이 있기 때문에 동물들의 몸에 달라붙어 이동한다. 참외, 사과, 수박, 딸기처럼 맛있는 열매는 동물에게 먹혔다가, 소화되지 않은 씨가 배설물과 함께 나옴으로써 멀리 퍼져 나간다. 이 밖에 봉선화나 괭이밥은 열매가 익으면 꼬투리가 힘차게 터지며 씨가 퍼져 나가고, 마름이나 야자나무의 열매에는 공기주머니 같은 것이 있어서 물에 떠서 이동한다.

낱말풀이

【ㄱ】

갈잎나무 가을이 되면 잎이 지는 나무. 활엽수라고도 한다.

갈조류 갈색을 띠는 바닷말을 이르는 말.

겹잎 하나의 잎자루에 여러 개의 작은잎이 붙어 있는 잎.

곰팡이류 균류의 한 무리. 몸은 팡이실(균사)로 되어 있고, 홀씨로 번식하며 기생 생활을 한다.

공기뿌리 땅속에 있지 않고 밖으로 드러나 있는 뿌리. 부착뿌리, 버팀뿌리, 호흡뿌리, 흡수뿌리 등이 있다.

관다발 물과 양분의 통로가 되는 조직으로, 줄기나 뿌리, 잎 등에 있다.

광합성 녹색 식물이 빛과 에너지를 이용하여 이산화탄소, 물로부터 녹말이나 당 등의 양분을 만드는 작용.

균류 몸이 가느다란 실 모양의 팡이실(균사)로 되어 있고 홀씨(포자)로 번식하며, 엽록소가 없어 다른 생물이나 유기물을 분해하여 양분을 얻어 살아가는 생물로 곰팡이류와 버섯류로 나뉜다.

기공 주로 잎의 뒷면에 있는 작은 숨구멍. 공기와 물이 드나드는 통로이다.

꽃가루받이 꽃식물에서 수술의 꽃가루가 암술머리에 옮겨지는 일. 수분이라고도 한다.

꽃대 식물의 꽃자루가 붙는 줄기.

꽃부리 꽃 한 송이에 있는 꽃잎 전체. 꽃잎이 하나로 합쳐져 있는 통꽃부리와 꽃잎이 갈라져 있는 갈래꽃부리가 있다.

꽃식물 꽃이 피고 씨로 번식하는 식물.

꽃줄기 땅속줄기나 비늘줄기에서 직접 갈라져 나와 잎을 달지 않고 꽃만 피우는 줄기.

꽃차례 꽃이 줄기나 가지에 달리는 모양이나 자리 관계.

【ㄴ】

나이테 나무의 줄기를 가로로 잘랐을 때 자른 면에 나타나는 둥근 모양의 띠. 그 수를 헤아려 나무의 나이를 알 수 있다.

늘푸른나무 겨울에도 잎이 떨어지지 않고 일 년 내내 푸른 잎을 달고 있는 나무로, 상록수라고도 한다.

【ㄷ】

덩이뿌리 뿌리가 커져서 덩어리처럼 된 것으로, 양분을 저장하는 역할을 한다.

덩이줄기 땅속줄기가 양분의 저장을 위해 덩어리 모양으로 된 것.

돌려나기 줄기의 한 마디에 세 장 이상의 잎이 붙어 있는 잎차례.

두상꽃차례 여러 개의 작은 꽃이 꽃대 끝에 모여 머리 모양을 이루어 한 송이 꽃처럼 보이는 꽃차례.

땅속줄기 땅속에 있는 줄기로, 양분을 저장하고 있다. 알줄기, 비늘줄기, 덩이줄기, 뿌리줄기 등이 있다.

떡잎 배젖이 없는 식물이 양분을 저장하는 기관으로, 콩의 경우 싹이 틀 때 맨 처음 땅 위로 솟아나는 잎.

떨기나무 보통 사람의 키보다 작고 원줄기와 가지의 구별이 확실하지 않은 나무. 관목이라고도 한다.

【ㄹ】

로제트 식물 짧은 줄기에 붙은 잎들을 바닥에 납작하게 깔고 겨울을 나는 식물. 민들레, 냉이 등이 있다.

【ㅁ】

마주나기 줄기 한 마디에 잎이 두 장씩 마주 붙어 나는 잎차례.

물관 식물의 관다발을 이루는 한 부분으로, 뿌리에서 빨아올린 물의 이동 통로이다. 형성층의 안쪽에 있다.

뭉쳐나기 마디 사이가 매우 짧아서 줄기 끝에서 한꺼번에 뭉쳐난 것처럼 보이는 잎차례.

민꽃식물 꽃이 피지 않고 홀씨(포자)로 번식하는 식물.

밑씨 씨방 안에 있는 기관으로, 꽃가루가 닿으면 씨가 된다.

【ㅂ】

배 씨 속에 있는 어린 식물체. 떡잎, 어린싹, 어린줄기, 어린뿌리로 되어 있다.

배젖 어린 배가 자라 싹이 틀 때까지 필요한 양분을 공급하는 씨의 한 부분.

벌레잡이 풀 특수하게 변한 잎으로 벌레를 잡아 부족한 양분을 얻는 식물. 식충식물이라고도 한다.

불염포 육수꽃차례의 꽃을 감싸고 있는 넓은 잎 모양의 포엽.

【ㅅ】

살눈 곁눈이 변한 것으로, 양분이 저장되어 있어 땅에 떨어지면 식물로 자라날 수 있다. 모양이 둥근 구슬 같아서 한자어로 '주아'라고도 한다.

산방꽃차례 바깥쪽의 꽃은 꽃자루가 길고 안쪽의 꽃은 꽃자루가 짧아서, 위에서 볼 때 편평한 모양을 이루는 꽃차례.

산형꽃차례 많은 꽃자루들이 꽃대 끝에서 부챗살 모양으로 나와, 그 끝에 꽃이 하나씩 붙는 꽃차례.

생장점 세포 분열이 활발히 일어나 식물이 자라게 하는 부분으로, 뿌리나 줄기의 끝부분에 있다.

선태식물 홀씨로 번식하는 민꽃식물의 하나. 이끼식물이라고도 하며 엽록소를 가지고 있다.

선형 가늘고 긴 모양을 가리키는 말.

수정 꽃가루받이가 되면 수술의 꽃가루에서 자란 가늘고 긴 꽃가루관이 씨방 속의 밑씨에 이르고, 꽃가루 속의 핵이 밑씨와 합쳐지는 일.

씨방 암술대 밑에 붙은 통통한 주머니 모양의 부분. 수정이 된 후 열매가 된다.

【 ㅇ 】

알뿌리 땅속에 있는 뿌리나 잎, 줄기가 알 모양으로 살이 쪄 양분을 저장하고 있는 것. 비늘줄기, 덩이뿌리, 알줄기 등이 있다.

알줄기 둥글게 살이 찐 땅속줄기. 토란, 글라디올러스 등에서 볼 수 있다.

양치식물 홀씨로 번식하는 민꽃식물의 한 무리. 뿌리, 줄기, 잎의 구분이 뚜렷하고 관다발이 있다.

어긋나기 잎이 마디마다 방향을 달리하여 한 장씩 어긋나게 붙는 잎차례.

엽록체 녹색 식물의 잎이나 줄기 속에 있는 녹색의 색소체로, 엽록소가 있어 광합성 작용을 한다.

육수꽃차례 두툼한 꽃대에 꽃자루가 없는 많은 잔 꽃이 빽빽이 모여 피고 불염포로 싸인 꽃차례.

잎맥 잎살 안에 있는 관다발과 그것을 둘러싼 부분. 물과 양분의 통로가 되고, 잎이 늘어지지 않게 지탱해 주는 역할을 한다.

잎살 잎맥 이외의 잎의 모든 부분. 부드럽고 연한 세포 조직으로 엽록체를 품고 있다.

잎차례 줄기에 잎이 달리는 모양으로, 어긋나기, 마주나기, 돌려나기, 뭉쳐나기 등이 있다.

【 ㅈ 】

조류 물속에서 광합성을 통해 양분을 얻어 생활하는 무리로, 뿌리, 줄기, 잎, 관다발 등의 기관 분화가 없어 식물로 인정받지 못

한다. 광합성 색소의 색깔에 따라 남조류, 홍조류, 갈조류, 녹조류 등으로 나눈다.

중성화 수술과 암술이 모두 퇴화하여 없는 꽃.

증산 작용 식물이 뿌리에서 빨아올린 물을 수증기로 바꾸어 공기 중으로 내보내는 일. 주로 잎 뒷면에서 일어난다.

【 ㅊ 】

책상조직 잎의 표피 밑에 있는 조직. 가늘고 긴 세포가 세로로 빽빽이 들어서 있고 엽록체가 있다.

체관 관다발을 이루는 조직의 하나로, 잎에서 만들어진 양분이 지나가는 길이며 바깥쪽에 위치한다.

총상꽃차례 긴 대에 꽃자루가 있는 여러 개의 꽃이 붙어 밑에서부터 피어 올라가는 꽃차례.

총포 꽃차례 전체의 아랫부분을 싸고 있는 비늘 조각 모양의 포엽.

침엽수 바늘잎을 가진 나무. 추운 곳에서도 잘 자란다.

【 ㅋ 】

큰키나무 줄기가 곧고 굵으며, 높이 자라는 나무. 교목이라고도 한다.

【 ㅌ 】

턱잎 잎자루 아래쪽에 있는 작은 잎으로, 어린싹을 보호한다.

【 ㅍ 】

포엽 싹이나 봉오리를 싸서 보호하는 작은 잎. 포라고도 한다.

피침형 가늘고 길며 양 끝이 뾰족하고 중간쯤부터 아래쪽이 약간 볼록한 모양을 가리키는 말.

【 ㅎ 】

해면조직 잎살을 이루는 조직의 하나. 세포가 서로 벌어져 있어, 물질의 이동 통로가 된다. 갯솜조직이라고도 한다.

헛물관 나무의 목질부를 이루는 조직의 하나. 물관과 달리 세포 사이의 벽에 구멍이 없다. 양치식물과 겉씨식물에서 볼 수 있다.

홀씨 민꽃식물에서 번식을 위해 생기는 특수한 세포. 포자라고도 한다.

활엽수 넓은잎나무. 열대에서부터 온대에 걸쳐 자란다.

찾아보기

찾아보기

이 책을 만드신 선생님들

박헌우 | 1968년 경북 김천에서 태어나 인천교육대학교를 졸업했고, 충북대학교 대학원에서 생물교육을 전공했습니다. 한국교원대학교 대학원에서 초등과학교육 석사 및 생물교육학 박사 학위를 받았으며, 현재 춘천교육대학교 과학교육과 교수로 재직 중입니다.

박지환 | 1974년 전북 남원에서 태어나 인천교육대학교를 졸업했고, 한국교원대학교 대학원에서 초등과학교육 석사 학위를 받았습니다. 지금은 경기도 냉정초등학교 교사로 재직 중입니다. 펴낸 책으로는 〈형태로 찾아보는 우리 새 도감〉, 〈나의 첫 생태도감〉이 있으며, 현행 초등학교 3~4학년군 과학 교과서 생물 영역을 집필했습니다.

김봉길 | 1952년 서울에서 태어나 인천교육대학교를 졸업했고, 연세대학교 대학원에서 교육행정학 석사 학위를 받았습니다. 경기도교육청 과학교육 담당 장학사와 포천교육청 장학관, 남양주교육청 장학관, 남양주 화접초등학교 교장을 역임하였습니다. 현재 한국 사진작가협회 회원으로 활동하고 있습니다.

이성근 | 1969년 경기도 양평에서 태어나 인천교육대학교를 졸업했고, 동 대학교 대학원에서 초등과학교육 석사 학위를 받았습니다. 현재 경기도 양평군 강하초등학교 교사로 재직 중입니다.